토목공학 개론

공학박사 崔 亢 吉 著

머 리 말

대학수업에 토목공학개론이라고 하는 커리큘럼이 있다. 그것은 토목공학과 1학년 학생들에 대하여, 입학 후부터 공부하는 토목공학이라고 말하는 학문의 분야별 개요를 가르침과 동시에, 건축학과 등 관련된 다른 학과의 학생들에게, 교양으로서 토목공학의 개요를 가르치는 것이다. 토목공학을 전공하지 않은 일반사람들로부터 가끔 질문을 받을 때가 있는데, 그것은 토목사업이라고 하는 것이 정치나 행정에 밀착되어 있고, 선거 때 입후보자의 슬로건은 대개 도로, 교량, 하천, 항만, 건설을 정책목표로 내걸고, 나아가 공해환경문제에까지 거론된다.

토목공학분야에서 여러 공종의 사업도 물론 중요하지만 사실은 이 하나밖에 없는 지구를 보다 인간적이고 편리하고 일반 시민들이 최대한의 경제효과를 얻을 수 있도록 환경을 개선하는 것이 토목이다. 이 책은 토목공학을 전공으로 하는 학생들에게 방대한 토목공학의 여러 분야에 대하여 소개하는 책이다. 유학시 본 여러 가지 토목공학에 관한 책들과 특히 한국토목학회에서 제작한 한국토목사의 책을 참고로 우리 나라의 토목역사의 내용을 추가하였다. 그러나 워낙 근본이 천학비재임을 다시 한 번 느끼면서 앞으로 끊임없이 노력할 것을 다짐하며 감히 나의 제자 및 독자들에게 이 책을 권합니다.

끝으로 본 저서를 집필함에 있어 우둔한 필자를 사랑과 끊임없는 관심으로 지도 편달하여 주신 은사 柳澤榮司교수님, 故진병익교수님, 대불대학의 이경수 명예총장님과 최인기 총장님, 이승훈 부총장님, 토목과 교수님들, 또한 토목과의 많은 제자들에게 깊은 감사를 드립니다. 그리고 태어나서부터 지금까지 정신적 육체적 지주이신 부모님, 항상 변치 않고 모든 뒷바라지를 마다 않는 처와 먼 훗날의 희망인 주리, 선철 남매에게 감사드리고, 지난 5월 작고하신 어머님의 영전에 이 책을 올립니다.

2002년 3월
강릉 섬돌과수원에서
著者가

목 차

제1장 총 론

1.1 토목의 역사 1
1.2 도시의 역사 11
1.3 한국의 도시 역사 14
    1.3.1 도시의 기원 14
    1.3.2 상고시대의 도읍 18
    1.3.3 우리 나라의 도시 역사 대관 19
1.4 토목 행정 26
1.5 토목 사업 27
1.6 토목 기술의 분야 29
    1.6.1 토목분야 30
    1.6.2 국토개발분야 31
    1.6.3 안전관리 31
    1.6.4 교 통 31
    1.6.5 환 경 32
    연구 과제 33

제2장 지질과 토공

2.1 지질과 지각 35
2.2 지 반 36

2.3 토사 재해 ··· 38
2.4 토 공 ·· 39
2.5 옹벽공 ·· 44
2.6 지반 개량 ··· 46
　　　연구 과제 ··· 50

제 3 장 콘크리트와 토목 재료

3.1 콘크리트의 역사 ·· 51
3.2 콘크리트의 특징 ·· 59
3.3 콘크리트의 재료와 배합 ·· 60
3.4 콘크리트의 시공 ·· 62
3.5 철근 콘크리트 ·· 64
3.6 프리스트레스·콘크리트 ·· 65
3.7 섬유 보강 콘크리트 ··· 66
3.8 콘크리트 제품 ·· 66
3.9 기타의 토목 재료 ·· 69
　　　연구 과제 ··· 72

제 4 장 교통과 공항

4.1 교통기관의 서비스 분야 ·· 73
4.2 종합 교통 체계 ·· 75
4.3 도시교통 ··· 77
4.4 항 공 로 ··· 79
4.5 항 공 기 ··· 80
4.6 공 항 ·· 80
　　　연구 과제 ··· 87

제 5 장 도 로

5.1 도로의 분류 89
5.2 도로의 관리 92
5.3 횡단 구성 93
5.4 선 형 96
5.5 교 차 97
5.6 포 장 99
5.7 교통안전 101
　　연구 과제 104

제 6 장 철도와 궤도

6.1 철도의 역사 105
　　6.1.1 철도의 발달사 105
　　6.1.2 한국철도 약사 107
6.2 궤간(게이지, gauge) 112
6.3 궤 도 112
6.4 철도 전력화 114
6.5 정거장 115
6.6 열차의 속도 116
6.7 특수 철도 117
6.8 새로운 교통 시스템 119
　　연구 과제 142

제 7 장 지하 구조물

7.1 기 초 143
7.2 지하 댐 147

7.3 산악 터널 148
7.4 평지 터널(도시 터널) 151
7.5 터널의 이용 154
　　 연구 과제 158

제 8 장　교　　량

8.1 교량의 역사 159
8.2 교량의 종류 161
8.3 교량의 형식 162
8.4 하부 구조 168
8.5 교량의 계획 설계 169
8.6 교량의 가설 170
8.7 교량의 관리 172
　　 연구 과제 173

제 9 장　하　　천

9.1 물의 순환 175
9.2 하천 행정 186
9.3 수 문 학 187
9.4 물의 흐름과 하천 190
9.5 치　수 191
9.6 하천 이용 196
9.7 사　방(砂防) 197
　　 연구 과제 199

제10장 댐과 발전

- 10.1 수자원 개발과 하천 종합개발 ······ 201
- 10.2 물의 수요 ······ 203
- 10.3 댐 ······ 205
- 10.4 수력 발전 ······ 207
- 10.5 한국에서의 수력 개발 ······ 211
- 10.6 기타의 발전(發電) ······ 214
- 　　 연구 과제 ······ 218

제11장 항만

- 11.1 선 박 ······ 219
- 11.2 항만의 종류 ······ 220
- 11.3 준설과 매립 ······ 222
- 11.4 항만 시설 ······ 223
- 11.5 해 안 ······ 228
- 11.6 운 하 ······ 231
- 　　 연구 과제 ······ 235

제12장 상수도와 하수도

- 12.1 우리 나라 상수도의 연혁 ······ 237
- 12.2 상수도의 수량 수질 ······ 239
- 12.3 상수도 시설 ······ 241
- 12.4 공업용 수도(工業用 水道) ······ 245
- 12.5 중수도(中水道) ······ 245
- 12.6 우리 나라 하수도의 연혁 ······ 245
- 12.7 하수도의 기능과 구분 ······ 247

12.8 하수도 시설 ··· 249
　　　　연구 과제 ··· 253

제13장 도시계획

13.1 도시계획의 목적 ··· 255
13.2 도시의 규모 분류 ··· 256
13.3 도시계획 구역 ··· 257
13.4 시가화 구역(市街化區域)과 시가화 조정 구역(市街化 調整區 域) ········ 257
13.5 토지 이용 계획과 지역 지구제도 ··· 259
13.6 지역 지구 ··· 260
13.7 도시 시설 ··· 261
13.8 도시 교통시설 ··· 262
13.9 광장과 공원 녹지 ··· 265
13.10 토지 구획 정리 ··· 266
　　　　연구 과제 ··· 268

제14장 환경과 방재

14.1 환경 문제 ··· 269
14.2 대기 오염 ··· 270
14.3 수질 오탁(水質汚濁) ·· 271
14.4 소 음 ··· 272
14.5 진동 공해 ··· 275
14.6 초저주파 소음(저주파 공기 진동) ··· 276
14.7 일조 저해(日照沮害) ·· 277
14.8 전파 장해(電波障害) ·· 278
14.9 지반 침하 ··· 279
14.10 환경 영향 사전 평가 ··· 279

14.11 지 진 ··· 280
14.12 해일(津波) ·· 288
14.13 화산 분화 ·· 288
　　　 연구 과제 ·· 290

제 1 장

총 론

1.1 토목의 역사

(1) 세계의 토목 역사

토목 공학을 영어로는 CIVIL ENGINEERING이라고 한다. 직역하면 시민과학이나 사회과학이라는 뜻이 되며, 토목이라고 하는 뜻과는 서로 이미지가 맞지 않는다. 그런데 토목의 역사는 오히려 영어로 설명하기가 더 쉽다.

중세까지는 과학기술이라고는 CIVIL ENGINEERING과 MILITARY ENGINEERING 밖에 없었다. 즉 시민의 생활을 위한 과학기술과 전쟁을 위한 과학기술이다. 전쟁 목적이 아닌 것은 모두 CIVIL ENGINEERING 즉 토목 공학이었다. 그만큼 토목 공학의 분야는 넓었다. 시민을 위한 과학기술은 모두 토목 공학으로 불리고 있었던 것이다.

CIVIL ENGINEERING과 MILITARY ENGINEERING은 결국 같은 분야로서 전쟁이 일어나면 MILITARY ENGINEERING이 발달하고, 더불어 CIVIL ENGINEERING도 발달한다. 이것은 현대에서도 마찬가지인데, 제2차 세계대전을 예로 들면, 전쟁중에 군용 항공기가 특별히 발달해 전쟁의 승패까지 결정지었지만, 이것이 전후 민간 항공의 발달에 공헌하게 되었다.

근세에 들어와 산업혁명이 일어나 과학기술이 크게 발달하게 되었다. 그래서 CIVIL ENGINEERING 즉 토목 공학의 분야가 크게 발달하게 되었는데, 너무나도 광범위해져 지나치게 많은 것은 일부가 분리 독립하게 되었다. 이들이 기계공학, 전기 공학, 건축학 등이다. 이러한 관점에서 토목 공학은 과학기술의 으뜸이며, 종합적인 과학기술의 분야라고 일컬어진다.

옛날의 고대부터 중세에 걸쳐 CIVIL ENGINEERING의 중심은 현재의 소위 토목 공학 분야의 내용이 많다. 이집트의 피라미드나 멕시코의 피라미데스나 인도네시아의 보로부돌을 비롯해 중국의 만리장성 등은 당시의 토목 공학기술을 구사한 것이다. 반대로 말하면 고대나 중세에서는 토목 기술이 주류를 이루었으며, 다른 기술은 근대에 이르러 발달했다고 볼 수 있다.

사진 1.1 이집트의 피라미드

사진 1.2 인도네시아의 보로부두르

로마제국에서 발달했던 석조 아치교의 기술이 당나라(중국)에 전해져 석재를 사용한 교량이 가설되었다. 사진 1.4에 나타내는 安濟교는 1200년 전에 건설된 경간(제8장에서 상세히 설명) 50m의 석조 아치교이며, 현재도 보수되어 건재하다. 이 밖에 현재에도 수 많은 석조 아치교가 많이 가설되고 있다.

사진 1.3 중국의 만리장성

사진 1.4 중국의 安濟교(1,200년 전의 석조 아치교)

유럽에서도 마찬가지로 석조 아치교가 많다. 목재보다도 석재 쪽이 토목 공사의 재료로서 많이 사용되었다. 특히 북유럽에서는 날씨가 춥기 때문에 수목이 그다지 자라지 않아 토양이 생성되지 않고, 표토도 얇아 1m도 안된다. 이 때문에 흙을 풍부하게 토목 공사에 사용할 수 없다. 그리고 표토를 약간만 굴착하여도 암반이 나오므로 암반을 굴착하기 위한 기술이 발달하여 저 유명한 과학자인 노벨이 토목 공사를 위하여 다이나마이트를 발명한 것도 암반을 굴착하기 위한 것이다

앞에서 말한 피라미드, 피라미데스, 보로부돌, 만리장성도 모두 석재를 쌓아 올린 것이다. 이것이 토목 기술의 원조로서, 토목 재료라고 하면 옛날에는 석재로 한정되었다 해도 과언은 아니다.

(2) 한국의 토목 역사

토목이라고 하는 말은 중국의 고전 "淮南子"의 "築土橫木"으로부터 고대 중국에서 사용되었으며, 한국, 일본으로 전해진 것 같다. 중국어로 말하는 토목의 내용이 정확히 서양 선진 여러 나라의 CIVL ENGINEERING에 해당되는 것으로서 말의 이미지는 다르지만, 한국, 일본에서는 토목이라는 말을 사용하게 된 것 같다. 옛날에 흙과 나무를 사용해 거의 모든 토목 공사를 시공하였기 때문에 토목이란 말이 통용된 것은 아니다.

한국의 토목 공사에서는 풍부한 흙이나 목재를 사용할 수 있는 나라이었지만, 다른 나라에서의 예는 많지 않다. 토목이란 원어가 나온 중국에서조차 토목 공사에 사용되는 재료로서 흙은 풍부하지만 목재는 귀중품이므로 주로 석재가 사용되었다. 한국이나 일본에서 산출되는 석재의 질은 그다지 좋지 않기 때문에 토목 공사중에 성의 축조에는 사용되었지만, 석교 등 소수의 예를 제외하고 일반적으로는 사용되지 않았다. 그 중 일본은 지진국인 것도 하나의 이유로 석재가 별로 사용되지 않았지만, 풍부하게 생산되는 목재는 수명이 짧았으나 이것을 사용하는 기술이 발달했다. 일본에서 목재 교량이 발달했던 것은 이러한 이유로, 석재를 이용하는 석교는 명나라(중국)나 포르투갈에서 기술도입되어 九州(큐슈)나 忠繩(오키나와)에서 발달했지만, 江戸 막부의 정책적인 이유로 전국으로는 널리 퍼지지 않았다

한국의 역사를 보면 농사를 기본으로 하는 농업 국가로써 주로 생산사업이었다. 이 농업을 유지하기 위해 하천을 개수해 홍수로부터 논을 지키고, 나아가 용수를 안전하게 확보할 필요가 있었다. 이것이 국민의 생활 안정으로 이어지고, 나아가서는 집권자의 안정으로도 이어졌다. 이 농업을 진흥하기 위한 일이 토목 사업이 있으며, 위정자 즉 권력자는 토목에 관하여 상당한 지식을 가질 필요가 있으며,「물을 다스리는 사람은 천하를 잘 다스리는 사람」이라는 말이 생겼다. 이것은 현대에서도 통하는 것으로, 미국의 초대 대통령인 워싱톤은 측량기사 즉 토목 기술자이었으며, 한국이나 일본의 도시 지방자치체의 장이 심혈을 기울이는 것은 대부분 토목에 관한 것으로, 그 외는 대개 사무적으로 처리가 가능한 분야라고 볼 수 있기 때문에 비중이 낮다고 판단하게 된다.

대한토목학회의 한국토목사에 의하면 한국의 토목역사는 우선 고조선시대, 삼국시대, 고려시대, 조선시대로 대별할 수 있겠다.

토목이란 전문용어보다는 지도자의 국토경영이라는 개념에서 접근하여야 할 것 같다.

(1) 고조선시대

고조선시대의 건국신화는 단순한 일로 취급할 수는 없다. 몇 천년 동안이나 역사의 공백이 있었지만 지금의 만주지방과 한반도에 무엇인가 우리 겨레의 영위(營爲)가 있었다고 생각된다. 그 좋은 예가 강화도의 삼랑성(三郞城)이다. "단군이 세 분의 아들에게 명하여 축조하였다(檀君使 三子築之)" 하고 구전되어올 뿐아니라. 고려사 지리지(高麗史 地理志)와 여지승람에 그와 같은 기록이 등재되어 있다. 그리고 지금도 그 석축 유적이 엄연히 존재하고 있는 것이다.

그림 1.5 강화도 삼랑성 근황

(2) 삼국시대

삼국시대의 최초의 토목공사는 "삼국사기"에 의하면 신라 8대왕 아달라이사금(阿達羅尼師今) 3년(서기 156) 4월의 계림령(鷄林領) 도로 개통(지금의 문경새재 오솔길)이다.

두 번째는 신라 16대왕 흘해이사금(訖解尼師今) 21년(330년) 벽골지(碧骨池)를 만들었는데 그 길이가 2,300 m 이라는 기록이 있다.

세 번째는 신라 18대왕 실성이사금(實聖尼師今) 12년(413)에 평양주대교를 새로이 건설하였고(新成平壤大橋),

네 번째는 신라 19대왕 눌지마립간(訥祗痲立干) 13년(429) 신축시제(新築矢堤)하니 그 길이(岸長)가 2170보(步)이라는 기록이 있다.

다섯 번째는 백제 24대 동성왕(東城王) 20년(498)에 웅진교를 가설하(設熊津橋)였다는 기록이 있으며,

여섯 번째는 신라 35대 경덕왕 19년(760) 2월에 궁성의 남쪽 문천(宮南蚊川)에 월정, 춘양 두 교량을 기공하다(起月淨春陽二橋) 하는 기록이 있고,

일곱 번째는 경주의 두 개의 다리인 귀교(鬼橋) 및 금교(金橋)의 건설 등이며,

이 외에도 농경사회에서 절대적으로 필요한 저수지 역할의 상주(尙州)의 공검지(恭儉池), 제천(堤川)의 의림지(義林池), 의성(義城)의 대제지(大堤池), 밀양(密陽)의 수산제(守山堤) 등이 있다.

삼국사기에 나오는 성곽(城郭)은 신라 본기(本紀)에는 136개소, 고구려 본기에는 57개소, 백제 본기에는 88개소의 성의 이름이 기재되어 있는데 중복된 것을 제외하면 총누계는 224개소의 성(城)이다.

(3) 고려시대

고려의 태조 왕건이 즉위한 것은 신라 54대 경명왕(景明王) 2년(918) 6월 15일인데 다음해 정월에 송악(松嶽)으로 옮겼다. 이 때의 일을 고려사는 「송악의 남쪽기슭에 정도하고 궁궐을 창건하였으며, 삼성 육상서관구시를 설치하고(置三省六尙書官九寺), 상가를 세우고(立市廛), 오부방리를 두었다(辨坊里分五部 : 坊里를 정리하여 五部로 나누다)」하고 약술하고 있다. 그 중 토목 관련부서는 공조(工曹), 선공시(繕工寺)와 사재시(司宰寺)가 있었다.

그 후 태조의 평양웅도(平壤雄圖)를 시작으로 역대왕의 많은 토목사업이 있었고, 개경의 보완정비, 강화도 천도(江華島遷都), 또한 수많은 이궁조영(離宮造營) 과정에 토목사업이 있었다고 전해진다.

또한 덕종(德宗 : 9대왕) 2년(1033)에는 드디어 장성축조(長城築造)의 대역사(大役事)가 기공되었다. 고려사절요에는 이 「천리장성(千里長城)」에 대하여 다음과 같이 설명하고 있다.

「압록강이 바다에 유입하는 옛 국내성(國內城) 언저리의 해변에서 시작하여 동으로 위원

(威遠), 홍화(興化), 정주(靜州), 영해(寧海), 영덕(寧德), 영삭(寧朔), 운주(雲州), 안수(安水), 청새(淸塞), 평로(平虜), 영원(寧遠), 정융(定戎), 맹주(孟州), 삭주(朔州) 등 13개의 성에 걸치고, 영흥(永興)의 요덕(耀德), 정변(靜邊), 화주(和州) 등 3개성에 이르러 동해에 이어지는 총길이가 천리의 석성(石城)을 축조하였는데, 높이와 폭이 각각 25척이라고」전하여지고 있다.

그 후, 천리장성 축조가 일단락된 다음해인 정종(靖宗) 11년(1045) 2월에 임진강(臨津江) 선교 가설(船橋架設)의 기록이 있고, 예종 2년(1107)에 도원수 윤관의 주도로 구성축조(九城築造)의 대역사(大役事)가 있었다.

또한 고려사에 "인종(仁宗 : 제17대왕) 12년(1134) 7월에 정습명(鄭襲明 : 정몽주선생의 10代祖)을 파견하여 홍주(洪州 : 지금의 홍성)의 하도(河道 : 운하)를 굴착토록 하였다는 기록 등 수많은 토목사업에 대한 기록이 있다.

(4) 조선시대
1) 태조(太祖), 정종(定宗)·태종(太宗)조

태조 이성계가 개성의 수창궁(壽昌宮)에서 즉위식을 올린 것은 1392년 7월 27일였는데 대조의 한양신도건설(漢陽新都建設)과 정종의 송도 환도(還都), 태종의 한양천도 등의 과정에서 헤아릴 수 없을 정도의 많은 성(城)과 토목구조물이 축조되었다.

그 후 세종(世宗), 문종(文宗), 단종(端宗), 세조(世祖), 예종(睿宗), 성종(成宗), 연산군(燕山君) 시대를 거쳐 중종(中宗), 인종(仁宗), 명종(明宗), 선조(宣祖), 광해군(光海君), 인조(仁祖), 효종(孝宗), 현종(顯宗), 숙종(肅宗), 경종(景宗), 영조(英祖), 정조(正祖), 순조(純祖), 헌종(憲宗), 철종(哲宗)으로 이어오면서 토목의 모든 구조물이 축조된 기록이 수 없이 남아있다.

그 후 고순종실록(高純宗實錄)에서 토목과 관련하여 여러 가지 내용이 있는데 그 주요내용은 다음과 같다.

○ 고종 2년(1865) 3월 2일 도성내의 준천작업이 8년간이나 시행되지 않아 토사가 많이 퇴적되었으므로 우기 전에 이를 준설하기로 결정하고 11일에는 구체적인 지시를 하달하였다. 착공날짜는 확실하지 않으나 동년 5월 1일에 필역되어 관계관을 포상하였다.
○ 동년 4월 2일 대왕대비(大王大妃趙氏)가 경복궁 중건(景福宮重建)에 관한 하교를 내리고 3일에는 대원군(大院君)이 도맡아 처리할 것을 지시하였다. 그리고 5일에는 13일에 기

공식을 올리기로 결정하고 8일에는 착수금으로 십만량(十萬兩)을 하사하였다.

○ 고종 3년 9월 12일 도성(都城)의 성가퀴를 차례로 수축하다가 재력이 부족하여 종친부(宗親府)의 돈 이천량을 이체 사용키로 하다.

○ 고종 4년 정월 25일 문수산성을 보수하기로 하다. 전년의 병인양요(丙寅洋擾) 영향을 받은 조치로 보인다. 그런데 동년 7월 4일에 모조리 무너져 버려 공력(功力)을 다하지 않고 눈가림 공사를 한 것이 분명하다며 통진부사를 유배키로 하였다.

○ 동년 4월 13일 영종도(永宗島)의 첨사를 방어사로 격상시켰는데 시임첨사가 방금 요해처 축성에 정성을 다하고 있어 그대로 승진발령토록 하였다. 이것도 병인양요의 영향으로 강화도를 강화하는 방책의 일환인 것 같다.

○ 동년 11월에 근정전이 준공되고 다음해(고종 5년) 6월에 경복궁 중건이 일단락되어, 동년 7월 2일에 여러대비를 모시고 이거하였다. 그리고 곧 이어 3년 3개월의 공사기간중 수고가 많았던 관계관을 포상하는 조치가 이루어졌다.

○ 고종 6년 3월 16일 동대문 보수공사가 필역되었다. 그러나 수도(水道)가 막혀 물의 소통에 지장이 있었으므로 별도로 수문을 한곳 더 증설키로 하였다.

○ 동년 7월 16일 준천작업이 필역되어 관계관을 포상하다. 그런데 청계천 준설작업이 큰 토목공사인양 계속하여 준천 기록이 등장한다. "고종 7년 3월 1일 석축 보수를 겸한 준천작업 시작, 10년 2월 12일에 준천 작업을 시작하여 5월 21일에 필역, 16년 11월 16일 도성내의 준천작업 구간을 분담하는 부서결정, 17년 6월 10일 준천작업 필역, 23년 8월 7일 준천작업 필역, 30년 3월 4일에 준천작업을 시작하여 5월 18일에 필역" 등등이 그러한 것인데 번번이 관계관을 포상하였다.

○ 고종 9년 9월 16일 영건도감(營建都監)이 경복궁 중건에 소요된 비용과 물자를 총정리한 회계장부를 올렸는데 출물내역(出物內譯)은 다음과 같다.

- 내하(內下:궁중하사) 돈 11만량(兩), 단목(丹木) 5,000근(斤), 백반(白礬) 3,000근 (단목은 내부는 홍색물감 뿌리는 황색물감으로 사용하는 나무이고 백반은 明礬을 구워서 만든 媒染料)
- 선파인원납(璿派人願納:王族의 헌납) 돈 340,913량 6전(錢)
- 각인원납(各人願納:일반인의 헌납) 돈 7,277,780량 4전 3푼(分)

아무튼 거대한 비용이 소요된 대원군의 역작으로서 조선왕조의 마지막을 장식한 조영물이었다.

- 고종 17년(1880) 6월 3일 함경도의 덕원(德源)부사가 "5월 26일에 일본 화륜선(火輪船) 한 척이 왔는데 선장이하 상급선원 45인, 하급선원 30인, 목수 10인, 여자 4인이 승선하고 있습니다. 총영사관의 공증서와 사서(私書)를 제시하며 외무성의 명령으로 원산항(元山港)에 유관(留舘)과 부두를 건설코저 한다며 목재와 기와 등을 반입하고 작업을 시작했습니다" 라는 보고서를 올렸다. 드디어 일본의 대륙진출이 시작된 것인데 이후 동월 28일과 18년 정월 15일에도 원산항에 일본 화륜선이 도래했다는 기록이 등장한다.
- 고종 30년 12월 14일 북한산성의 행궁(行宮 : 임금이 거처하는 임시 궁궐)과 성첩 공관 등을 중수하는 작업이 일단락되어 관계관을 시상하였다. 착공한 날자는 확실하지 않으나 29년 12월 12일의 우의정 진언으로 이루어진 것 같다. 다음해(31년) 7월에 소위 청일전쟁(淸日戰爭;32년 3월에 종전)이 발발하였으니 이때의 정황을 보고 피란처를 보수한 것으로 보아진다.
- 고종 33년(1896) 3월 29일(이해부터 양력사용) 미국인 제임스 몰스(謨於時로 표시)에게 경인철도부설권(京仁鐵道敷設權)을 인허하였다. 다음해(34년) 3월에 착공(仁川牛角洞에서 起工式거행)하였으나 자금부족으로 5월에 부설권을 일본인 회사에게 양도한 것으로 기록되어 있다. 그런데 한국사연표(韓國史年表;震檀學會刊)에는 고종 35년 12월에 양도한 것으로 되어 있다. 실질적인 합의 날짜와 문서상의 정식 양도양수 날짜가 상이한 것인지 또는 단순한 오기인지 알 수 없다.
- 동년 7월 3일 경의(京義) 철도부설권을 프랑스(法國) 회사에게 인허하다.
- 고종 35년 7월 6일 양지아문(量地衙門:토지의 측량업무를 담당하는 관청)과 철도사(鐵道司)의 관제를 공포하고 뒤이어 동월 27일에 철도사를 철도국으로 개칭하다.
- 동년 9월 8일 경부(京釜)철도부설권을 일본인이 설립한 경부철도회사에게 인허하다.
- 동년 12월 청량리 서대문간 전철공사가 완료되다(한국사연표의 기록).
- 고종 36년 7월 대한철도회사에게 경의선 철도부설권을 인허하다(한국사연표). 그런데 실록에는 이것이 누락되고 동월 3일에 프랑스 회사가 인허만 취득하고 삼년간이나 착공하지 않아 이를 해약했다는 기록만 등재되어 있다.
- 동년 9월 경인철도의 인천 노량진구간이 개통되다(한국사연표).
- 고종 37년 1월 21일 준천작업비용의 부족액 4,500원(元)을 예비비에서 지출키로 하였다. 이로 미루어 이 무렵에도 준천작업이 시행되었음을 알 수 있다.
- 동년 7월 한강철도교가 준공되다(한국사연표).

○ 동년 9월 궁내부(宮內府:왕실에 관한 일체의 사무를 관장하던 부서) 산하에 서북(西北) 철도국을 설치하여 경의, 경원(京元)철도부설을 직영하기로 하다(한국사연표).
○ 동년 11월 12일 경인철도 개통식을 거행하다. 몰스로부터 부설권을 매수한 경인철도 인수조합(引受組合)은 고종 36년 5월에 그 조직을 변경하여 경인철도 합자회사(合資會社)로 개칭하며 일본인 시부사와(澁澤榮一)를 사장으로 영입하고 공사를 추진하여 이때 완전개통한 것이다.
○ 고종 38년 8월 20일 경부철도주식회사가 영등포에서 경부선북부기공식(北部起工式)을 거행하다.
○ 고종 39년 3월 서부철도국이 경성개성간의 경의철도부설공사를 착공하다(한국사연표).
○ 고종 40년 9월 경의철도부설공사를 대한철도회사가 전담하고 일본상사(商社)와 자금대부계약을 체결키로 하다(한국사연표).
○ 고종 41년 3월 일본군용철도감부(日本軍用鐵道監部)가 경의철도부설공사에 착수하다(한국사연표). 이때는 노일전쟁(露日戰爭:41년 2월~42년 9월) 초기였으므로 군 주동으로 공사가 추진된 것이다.
○ 동년 12월 경부철도부설공사가 완료되다(동월 7일에 관계자 포상).
○ 고종 42년(1905) 5월 25일 경부철도 개통식을 남대문 정거장(지금의 서울역)에서 성대히 거행하다. 고종 40년 11월에 경부철도주식회사가 경인철도 합자회사를 매수하여 두 선로를 병유하게 되었는데 그후 경부선로 공사를 서둘러 42년 1월 1일부터 업무개시를 하였으니 그로부터 5개월 후에 새삼스럽게 개통식을 개최한 셈이다. 이때 양국의 왕족들이 참석하였다.
○ 고종 43년 4월 3일 경의철도가 전통(全通)되다. 42년 4월에 용산 신의주간을 열차가 왕래하였으나 선로를 보수하고 교량공사를 마무리하여 일년 후에 정식으로 개통식을 거행한 것이다.
○ 순종실록부록(附錄)은 고순종실록말미에 일정시대의 일이지만 순종 재세시까지의 일들을 부록이란 명칭으로 첨부한 기록이다. 그런데 그 내용에는 토목관련기술이 전무하다. 아쉬운 마음으로 한국사연표에 등재된 1910년(이해 8월 22일에 소위 합방조약 조인) 이후의 주요토목 관련공사를 적출해본다(일반 역사가의 관점에서 본 주요공사).
　1914년　1월 호남선철도 개통
　　　　　8월 경원선철도 개통

1916년   7월 총독부청사 기공
1917년 10월 한강인도교 완성
1918년 10월 인천갑문식선거 준공
1926년 10월 총독부청사 완성
1928년   3월 부산축항 제2기 공사 준공
         9월 함경선철도 완성
1929년   4월 여의도 및 울산비행장 개장
1930년   5월 진남포 및 인천축항확장 기공
         9월 부전강(赴戰江) 수력발전소저수지 완성
        12월 여수-광주간철도 완성
1933년   4월 흥남제련소 개설
         5월 장진강(長津江) 수력전기주식회사 창립
1934년   3월 압록강 개폐교(開閉橋)의 개폐작동 폐지
        11월 부산-장춘(長春)간 직통열차운행 개시
1935년 11월 장진강 수력전기발전공사 완료, 웅기(雄基)-나진(羅津)간 철도 개통
        12월 청진(淸津)비행장 개장
1936년   6월 장항(長項)제련소 준공
        10월 한강인도교 개통(개축한 것, 이때 최경열 崔景烈씨 관여)
1937년   9월 압록강 수력발전주식회사 설립
        11월 혜산진(惠山鎭)철도 개통
1939년   7월 경춘철도광궤(廣軌)공사 준공
        10월 만포선(萬浦線)철도 완성
1941년   6월 중앙선철도 전통(全通)

1.2 도시의 역사

　우리 나라는 옛날에 농업국가이었으며, 토목이란 주로 농업을 위한 것으로서, 세계적으로 보면 유럽은 주로 목축을 하는 도시국가로서 발달되었고 그 도시를 만들기 위한 토목 기술이 발달했다. 도시의 역사가 바로 토목의 역사이었다.

(1) 고대의 도시

고대의 도시 특징은 비옥한 토지의 농경과 운하의 사용으로서 이집트의 나일강, 메소포타미아의 유프라테스강, 인도의 인더스강, 중국의 황하유역 등, 대하천의 유역에 발달하고, 게다가 전제군주 하에 정치와 문화의 중심으로서 축조된 것이 많다. 고대의 도시 특징으로서 형태는 대체로 직사각형인 성벽으로 둘러 쌓여 있으며, 정연한 구획 비율로 가로(가로(街路)가 늘어서 있으며, 광장을 설치하고, 광장과 간선 가로에 접하여 공공 건축물, 신전, 사원, 기념물이 설계되었다. 그러므로 규모가 웅대하고 장관이 뛰어난 도시가 많았지만, 발달하였거나 쇠퇴하여 고대의 도시를 현재에는 유적으로서밖에 볼 수 없다. 그러나 유적 중에는 고대의 뛰어난 토목기술이 발견되고 있다.

고대 도시 유적의 하나로서 유명한 것으로 시리아의 팔미라(Palmyra)가 있다. 팔미라는 옛날부터 메소포타미아와 이집트 등 지중해 연안의 여러 나라를 연결하는 대상(隊商) 도시

사진 1.5 시리아의 팔미라 유적

사진 1.6 이탈리아의 로마 유적

로서 번영하였다. 또 로마는 대로마제국의 수도로서 번영한 도시이며, 로마의 중심부에서 8개의 방사상(放射狀) 도로가 뻗어나오고 있으며, 그것이 다시 29개의 방사형 도로로 나뉘어져, 당시 로마제국이 지배하였던 광대한 지역의 구석구석까지 도달하여「모든 길은 로마로 통한다」는 말이 생겼다.

동양에서는 고대의 중국에서 전제군주의 왕성(王城)으로서 도시가 건설되었으며, 그 대표가 長安(현재의 西安), 洛陽, 北京이다.

(2) 중세의 도시

중세의 유럽 도시는 주위를 성벽으로 둘러싸고, 도시의 중심에 시민 광장을 설치하고, 그 주위에 장려함을 자랑하는 고딕 양식이나 의장(意匠)의 시청·사원·시장 등을 설치하고, 시민 광장을 중심으로 성문에 이르는 방사상의 가로 및 환(環)상의 가로를 설치했다. 이 중세의 도시에서 현재에도 그대로 모습을 남기고 있는 예는 많다. 특히 많은 것은 독일의 roman 가도를 따라 수 많은 도시가 있으며, 그 중에서도 로덴부르크나 뉘른베르크가 유명하며, 중세의 토목 기술이 그대로에 남아 있다.

사진 1.7 독일의 로덴부르크(중세 거리의 집들이 그대로 남아 있다)

(3) 근세의 도시

구라파의 근세 도시 특징을 말한다면 광장은 교통 뿐만 아니라 도시미의 중심으로서 생각하여 넓은 간선 가로를 일직선으로 설치하고, 가로에 넓은 植樹帶를 포함하여 공원 녹지를 배려한 것에 있다. 베를린의 운터덴린덴(Unter den Linden)의 넓은 植樹路나 파리의 개선문 광장 등은 그 대표예로서, 현재에도 그대로 사용되고 있어 도시미의 중심이 되고 있다.

사진 1.8 베를린의 운터덴린덴

사진 1.9 성 아래마을 川越의 시계종

1.3 한국의 도시 역사

1.3.1 도시의 기원

(1) 도시의 본질

도시는 인류문명의 발생과 더불어 형성되었고, 문명의 발전은 도시의 발달이 견인(牽引)하였다. 그러므로 문명 단계의 지표의 하나로서 도시의 출현을 드는 것이 보통이다. 이와 같이 인류의 문명과 깊은 관계에 있는 도시는 다양한 기능과 복잡한 구조를 지니고 있어 시대에 따라 또는 사회적 기능에 따라 그 성질이 다르므로 전 시대를 통한 개념을 정하는 것은 쉽지 않다. 미국의 도시문명 비평가인 멈포드(L. Mumford)는 그의 저서 「역사상의 도시

(The City in History), 1961」의 첫장에서 도시의 개념은 사람이나 경우에 따라 또는 보는 관점이나 시대의 차이 등에 따라 다르게 정의될 수 있다고 하였다. 우리 나라에서 도시라는 말이 언제부터 사용되기 시작하였는지는 분명치 않으나 도시는 촌락과 더불어 인간의 2대 주거 형태이며, 어느 시대나 농촌과 대조되는 존재로 그 의미에서 비농민의 집중지라고 말할 수 있다. 사회적·경제적·정치적인 활동의 중심이 되는 장소로서의 도시는 원래 왕궁 소재지인 정치 중심지로서의 도읍과 상업 중심지로서의 저자(市場)의 역할을 함께 지니고 성립하였으며, 따라서 근대 이전의 도시는 이상의 두 가지 기능을 중심으로 발달하였다.

이와 같이 복잡 다양한 도시의 개념에 대하여 본장에서는 보편적이며 공통된 개념의 하나로서 도시는 많은 사람이 모여 사는 곳 이라는 데서부터 출발하여 도시 성립의 전 단계부터의 그 발생촵형성촵발전의 과정을 살펴보기로 한다.

(2) 마을의 형성

우리 나라에 사람이 모여서 집단생활을 하기 시작한 것은 신석기 시대 후기에 이르러 농경촵목축을 하게 된 이후부터의 일이다. 인류 역사의 대부분을 차지하는 자연 의존적인 채집경제시대인 구석기 시대를 벗어나 생산 경제로 전환하게 된 신석기 시대의 도래는 인류의 출현이래 겪게 된 최대의 생활상의 변화를 가져다 준 농경의 시작으로서 신석기 혁명이라 불려져 인류 문화사상 중요한 의미를 지니는 것이다. 농경의 시작은 농사를 짓는 가족과 토지의 관계를 매우 깊은 것으로 만들었다. 토지에 대한 애착은 사람들로 하여금 한곳에 정착하여 살게 만들었으며, 정착생활의 시작은 지금까지와는 다른 생활상의 안정을 가져오면서 더 큰 규모의 집단을 이루어 마을을 형성하게 되었다. 그리하여 신석기 시대의 사람들은 주로 동굴에 살면서 채집생활을 하던 구석기 시대에서 벗어나 주로 바닷가나 강가에서 움집을 짓고 살았다. 바닷가나 강가에 살았던 사람들의 흔적으로 대표적인 것이 먹고 버린 조개나 굴 껍질이 쌓여서 이루어진 패총(貝塚 : 조개무지) 들이다. 신석기시대의 유적들은 그 대부분이 이와 같은 패총들인데 이 때에 남긴 이들의 많은 유적들의 주된 분포는 압록강·두만강·대동강·한강 및 낙동강 등의 강변이나 바닷가이다.

(주) 신석기 시대 사람들이 살았던 흔적과 주거

우리 나라의 신석기 시대는 기원전 6000년경에 이르러 시작되었다. 신석기 시대의 대표적인 유적지는 평안남도 온천의 궁산리(弓山里), 황해도 봉산(鳳山)의 지탑리(智塔里), 서울의 암사동(岩沙洞), 경기도 하남(河南)의 미사동, 부산시 동삼동(東三洞), 강원도 양양(襄陽)의 오산리 등으로서 전국 각지의 강가나 바닷가에 널리 분포되어 있다.

 이들 유적지에서는 신석기 시대를 대표하는 빗살무늬토기가 출토된다. 신석기 시대에는 주거 생활도 개선되어 종전의 동굴 생활에서 벗어나 움집이 일반화되었다. 움집의 구조는 그 바닥이 원형(圓形)이거나 또는 방형(方形)으로서 그 중앙에 취사와 난방을 위한 화덕을 설치하고 출입문은 햇빛을 잘 받는 남쪽에 두었다. 식도구를 저장하는 저장구덩은 출입문옆에 설치하였다.

(3) 취락의 성립

 신석기 시대의 주거인 움집은 B.C. 10세기에서 B.C. 4세기를 전후하여 시작되는 우리나라의 청동기·초기 철기시대에 이르러 점차 지상 가옥으로 바뀌어져 가고, 주거용 이외에도 창고·공동작업장·공공의식의 장소 등도 갖추어진 취락 형태를 이루기 시작하였다. 이와 같은 주거지(住居址 : 집 자리)의 유적은 한반도 전역에 분포되어 있는데 우리 나라 취락의 입지는 수리·지형·교통·방위와 인근 촌락과의 관계 등 자연적 조건 및 풍수지리설, 동족촌락의 형성 등 전통적 관습에 크게 지배되어 왔다. 배산임수(背山臨水) 즉, 산을 등지고 물을 낀 촌락 입지는 한국의 가장 보편적인 취락입지의 유형이 되고 있다. 그것은 겨울에 북서 계절풍의 그늘이 되면서 양지바르고, 바로 가까이에 수리가 안전한 농경지를 끼며 아울러 음료수·땔감 등을 얻기 쉬운 입지조건이 되기 때문이다. 범람원(汎濫原)은 경지 확보와 수리 조건이 유리하여 취락입지에 이용되게 마련이었다.

 상고시대에는 한강·금강 및 영산강 유역에 마한(馬韓)이, 낙동강 이동 지역에 진한(辰韓)이, 낙동강 서남쪽 지역에 변한(弁韓)이 일어나 정착 농경 문화를 성립시켰다. 삼국시대를 거쳐 고려시대에는 지방 호족(豪族)들에 의해 장원촌락(莊園村落)이 발달하였고, 또 국가의 북방 정책으로 북방에 요새적 성격을 지닌 취락인 진(鎭)이 여러 군데 생겨났다. 조선시대에 들어와 인구가 증가하면서 농경지의 수요가 늘어났는데, 그들 농경지는 낙동강·금강·삽교천·곡교천(曲橋川)·한강·재령강·예성강·대동강·청천강 등 9개 하천유역의 하성평야에 집중되었다. 따라서 촌락의 분포는 자연적으로 농경지 분포의 영향을 받게 되었다. 당시의 주된 취락은 행정적 통제와 군사적 방어 기능을 복합적으로 담당했던 읍성취락이었다. 읍성취락은 농경지대의 중심지 또는 수륙교통의 요지에 발달하였는데, 동시에 진산(鎭山)이라고 불린 요새지를 끼고 분지형의 지형에 입지하는 것이 일반적이었다. 이 밖에 특수한 기능을 가지고 성장해온 다음과 같은 촌락들이 있다.

삼국시대 이래의 역원제(驛院制)에 의해 역 취락·원 취락·파발 취락 등이 발달하였는데, 역촌동·역삼동·말죽거리·마장동 등 역자가 붙은 전국 각지의 리동, 양재원·장호원·이태원 등 원자가 붙은 리동, 구파발·파발막(擺撥幕) 등으로 불리는 리동 등이 그것이다. 이 외에 교통에 관련된 기능을 가졌던 취락으로 삼거리·점촌·주막리 등으로 불려 가촌(街村)을 형성한 막취락(幕聚落), 삼전도·삼랑진 등 도진취락(渡津聚落) 및 고개취락(嶺下聚落) 등이 있다. 행주산성·해미읍성·통영·만포진 등은 방어 기능을 가졌던 산성취락·읍성취락 및 수영(水營)·진영(鎭營) 등을 바탕으로 발전 또는 쇠미(衰微)한 곳들이다. 지금은 점차 쇠퇴되고 있는 시장촌은 발안장·안성장 등의 지명을 남겼고, 영산포·마포 등은 조창취락(漕倉聚落)이 되었던 곳들이다.

(4) 군장사회의 출현과 도시

우리 나라의 청동기·초기 철기시대에 살던 사람들은 청동기와 철기의 예리한 면을 이용하여 우수한 농기구를 만들어 농업을 발전시키는 한편 무기를 만들어 정복·지배 활동에 이용하였다. 농업의 발전은 생산력을 증대시켜, 먹고 사는 데 필요한 최소한의 생활 물자보다 더 많은 것을 생산할 수 있게 하였다. 토지 등에 관한 소유의 관념과 더불어 잉여 생산물의 사적 소유가 진전됨에 따라 생산과 소비의 기본 주체로 성장한 대가족 즉, 가부장을 중심으로 하는 대가족들 간에 빈부의 차이가 발생하였다. 점차로 벌어지는 소유의 격차와 청동이나 철제 무기를 이용한 왕성한 정복 활동은 지배자와 피지배자의 분화(分化)를 심화시켜, 계급이 발생하였다. 계급의 발생은 이전의 평등하였던 관계 즉, 공동노동·공동소유·공동분배를 기조로 하던 공동체 사회를 무너뜨리고, 지금까지와는 전혀 다른 사회, 즉 권력과 경제력을 가진 군장(君長)이 지배하는 군장사회(君長社會 : 계급사회)가 출현하게 되었다.

강력한 군장은 주변의 여러 사회를 통합하고 권력을 강화해 가면서 백성을 지배하기 시작하였다. 이들은 성을 쌓기도 하고 자연적인 요새를 중심으로 정복과 지배의 근거지로서, 행정적 통제 기능을 수행하기 위한 관아와 군사적 방어를 위한 군사시설 등을 건설하는 한편, 비록 물물 교환의 원시적 형태라 하더라도 주거 영역으로서의 필요한 시장의 개설이 있었을 것이다. 이곳은 곧 통치 권력자의 소재지이며, 생활을 영위하는데 필수적인 시장이 갖추어진 곳으로서, 우리는 여기에서 도와 시를 함축하는 도시의 개념을 엿볼 수 있다. 즉, 도시의 어원은 정치 중심의 도읍인 도(都)와 통상 무역 중심의 시장인 시(市)를 합성한 말로 생각된다.

1.3.2 상고시대의 도읍

(1) 고조선의 도읍, 왕검성

삼국유사, 동국여지승람 외 고기에 의하면 우리 나라 최초의 국가는 단군 왕검에 의하여 건국(B.C. 2333)된 고조선이다. 초기의 고조선은 요령(遼寧) 지방을 중심으로 발전하여 점차 인접한 군장 사회들을 통합하면서 대동강 유역으로 이동, 왕검성에 도읍하여 독자적인 문화를 이룩하면서 발전하였다. 고조선의 수도 왕검성은 지금의 평양으로, B.C. 3세기경에는 왕위 세습제를 실시하는 중앙 정치조직을 갖추었고, 또한 요하(遼河)를 경계선으로 하는 중국의 연(燕)과 대립할 만큼 강성하였던 시대의 수도였으나, B.C. 108년 한무제(漢武帝)의 대규모 무력침략을 받아 마침내 함락되고 고조선은 멸망하였다.

(2) 부여의 도읍

부여(夫餘)는 예맥족(濊貊族)의 한 계통으로 고조선을 이어 한국 역사에 등장한 두 번째의 국가이다. 그 기원은 분명치 않으나 B.C. 2세기에서 1세기초 무렵에는 이미 왕호를 사용하는 연맹왕국(聯盟王國)의 단계로 발전하고 있었던 것으로 보인다. 부여는 만주 송화강 유역의 평야지대인 장춘(長春)·농안(農安)을 중심으로 성장하였다. 그러나 3세기말에는 선비족(鮮卑族)의 침략을 받아 크게 쇠퇴하였고, 해부루왕(解夫婁王)때 아란불(阿蘭弗)의 권고로 도읍을 가섭원(迦葉原)으로 옮겼으나, 494(고구려 21대 문자명왕 4)년에는 결국 고구려에 편입되면서 역사속에 묻혀 버리게 되었다. 북부여의 수도로 생각되는 장춘·농안은 중국 동북(東北 : 만주 지역) 길림성(吉林省)의 도시로서 송화강(松花江)의 지류 이통강(伊通河) 유역에 위치한다. 장춘(長春)은 농안(農安) 남쪽 약 60km 지점에 위치하며 이른바 만주국이 성립되었을 때 그 수도가 되어 신경이라 개칭되었던 곳이다. 부여의 제2 수도(고대 동부여의 도읍지)로 생각되는 가섭원의 위치는 지금의 강원도 강릉부근으로 추정된다.

(3) 옥저와 동예의 중심지

옥저(沃沮)는 지금의 함흥일대를 중심으로 하고 있었으며, 동예(東濊)는 그 남쪽인 지금의 영흥(永興)·문천(文川)·덕원(德源)·안변(安邊) 등지를 중심으로 하여 분포되어 있었던 부족 국가이었다. 이들은 1세기초에 임둔(臨屯) 옛 땅에 자립하여 함경도 및 강원도 북부의 동해안에 자리하였으나 선진 문화의 수용이 늦었으며, 일찍부터 고구려의 압박과 수탈로 인하여 성장하지 못하다가 56년경에 고구려에 신속(臣屬)되고 말았다.

(4) 삼한의 도읍지

B.C. 2세기경 중국 동북부 지역에서 부여가 성립될 무렵, 한반도의 남쪽 즉, 한강 이남 지역에는 삼한이 성장하고 있었다. 즉, 마한·진한·변한은 그 활동지역에 대하여 이설(異說)이 많다. 그러나 대체로 마한은 대전·익산 지역을 중심으로 경기·충청·전라도 지역에, 진한은 대구·경주 지역을 중심으로 하는 낙동강 동쪽의 경상도 지방, 그리고 변한은 김해·마산 지역을 중심으로 하는 낙동강 서남쪽의 경상도 지방에 분포하였다. 이들 연맹체들은 부여계인 고구려의 1지파가 차지한 위례 부락(慰禮部落)을 중심으로 일어나기 시작하였으며, 이 신흥 세력은 우선 마한(54 소국)을 통일하여 백제를 건국하였다. 그 사이 변한(12 소국)과 진한(12 소국)지역에도 주위의 부족들을 통합하여 국가적인 형태로 발전했으니 즉, 진한 지방에서는 사로국(斯盧國：徐羅伐)을 중심으로 한 신라가 등장했으며, 변한지방에서는 김해와 고령을 중심으로 한 가야국이 연맹사회로 나타났다.

1.3.3 우리 나라의 도시 역사 대관

우리 나라 초기의 도시는 부족 연맹사회의 정치 조직인 군장사회(君長社會)를 이루었을 때의 정복과 지배의 근거지로서 시작하였다. 이 시대에 형성된 도시들 즉, 부여, 옥저와 동예 및 삼한에서는 전술한 바와 같이 우선 그 위치에 있어 ① 광활한 만주 지역이거나 ② 국내라 하더라도 그 구역의 범위가 가늠하기 어려울 정도로 넓은 지역으로 표현되어 있거나 또는 ③ 비정(比定)에 그치고 있는 곳이 대부분인 어려움이 있어 본장에서는 이와 같은 연맹왕국 단계에 있었던 초기 국가의 도시들은 서술대상에서 제외하였다.

· 우리 나라에 강력한 왕권과 정비된 율령을 바탕으로 한 중앙 집권 국가가 출현한 것은 삼국시대부터이다. 즉 고구려·백제·신라의 삼국은 연맹왕극의 단계를 거쳐 우리 나라의 대표적 고대국가로 성장한 나라들이다. 본장에서는 이들 고대국가 이후의 여러 나라의 도시를 대상으로 서술하였으며, 이들 도시의 규준 범위는 ① 역대왕조의 "수도"와 ② 그 시대에 율령 등을 바탕으로 국가에서 지정한 "지방도시" 등을 간추리고, 다음에는 이들 도시

들을 발생 순서대로 나열하여, 각 도시별로 그 위치, 지세, 연혁 및 도시계획에 관한 사항 등을 내용으로 하는 개황을 설명한 것이 본장의 주요골자이다. 단 도시의 연혁에서는 자료를 일괄정리하여 해독을 용이하게 하는 편익을 감안하여 그 도시의 연혁과 아울러 근대 도시계획에 관한 사항(과거와 미래를 통틀어)을 시대와 관계없이 한데 묶어 종합적으로 기술하였다.

· 이상의 도시에 대한 범주를 시대별로 간추리면 다음과 같다. ① 고구려에서는 그 수도와 고구려 3경 ② 백제에서는 그 수도들 (단 지방도시로서 5부 5방제에 의한 방성(方城)은 그 위치가 고증되지 못한 상태이므로 여기서는 대상에서 제외) ③ 신라에서는 그 수도와, 통일 후의 지방도시로 지정된 9주 5소경 ④ 고려에서는 수도와 고려 3경, 5대도호부 ⑤ 조선(전기)에서는 수도 한성부와 직할 4유수부, 8도감영 소재지, 주요 대도시로 지정한 5부, 5대도호부 ⑥ 조선(후기)에서는 개항기의 도시와 개시장, 23부제에 의한 도시, 13도·9부제의 도시와 신 지방관제에 의한 13도·11부제의 도시 등을 비롯하여 일제 강점기의 도시로는 시구개정에 의한 사업 집행도시 외에 조선시가지계획령으로 지정 고시된 단위도시와 지방계획(지역계획 내지는 국토계획으로 간주되는)에 포함된 도시 등을 대상으로 하였다.

· 이들 시대별 도시를 총괄하면, 기간중(삼국시대 ~8·15 광복) 발생한 도시의 총수는 137개 도시가 된다. 이중 다른 왕조에 걸쳐 이루어졌던 행정명칭등의 변경으로 중복되는 도시를 제외하면 75개 도시이다. 이 75개 도시에 대한 개황은 다음 표 2.1과 같다.

· 개국 이래 정치적 기능을 바탕으로 한 전 산업적 소비도시로 머물러 있었던 우리 나라의 도시는 20세기에 들어오면서 상공업 등 경제적 기능에 의한 근대 도시로의 발달이 시작되었다. 그러나 일본이 한반도를 대륙 침략의 병참기지로 삼고자하는 야욕을 실천에 옮기게 되는 1918(제1차 대전 종전)년경부터 한반도에 있어서의 일본의 수탈정책은 본격화되었다. 그 중에서도 철도·도로·항만과 도시개발 등의 시설을 함에 있어서 그 시설의 필요성 여부와 건설의 완급이 그들 나름대로 의 판단에 의하여 가려졌으니, 실로 우리 나라의 도시는 근대 도시로서의 발전에 있어 그 균형을 잃은 채 진전되어 왔다고 할 것이다.

〔주〕 이상에서 적용하였거나 또는 앞으로 적용하고자 하는 도시에 대한 시대구분은 ① 우리나라의 고대국가인 삼국이 형성하게되는 이전까지의 시대(철기시대~기원전 1세기 초)를 상고시대로 하고 ② 고대사회로 구분되는 삼국·통일신라시대는 우리 나라의 고대국가를 형성하게 되는 삼국시대부터 통일신라의 멸망까지의 시대(기원전 1세기 ~ 10세기 초)를 말한다. ③ 우리 나라의 중세사회로 구분되는 조선왕조의 성립에서부터 개항 직전인 1860년대까지의 조선전기(14세기 말~1860년대)와 우리 나라 근대사회의 시점으로서 구미 근대문화와 그 제도를 도입하는 단서가 되는 개항으로부터 1945년까지의 기간(1860년대~1945년)을 조선후기로 구분하였다.

표 1.1 시대별·성격별 도시일람 (75개도시)

시대별	도시별 No.	도시명	도시의 성격 및 연혁 등
고구려 (BC 37~ AD 668)	1	졸 본	■고구려의 제1수도 (졸본 : BC 37 ~ AD 3)
	2	국 내 성	■고구려의 제2수도 (국내성 : 3~427 : 丸都城과 동일지역) □고구려 3경(國內城·平壤城·漢城)의 하나
	3	평 양	■고구려의 제3(마지막)수도, 평양성(平壤城: 427 ~ 668) □고구려 3경(國內城·平壤城·漢城)의 하나 □고려 3경 중의 서경(西京) □조선(전기) 8도제 중의 평안도 감영소재지 □조선(전기) 주요 5부(附: 대도시)의 하나 □조선(후기) 1882 평양개시(平壤開市) □조선(후기) 23부제(府制: 1895) 도시의 하나 □조선(후기) 13도·9부제(1896)의 평안남도 도청소재지 □일제 강점기 시구개정(市區改正) 실시 □일제 강점기 시가지계획령 적용(37. 4. 30. 고시제285호) □1941 보산지방계획(平壤保山鎭南浦)에 포함된 도시
	4	한 성 (載寧)	■고구려 3경(國內城·平壤城·漢城)의 하나로서, 황해도 중앙부에 위치하는 오늘의 재령(載寧)을 일컬음 (지방도시)
백제 (BC 18~ AD 660)	5	하남위례성 (서울 지역)	■백제의 제1수도 하남위례성(河南慰禮城: BC 18 ~ AD 475) □신라 9주의 하나, 한산주(漢山州) □조선(전기) 유수 4부의 하나 광주부(廣州府) □조선(후기) 13도·9부제 중의 광주부(廣州府)
	6	공 주	■백제의 제2수도 웅진(熊鎭: 456 ~ 538) = (忠南公州) □신라 9주의 하나 웅천주 (熊川州) □조선(전기) 8도제 중의 충청도 감영소재지 □조선(후기) 23부제(府制: 1895) 도시의 하나 □조선(후기) 13도 9부제(1896)의 충청남도 도청소재지
	7	부 여	■백제의 제3(마지막)수도 사비(泗.: 538 ~ 660) = (忠南부여) □일제 강점기 시가지계획령 적용(39. 10. 31. 고시제900호)
신라 (BC 57~ AD 935)	8	경 주	■신라의 수도 경주(慶州: BC 57 ~ AD 935) : (慶尙北道) □고려 3경 중의 동경(東京) □조선(전기) 주요 5부(府: 대도시) 의 하나
	9	상 주	■신라 9주의 하나 사벌주(沙伐州) : (慶北尙州)
	10	양 산	■신라 9주의 하나 삽양주(.良州) : (慶北尙州)
	11	진 주	■신라 9주의 하나 청주(菁州) : (慶南晉州) □조선(후기) 23부제(府制: 1895) 도시의 하나 □조선(후기) 13도·9부제(1896)의 경상남도 도청소재지 □일제 강점기 시구개정(市區改正) 실시 □일제 강점기 시가지계획령 적용(41. 1. 27. 고시제90호)
	12	춘 천	■신라 9주의 하나 수약주(首若州) : (江原道春川) □조선(후기) 23부제(府制: 1895) 도시의 하나 □조선(후기) 13도·9부제(1896)의 강원도 도청소재지

시대별	도시별 No.	도시명	도시의 성격 및 연혁 등
신라 (BC 57~ AD 935)	13	강 릉	□ 일제 강점기 시가지계획령 적용(38. 5. 9. 고시제405호) ■ 신라 9주의 하나 하서주(河西州) : (江原道江陵) □ 조선(후기) 5대도호부 중의 강릉대도호부 치소 □ 조선(후기) 23부제(府制: 1895) 도시의 하나 □ 일제 강점기 시가지계획령 적용(40. 12. 10. 고시제391호)
백 제 (BC 18~ AD 660)	14	전 주	■ 신라 9주의 하나 완산주(完山州) : (全北全州) □ 조선(전기) 8도제 중의 전라도 감영소재지 □ 조선(전기) 주요 5부(府: 대도시)의 하나 □ 조선(후기) 23부제(府制: 1895) 도시의 하나 □ 조선(후기) 13도·9부제(1896)의 전라북도 도청소재지 □ 일제 강점기 시구개정(市區改正) 실시 □ 일제 강점기 시가지계획령 적용(38. 5. 9. 고시제403호)
	15	광 주	■ 신라 9주의 하나 무진주(武珍州) : (全南光州) □ 조선(후기) 13도·9부제(1896)의 전라남도 도청소재지 □ 일제 강점기 시가지계획령 적용(39. 10. 31. 고시제901호)
	16	김 해	■ 신라 5소경 중의 하나 금관소경(金官小京) : (慶南金海)
	17	충 주	■ 신라 5소경 중의 하나 중원소경(中元小京) : (忠北忠州) □ 조선(후기) 23부제(1895) 도시의 하나 □ 조선(후기) 13도·9부제(1896)의 충청북도 도청소재지
	18	원 주	■ 신라 5소경 중의 하나 북원소경(北原小京) : (江原道原州) □ 조선(전기) 8도제 중의 강원도 감영소재지
	19	청 주	■ 신라 5소경 중의 하나 서원소경(西原小京) : (忠北淸州) □ 일제 강점기 시가지계획령 적용(39. 10. 31. 고시제899호)
	20	남 원	■ 신라 5소경 중의 하나 남원소경(南元小京) : (全北南原) □ 조선(후기) 23부제(1895) 도시 중의 하나
고 려 (918~1392)	21	개 성	■ 고려의 수도 개경(개경 : 919 ~ 1392) : (京畿道開城) □ 조선(전기) 유수 4부의 하나 □ 조선(후기) 23부제(府制: 1895) 도시의 하나 □ 조선(후기) 13도 9부제(1896) 중의 도시 □ 일제 강점기 시가지계획령 적용(38. 11. 11. 고시제886호)
	22	강 화	■ 고려의 임시수도 강도(江都: 1232 ~ 1270) : (京畿道江華) □ 조선(전기) 유수 4부의 하나 □ 조선(후기) 13도·9부제 중의 도시
	23	안 동	■ 고려 5 도호부 중의 안동대도호부 치소(慶北安東) □ 조선(전기) 5대도호부 중의 안동대도호부의 치소 □ 조선(후기) 23부제(1895) 도시의 하나 □ 일제 강점기 시가지계획령 적용(41. 1. 28. 고시제92호)
		수 주	■ 고려 5 도호부 중의 안동대도호부 치소 □ 수주(樹州)는 오늘의 부평(인천시의 한 區)

1.3 한국의 도시 역사

시 대 별	도 시 별		도시의 성격 및 연혁 등
	No.	도 시 명	
고려 (918~1392)	24	해 주	■고려 5 도호부 중의 안서대도호부 치소(黃海道海州) □조선(전기) 8도제 중의 황해도 감영소재지 □조선(후기) 23부제(1895) 도시의 하나 □조선(후기) 13도·9부제(1896)의 황해도 도청소재지) □일제 강점기 시구개정(市區改正) 실시 □일제 강점기 시가지계획령 적용(39. 10. 31. 고시제899호
	25	안 주	■고려 5 도호부 중의 안북도호부의 치소(平南安州)
	26	안변(등주)	■고려 5 도호부 중의 안변도호부의 치소(咸南登州)
조선전기 (1392~ 1860 경)	27	서 울 (한성부)	■조선조의 수도 한양(漢陽: 오늘의 수도 서울) □고려 3경 중의 남경(南京) □조선(전기) 8도제 중의 경기도 감영소재지 □조선(후기) 1882 한성개시(漢城開市) □조선(후기) 1882 용산개시(龍山開市) : (楊花津) □조선(후기) 23부제(府制: 1895) 도시의 하나 □조선(후기) 13도·9부제(1896) 중의 도시 □조선(후기) 신지방관제(1906) 12부의 하나 □일제 강점기 시구개정(市區改正) 실시 □일제 강점기 시가지계획령 적용(38. 11. 11. 고시제886호)
	28	수 원	■조선(전기) 유수 4부의 하나(京畿道水原) □조선(후기) 13도·9부제(1896) 중의 도시 □조선(후기) 13도·9부제(1896)의 경기도 도청소재지 □일제 강점기 시가지계획령 적용(44. 8. 10. 고시제1053호)
	29	대 구	■조선(전기) 8도제 중의 경상도 감영소재지(慶北大邱) □조선(후기) 23부제(府制: 1895) 도시의 하나 □조선(후기) 13도·9부제(1896) 중의 도시 □일제 강점기 시구개정(市區改正) 실시 □일제 강점기 시가지계획령 적용(37. 3. 23. 고시제186호)
	30	함 흥	■조선(전기) 8도제 중의 함경도 감영소재지(咸南咸興) □조선(전기) 주요 5부의 하나 □조선(후기) 23부제(1895) 도시의 하나 □조선(후기) 13도·9부제(1896) 중의 도시 □일제 강점기 시가지계획령 적용(37. 4. 30. 고시제286호)
	31	의 주	■조선(전기) 주요 5부의 하나 (平北義州) □조선(후기) 23부제(1895) 도시의 하나 □조선(후기) 13도·9부제(1896)의 평안북도 도청소재지 □조선(후기) 신지방관제(1906) 12부의 하나
	32	창 원	■조선(전기) 5대도호부 중의 창원대도호부 치소(慶南, 昌原) □조선(전기) 신지방관제(1906) 12부의 하나
	33	영 흥	■조선(전기) 5대도호부 중의 영흥대도호부의 치소(咸南永興)
	34	영 변	■조선(전기) 5대도호부 중의 영흥대도호부의 치소(平北寧邊)

시대별	도시별		도시의 성격 및 연혁 등
	No.	도시명	
조선후기 (1392 ~ 1860경)	35	부 산	■ 조선(후기) 개항기의 도시(1876 - 慶南釜山) □ 일제 강점기 시구개정(市區改正) 실시 □ 일제 강점기 시가지계획령 적용(38. 11. 11. 고시제886호)
	36	원 산	■ 조선(후기) 개항기의 도시(1880 - 咸南元山) □ 일제 강점기 시가지계획령 적용(44. 8. 10. 고시제1053호)
	37	인 천	■ 조선(후기) 개항기의 도시(1883 - 京畿仁川) □ 조선(후기) 23부제(府制: 1895) 도시의 하나 □ 조선(후기) 13도 9부제(1896) 중의 도시 □ 조선(후기) 신지방관제(1906) 12부의 하나 □ 일제 강점기 시가지계획령 적용(37. 4. 12. 고시제263호)
	38	진 남 포	■ 조선(후기) 개항기의 도시(1897 - 平南鎭南浦) □ 일제 강점기 시구개정(市區改正) 실시 □ 일제 강점기 시가지계획령 적용(39. 6. 17. 고시제495호) □ 1941 보산지방계획(平壤保山鎭南浦)에 포함된 도시
	39	목 포	■ 조선(후기) 개항기의 도시(1897 - 全南木浦) □ 일제 강점기 시가지계획령 적용(37. 3. 23. 고시제187호)
	40	군 산	■ 조선(후기) 개항기의 도시(1899 - 全北群山) □ 일제 강점기 시가지계획령 적용(38. 5. 9. 고시제404호)
	41	마 산	■ 조선(후기) 개항기의 도시(1899 - 慶南馬山) □ 일제 강점기 시가지계획령 적용(41. 4. 19. 고시제556호)
	42	성 진	■ 조선(후기) 개항기의 도시(1899 - 咸北城津) □ 조선(후기) 신지방관제(1906) 12부의 하나 □ 일제 강점기 시가지계획령 적용(38. 5. 9. 고시제404호)
	43	용 암 포	■ 조선(후기) 개항기의 도시(1904 - 平北龍巖浦) □ 1939 신의주 다사도 지방계획(新義州揚市龍巖浦多獅島)에 포함된 도시
	44	청 진	■ 조선(후기) 1880 경흥개시(慶興開市) : (咸北慶興) □ 일제 강점기 시구개정(市區改正) 실시 □ 일제 강점기 시가지계획령 적용(38. 11. 11. 고시제886호)
	45	신 의 주	■ 조선(후기) 개항기의 도시(1880 - 咸南元山) □ 일제 강점기 시가지계획령 적용(44. 8. 10. 고시제1053호)
조선후기 (1860경~ 1910)	46	경 흥	■ 조선(후기) 개항기의 도시(1883 - 京畿仁川) □ 조선(후기) 13도 9부제(1896) 중의 도시 □ 조선(후기) 신지방관제(1906) 12부의 하나 □ 일제 강점기 시구개정(市區改正) 실시
	47	홍 주	■ 조선(후기) 23부제(1895) 도시의 하나, 홍주부(忠南洪州)
	48	동 래	■ 조선(후기) 23부제(1895) 도시의 하나, 동래부(慶南東萊) □ 조선(후기) 13도 9부제(1896) 중의 도시 □ 조선(후기) 신지방관제(1906) 12부의 하나
	49	나 주	■ 조선(후기) 23부제(1895) 도시의 하나, 나주부(全南羅州)
	50	제 주	■ 조선(후기) 23부제(1895) 도시의 하나, 제주부(濟州)

시대별	도시별		도시의 성격 및 연혁 등
	No.	도시명	
조선후기 (1860경~ 1910)	51	경 성	■ 조선(후기) 23부제(1895) 도시의 하나, 경성부(咸北鏡城) □ 조선(후기) 13도 9부제(1896)의 함경북도 도청소재지
	52	갑 산	■ 조선(후기) 23부제(1895) 도시의 하나, 갑산부(咸南甲山)
	53	강 계	■ 조선(후기) 23부제(1895) 도시의 하나, 강계부(平北江界)
	54	덕 원	■ 조선(후기) 13도 9부제(1896) 중의 도시, 덕원부(咸南德源) □ 조선(후기) 신지방관제(1906) 12부의 하나
	55	옥 구	■ 신지방관제(1906) 12부의 하나, 옥구부(沃溝: 全北群山)
	56	무 안	■ 신지방관제(1906) 12부의 하나, 무남부(務安: 全南木浦)
	57	삼 화	■ 조선(후기) 신지방관제(1906) 12부의 하나, 삼화부(三和: 平南南浦)
	58	용 천	■ 조선(후기) 신지방관제(1906) 12부의 하나, 용천부(龍川府: 平北龍巖浦)
일제 강점기	59	진 해	■ 일제 강점기 시구개정(市區改正) 실시, 진해면(慶南鎭海)
	60	나 진	■ 일제 강점기 시가지계획령 적용(34. 11. 20. 고시제574호) (咸北羅津)
	61	나 남	■ 일제 강점기 시가지계획령 적용(38. 2. 16. 고시제119호) (咸北羅南)
	62	대 전	■ 일제 강점기 시가지계획령 적용(38. 5. 12. 고시제411호) (忠南大田)
	63	홍 남	■ 일제 강점기 시가지계획령 적용(39. 10. 31. 고시제903호) (咸南興南)
일 제 강점기 (1910 ~ 1945)	64	홍 원	■ 일제 강점기 시가지계획령 적용(41. 1. 28. 고시제93호) (咸南洪原)
	65	여 수	■ 일제 강점기 시가지계획령 적용(41. 1. 29. 고시제97호) (全南麗水)
	66	제 천	■ 일제 강점기 시가지계획령 적용(41. 2. 19. 고시제167호) (忠北提川)
	67	순 천	■ 일세 강점기 시가지계획령 적용(41. 4. 12 고시제520호) (全南順天)
	68	단 천	■ 일제 강점기 시가지계획령 적용(41. 4. 26. 고시제595호) (咸南端川)
	69	만 포	■ 일제 강점기 시가지계획령 적용(42. 7. 8. 고시제963호) (平北滿浦)
	70	삼 천 포	■ 일제 강점기 시가지계획령 적용(44. 8. 10. 고시제1054호) (慶南三千浦)
	71	양 시	■ 일제 강점기 시가지계획령 적용(39. 11. 6. 고시제913호) □ 1939 신의주 다사도 지방계획(新義州揚市龍巖浦多獅島)에 포함된 도시 (平北揚市)
	72	다 사 도	■ 일제 강점기 시가지계획령 적용(39. 11. 7. 고시제924호) □ 1939 신의주 다사도 지방계획(新義州揚市龍巖浦多獅島)에 포함된 도시 (平北多獅島)
	73	경 인	■ 일제 강점기 시가지계획령 적용(40. 1. 19. 고시제25호) □ 1940 경인지방계획 (서울 仁川)

시대별	도시별		도시의 성격 및 연혁 등
	No.	도시명	
일제 강점기 (1910 ~ 1945)	74	보 산	■ 일제 강점기 시가지계획령 적용(40. 4. 5. 고시제450호) □ 1941 보산지방계획(平壤保山鎭南浦)에 포함된 도시 (平南保山)
	75	삼척·묵호	■ 일제 강점기 시가지계획령 적용(39. 10. 31. 고시제903호) (咸南興南) □ 1941 삼척 묵호지방계획(삼척 북평 묵호)에 포함된 시가지(江原道)

주 : 본 표중 No. 는 도시의 발생순서대로 나열한 번호 표시는 도시별로 그 발생 당초에 규제되었던 도시의 성격이고, 표시는 해당 도시의 연혁 사항이다. 표중 도시명이 이중 윤곽선으로 표시된 것은 지역계획에 포함되었던 도시들이다.

1.4 토목 행정

토목 공학을 영어로 CIVIL ENGINEERING이라고 말하는 것처럼, 토목이란 시민을 위해서 행하는 것이다. 즉 토목 사업이란 시민을 위한 사업 즉 공공사업이 대부분이며, 건축과 같이 대부분 개인을 위한 사업과는 다른 것이다. 이와 같이 토목 사업을 행하는 시공 주체는 정부라든가 시·도라든지 읍·면의 지방 공공단체 또는 이것에 준하는 기관의 경우가 대부분이다. 그리고 토목에 관한 행정은 정부 등 공공단체의 행정 중 주요한 부분을 차지하고 있다. 왜냐하면 토목 행정이란 국토를 개선해 시민을 위하는 것이기 때문이다. 특별히 기술할 것은 토목 행정에 종사하는 사람은 법률이나 경제를 전문으로 하는 사람의 분야는 아니고, 토목 기술자의 분야이므로, 토목 공학이 다른 공학과 근본적으로 다른 것은 여기에 있다. 즉 토목 공학이란 지구를 가공해 국토를 개선하는 것이므로 단순한 기술뿐만 아니라 공공단체 행정의 일부이기도 하다.

우리 나라의 토목행정은 정부조직법(2001. 1. 29 법률 제6400호, 행정자치부)상의 18개부처 즉 재정경제부, 교육인적자원부, 통일부, 외교통상부, 법무부, 국방부, 행정자치부, 과학기술부, 문화관광부, 농림부, 산업자원부, 정보통신부, 보건복지부, 환경부, 노동부, 여성부, 건설교통부, 해양수산부 등의 각 부처의 국가업무추진중 건설부야의 계획, 설계, 시공, 관리 등의 토목행정업무는 각 부처의 단독으로 추진하는 경우와 우리 나라의 건설분야의 실제 국가업무 추진부서인 건설교통부에 위임하여 추진하는 경우가 있다고 하겠다. 고도의 전문기술을 요하는 첨단건설 토목사업은 많은 기술과 노하우가 필요한 경우로서 풍부한 경험과 실적을 갖고 있는 건설교통부 요원 및 서울시 등 지방자치단체의 공무원기술자들이 주축이 되어 추진하고 있다.

국가의 기간산업 및 사회간접자본시설의 중요한 부문의 건설토목행정은 건설교통부에서 기본계획, 기본설계, 실시설계, 시공, 감리, 고용 등의 모든 과정을 수행하고 있고, 특수한 기술분야인 경우와 과다한 업무의 경감을 위해서 공단, 공사, 기획단 등의 명칭으로 권한을 일부 또는 대부분을 위임하여 수행 진행시키고 있다.

건설교통부 장관은 또한 국토의 균형발전 등의 목적으로 국토종합개발계획, 수도권개발계획, 각 시도별 도시계획 등을 5~20년 단위로 수립하여 년차계획을 세우고 각 연도별 예산을 재정경제부 장관과 협의하여 국무총리, 대통령의 재가를 얻어 건설토목사업을 추진하며, 각 시도에서도 마찬가지로 상위법의 통제하에 년차별 사업계획을 수립하여 매년 사업을 추진하고 있다.

건설교통부의 업무는 정부조직법에 의하면, 국토종합개발계획의 수립·조정·국토 및 수자원의 보전·이용 및 개발, 도시·도로 및 주택의 건설, 해안·하천 및 간척, 육운 및 항공에 관한 사무를 관장하는 것으로 되어 있다.

1.5 토목 사업

토목 공학은 위에서 말한 것처럼 토목 행정이 그 하나의 중요 분야를 차지하지만, 정부 등의 토목 행정관청은 그대로 토목 사업 관청이기도 하다. 토목 사업의 흐름을 차례로 표시하면 다음과 같다.

(1) 사업 기획

정부 등의 토목 행정관청 외에 민간회사(이하 사업자라고 한다)가 구상하여 사업화를 도모하는 것으로, 사업자가 행하는 것이다.

(a) 정부·시·도·읍·면   세금을 재원으로 하는 공공사업(도로·하천 등)
(b) 공단·공사·사업단   공공사업의 대행이나 재정투융자 계획 사업(위와 같음)
(c) 공영기업   이용자 부담의 사용료를 재원으로 하는 관공청 사업(상수도 등)
(d) 민간회사   공장 용지 조성이나 택지 조성 등의 사업

(2) 공사 계획 설계 적산

사업 기획을 토대로 다음에 나타내는 순서로 계획 설계를 한다.

(a) 측량

현지의 지형을 측량해 도면을 작성하는 것으로, 500분의 1 또는 1000분의 1의 대축척을 사용하는 경우가 많다. 사업자가 측량업으로 등록되어 있는 회사에 발주시킨다.

(b) 지질 조사

현지의 지질을 조사해 도면을 작성하는 것으로, 공사의 시공 방법 등을 정하는 데에 사용된다. 사업자가 지질 조사업으로 등록되어 있는 회사에 발주시킨다.

(c) 계획과 기본 설계

측량과 지질 조사 결과를 기초로 노선의 결정이나 구조물의 종별 등을 정하고, 요지를 나타내는 설계도를 만들어 공사 금액과 공사 일수를 개략 산정한다. 사업자가 건설 컨설턴트로 등록되어 있는 회사에 발주시킨다.

(d) 상세 설계

기본 설계를 기초로 구조물에 대해서 형상이나 치수나 재료 등을 세부사항까지 표현한다. 표현하는데 사용되는 도서로서는 설계도(설계 의도를 상세로 나타낸 도면), 설계서(공사를 완성하는데 필요한 재료 등을 나타내어 수량을 명기한 서류), 시방서(품질이나 작업 방법이나 공사기간 등의 조건을 나타낸 서류)의 3가지(합쳐서 설계도서라고 부른다)가 사용된다. 사업자가 건설 컨설턴트에게 발주한다.

(e) 적 산

측량이나 조사나 설계 등의 업무라 해도, 다음에 말하는 공사의 시공 업무에는 그 사업에 소요되는 비용이 어느 정도 되는지 계산할 필요가 있다. 이것을 적산 업무라고 한다. 토목 사업에 관하여 다른 분야에는 없는 적산 업무가 왜 필요한가 하면, 기계나 전기 등의 제품과 달리 토목 사업에는 똑같은 것이 없고, 하나하나가 케이스에 따라 전부 다르기 때문에 개개의 토목 사업에 대해서 얼마가 드는지 계산할 필요가 있기 때문이다. 예를 들면 흙을 운반하는 간단한 공사일지라도 토취장이 어디에 있는지, 목적지까지의 운반거리, 흙의 다짐 상태 등에 따라 공사비용이 달라진다. 그리고 적산하는데 있어서는 토목공학의 지식을 필요로 한다. 또한 적산은 사업자가 스스로 하는 경우가 많지만, 전문 건설 컨설턴트에게 발주시키기도 한다.

(3) 공사 시공

현지에서 토목 공사를 설계도서에 따라 시공하여 목적으로 한 구조물을 만드는 것을 말한다. 대개 시공은 사업자가 건설업으로 등록되어 있는 회사에 발주시킨다. 건설업에는 종합건설업 외에, 교량이나 포장이나 표식 등의 전문회사도 있다. 또한 발주에 있어서는 측량이나 지질 조사나 건설 컨설턴트의 경우도 마찬가지이지만, 사업자가 건설업자를 지명해 경쟁 입찰을 하든지, 또는 일반 경쟁 입찰을 실시해 최저 가격의 업자와 계약하는 경우가 많다. 때로는 경쟁 입찰을 하지 않고 사업자가 특정업자와 계약하는 경우도 있는데 이것을 수의 (隨意) 계약이라고 한다.

(4) 유지 관리

토목 구조물은 사업자가 관리하는데, 구조물이 장기간에 걸쳐 기능을 유지하기 위해서는 보수 수선 등을 충분히 행하여야만 한다. 이것을 유지라고 하는데, 유지는 해당 건설업자에게 발주시킨다. 유지는 토목 구조물의 준공 직후부터 시작되며, 이것이 충분하지 않을 때는 토목 구조물의 수명은 짧아진다.

1.6 토목 기술의 분야

토목 기술자의 직장은 크게 나누면 위와 같이 행정 외에 기획과 관리를 하는 사업자와 계획 설계를 사업자로부터 청부받는 측량업자·지질 조사업자·건설 컨설턴트와 공사 시공을 사업자로부터 청부받는 각종 건설업자로 된다. 한편, 토목 기술을 학문적으로 분류하면 기초 분야로서 토질 공학, 구조 공학, 수리학, 계획학의 4가지로 대별된다. 앞의 3가지는 모두 역학에 입각한 것이 특색인데, 이것은 토목 구조물은 국민을 위한 것이며, 국민이 공공물로서 안심하고 생활에 이용할 수 있어야 하기 때문에 토목 구조물은 안전한 것이 첫 번째 요건이며, 토목 구조물에는 어떤 힘이 작용하는지를 알고, 안전한 구조물이 되도록 설계되어야 하기 때문이다.

토질 공학은 토목 구조물이 대부분 대지에 기초를 두기 때문에 땅에 관한 역학을 연구하는 것이고, 구조 공학은 교량이나 댐 등의 토목 구조물을 설계할 때 구조물에 작용하는 힘 및 모멘트의 평형에 관한 것이며, 수리학은 하천의 물 흐름이나 관 속의 물 흐름이나 파랑의 운동에 관한 것이다. 계획학은 토목 구조물을 설계하는데 우선 전체적인 계획을 세우기 위한 학문으로서 교통 계획이나 도시계획 등의 응용 분야가 있다. 이 책에서는 기초 분야에 대해서는 기술하지 않지만, 토목의 역사에서 기술한 것처럼 토목은 종합 공학으로서 매우 범위가 넓어 응용 분야에 대해서 제2장에서 제15장에 걸쳐 기술한다.

또한 토목 기술에 관하여 다음에 기술한 것처럼 국가 자격 시험이 있으므로 가능한 한 조속히 이러한 자격을 취득하는 것이 바람직하다

1.6.1 토목분야

1) 기술사 · 기술사보(건설 부문)

    a) 토질 및 기초

    b) 토목품질시험

    c) 토목구조

    d) 항만 및 해안

    e) 도로 및 공항

    f) 철 도

    g) 수자원개발

    h) 상 · 하수도

    i) 농어업토목

    j) 토목시공

    k) 측량 및 지형

    l) 공간정보

2) 기사 자격시험

    a) 건설재료시험

    b) 철도 보선

    c) 토 목

d) 측량 및 지형

e) 공간정보

1.6.2 국토개발분야
1) 기술사

a) 도시계획

b) 조　경

c) 지　적

2) 기　사

a) 도시계획

b) 조　경

c) 지　적

1.6.3 안전관리
1) 기술사

a) 건설 안전

2) 기　사

a) 건설안전

1.6.4 교　통
1) 기술사

a) 교　통

2) 기　사

a) 교　통

1.6.5 환 경
1) 기술사
a) 대기관리
b) 수질관리
c) 소음진동
d) 폐기물처리

2) 기 사
a) 대기환경
b) 수질환경
c) 소음진동
d) 폐기물처리

  이러한 국가 자격은 대단히 중요한 것으로, 앞에서 기술한 건설 컨설턴트로서 등록되기 위해서는 기술사(건설 부문)의 자격이 있는 사람이 경영자 또는 사원으로서 각각의 전문분야에 재직하고 있는 것이 요건으로 되어 있으며, 지질 조사업으로 등록되기 위해서는 지질을 전문으로 하는 기술사의 자격이 있는 사람이 경영자 또는 사원으로 재직하고 있는 것이 요건으로 되어 있으며, 측량업으로 등록되기 위해서는 측량사의 자격이 있는 사람이 경영자 또는 사원으로 재직하고 있는 것이 요건으로 되어 있다.

  공사 시공에 대해서도 마찬가지이므로 현장의 책임자로서 토목 시공 기술사나 토목기사의 자격이 요구된다.

연구 과제

1.1 세계의 토목 역사에 어떤 것이 유적으로서 현재 남아 있는가를 조사하시오

1.2 한국의 토목 역사에 어떤 것이 남아 있는가를 조사하시오.

1.3 세계의 도시 역사에 어떤 것이 유적으로서 현재 남아 있는가를 조사하시오.

1.4 한국의 도시 역사에 어떤 것이 남아 있는가를 조사하시오.

1.5 자신이 거주하고 있는 동네의 관공소에서 토목 행정에 관한 소관 사항을 다루는 부서를 조사하시오. 그리고 정부의 행정 관청과 대비해 보시오.

1.6 하나의 토목 사업이 기획 되어 준공에 이르까지를 도식으로 기술하시오.

1.7 토목 기술자의 직장과 전문 분야를 도식으로 기술하시오.

1.8 사회에서 실제의 실무에 대해서 토목 기술에 관한 국가 자격이 없으면 불가능한 경우가 많다. 그 관계를 조사해 보시오.

1.9 토목 기술에 관한 국가 자격 중 재학중에 수험 가능한 것이 있다. 그것을 조사해 보시오.

제 2 장

지질과 토공

2.1 지질과 지각

지구는 본래 액체 상태에 가까운 질퍽한 흙상태가 점진적으로 고체화 된 것으로 지질학자들은 추정하고 있다. 그리고 표면만 냉각되어 여기저기 結晶 작용이 진행되어 지표에 암석(Sial : 규소와 알루미늄이 풍부한 물질)이 생겼는데, 현재에도 지구의 내부는 액체(Sima라고 한다) 그대로이다. 지구가 고온의 액체 상태이었을 때, 물은 대기중에 수증기로서 밖에 존재할 수 없었던 것이지만, 지구의 표면이 냉각되면 수증기는 물방울이 되어 비가 되어 지표에 도달하게 되었다. 비 때문에 지표는 침식 작용을 받게 되고, 그와 함께 바다가 형성되는 것인데, 해면에서는 다시 수증기로 되어 증발하고, 이것이 반복됨에 따라 육지와 바다가 분명히 구별되는 동시에 육지의 침식이 심해졌다. 또한 비 때문에 다량의 물질이 바다로 흘러 운반되어 수성암이 형성되는 동시에 해수중에는 여러 가지 성분이 함유되게 되었는데, 암염(岩鹽)도 해수 속에 포함되게 되어 이것이 해수가 짠 원인이 되었다

지구의 표면만 냉각해 암석(Sial)이 된 부분을 지각이라고 부르며, 岩石圈(岩板)이라고도 한다. 이 지각에는 고저가 있는데, 세계의 최고봉 에베레스트산은 해발 8,848m이며, 세계의 최심부(最深部) 마리아나(Mariana) 해구(海溝)는 -11,034m이기 때문에 고저차는 약 20km인 것이 된다. 왜 이와 같은 고저차, 즉 지각에는 이렇게 큰 주름이 생긴 것일까?

지각의 암석(Sial)의 비중은 약 2.7 정도로 지각 아래 암장(暗漿)이라고 불리는 액체(Sima)의 비중은 그것보다도 무겁다. 그래서 에베레스트산이 있는 히말라야 산맥이 있는

곳은 비중이 가벼운 지각이 두텁게 존재하고 있기 때문에 암장 속에 깊게 묻혀 있는 것으로 생각되며, 이것을 지각 평형설이라고 부르고 있다. 지각 평형설에 의하면 북유럽의 스칸디나비아 반도는 태고에 수 백m에 이르는 두꺼운 설빙으로 되어 있었지만, 지구의 온난으로 설빙이 녹아 하중이 가벼워졌기 때문에 지각은 평형을 유지하기 위해 암장 속에서 상승하게 되었다. 이 지반의 상승 때문에 생긴 것이 유명한 노르웨이의 피오르드이었다. 현재에도 상승은 계속되고 있다고 한다.

사진 2.1 노르웨이의 피오르드
(해안에서 수 백 킬로미터 떨어져 있거나 육지 깊숙히까지 이르는 곳도 있으며, 페리가 발달되어 있다.)

2.2 지 반

토목 지질학의 분야에서는 위에서 말한 지각 중에서도 지표에서 100m 정도까지 매우 얇은 범위내의 지질 현상을 대상으로 한다. 그리고 이것을 지반이라고 한다. 지반은 지각의 일부이기 때문에 본래 암석이지만, 암석은 여러 원인으로 풍화되어 토양으로 되어가고 있다.

풍화토의 깊이는 암석에 따라, 또 지역에 따라 달라진다. 풍화토가 그 모암의 상부에 풍화된 상태에서 존재하는 경우를 홍적층이라고 하는데, 토양은 주로 강우 등의 원인으로 하천 속을 물의 힘으로 흘러가 하류에 퇴적되는 경우가 많다. 이것을 퇴적층이라고 부르며, 우리 나라 평야의 대부분은 충적층이 많고, 유럽 대륙에서는 홍적층이 넓게 퍼져 있다.

위 내용으로부터 같은 지반이라도 암석인 경우를 경질 지반이라고 부르며, 토사인 경우를 연질지반이라고 한다. 또 같은 연질지반에서도 홍적층인 경우와 충적층인 경우가 있다. 암석이 경질 지반인 경우에도 암질에는 여러 가지로 차이가 있어서 보통 구조물의 기초로 사용하는 경우는 구조물과 접하는 각도가 달라 댐 등 거대한 구조물의 기초로서 적당하지 않은 경우도 있으며, 터널을 굴착하는 데에 적당하지 않은 경우도 있다. 토사 등 연질지반의 경우에는 필요에 따라 후술하는 지반 개량을 실시하거나 제7장에서 기술하는 기초를 설치하거나 한다.

 지반 개량이 충분하지 않거나 기초가 적당하지 않은 경우에는 지반은 침하되어 마침내는 지반이 파괴되어 구조물이 쓰러지거나, 경사지가 붕괴되거나 한다. 지반의 강도가 불균형이었기 때문에 건물이 기울어진 유명한 예로서 이탈리아의 피사의 사탑이 있다. 이 사탑은 12세기부터 14세기에 걸쳐서 높이가 50여m인 8층건물의 종루(鐘樓)로서 세워진 것이었는데, 서서히 기울어져 현재에는 5.6°로 기울어져 있어서, 사탑으로서 세계적으로 관광 명소가 되었있다. 풍자이기는 하지만, 기울지 않았다면 단순한 종루에 지나지 않아 명소는 되지 않았을 것이라고 말한다. 또한 사탑은 피사 외에 중국의 蘇州에도 있다.

사진 2.2 이탈리아 피사의 사탑

 위에서 언급한 것과 같이 지반을 여러 가지 목적으로 조사를 하게 된다. 예를 들면 토지가 농업에 적합한지 아닌지를 조사하기 위해서는 깊이는 수 m 정도이면 충분하며, 토목 구조물을 건설하기 위한 목적에서는 수십m나 기껏해야 수 백m이면 충분하지만, 광물 등의 자원 탐사인 경우에는 수 km의 깊이까지 조사할 필요가 있다.

 그리고 지반 조사 방법으로서 해상으로부터의 음파 탐사, 공중으로부터의 물리 탐사, 지상에서의 물리 탐사와 보링 등 각종의 방법이 있다. 가장 일반적인 방법은 보링이며, 이것은 땅속에 파이프를 타입(打入)하는 것에 의해, 타입시의 저항값을 알아내어 지반의 단단함을 측정하고, 동시에 그 파이프로부터 땅속의 흙을 추출하여 그 성질을 직접 조사할 수도 있다는 특징이 있다.

2.3 토사 재해

(1) 토사 재해의 종류와 그 원인

사면붕괴(산사태, 절벽 붕괴, 암반 붕괴, 암석 붕괴), 토석류(산사태, 이류), 지반활동(법면의 붕괴)에 더하여 액상화 현상(지반의 붕괴) 등, 토석의 유동으로 인해 생기는 재해를 토사 재해라고 한다.

토사 재해는 호우 또는 융설이 직접 원인인 경우가 많다. 또한 지진은 1차 재해로서 사면 붕괴나 액상화 현상을 일으켜 건조물에 피해가 생긴다. 일본의 경우 阪神 대지진시, 사면 붕괴나 액상화 현상이 발생해 피해가 커졌다. 關東 대지진 재해일 때, 丹澤 산지나 箱根 산지에서는 수많은 사면이 붕괴, 지진 후 약 2주일간의 호우로 대규모의 토사 재해가 발생했다. 마찬가지로 濃尾 지진, 福井 지진 등에서는 지진 후 수년동안 호우일 때 2차적인 토사 재해가 발생하였다.

또한 지반슬라이드가 발생하면 토괴의 진로상의 건물 등도 매몰된다

토사 재해는 그 원인이 되는 토사 이동의 발생이 돌발적이고, 또한 강대한 에너지를 가졌기 때문에, 사상자가 나오는 경우가 많으며, 풍수해에 의한 희생자의 대부분은 토사 재해에 의한 것이다. 그리고, 토지가 부족으로 인하여 토사 재해의 위험이 있는 경사지에 근접해 주택 개발이 행해지는 경우가 많다.

(2) 토사 재해의 예방

토사 재해를 방지하는 수단으로서는 무엇보다도 치산(治山)이다. 수목을 정상적으로 무성하게 하여 그 뿌리에 의해 토양의 강도와 보수력을 높이는 것에 있다. 삼림에서는 낙엽이나 삼림 토양의 작용으로 빗물이 천천히 시간이 걸려 사면에 침투하므로 사면내의 지하수 압력이 급격하게 커지는 경우는 없다. 특히 대나무는 확실히 대지에 뿌리를 내리기 때문에 지반이 안정되어 지진에도 강하다.

삼림이 파괴되어 수목이 없는 나대지사면의 경우에, 물이 흐르는 틈이 막혀 비나 해빙수가 지하에 침투할 수 없다. 빗물은 어쩔 수 없이 사면을 표류수가 되어 흘러 나가, 표면의 흙을 씻어내리는 결과로 산사태를 일으켜 토사나 암석을 밀려나게 한다. 또 빗물이 지표를 흘러내리는 사이 단시간에 계속적으로 사면내로 침투되는 경우가 있으며, 침투된 물은 일시적으로 사면내의 간극수압을 급격하게 상승시킨다. 사면내에 침투되는 수량은 적을지라도 지하수의 압력을 급속하게 높이게 되는 결과를 초래하여, 이것이 사면이 붕괴하는 원인이 된다. 또 그 토지는 항상 체수(滯水)하고 있다든지, 지질이 체수되기 쉬운 경우에는 사면 붕괴가 일어나기 쉽다.

(3) 토사 재해 대책 시설

토사 재해 대책으로서 아래의 시설을 설치한다.

ⅰ) 산의 표면 암반에 철근을 타입, 콘크리트 뿜어붙이기로 암반을 피복하여, 사면 안정 등의 대책을 강구한다.

ⅱ) 사면에 낙석 네트를 설치한다. 다만, 낙석 네트는 작은돌이 불규칙하게 떨어지는 것을 막을 뿐이므로 큰 낙석은 방지할 수 없다.

ⅲ) 대규모의 사면 붕괴에서 발생된 토사를 직접 멈추게 하는 것은 불가능하며, 사방 댐(9.7절 참조) 만으로서도 막을 수는 없다. 도류제방을 설치해 낙석이나 토사 붕괴를 바다 등 지장이 없는 방향으로 유도하는 방법을 강구할 수 있다.

ⅳ) 도로나 철도에서는 사면에 낙석 쉐이드(Shade)를 설치한다. 구조로서 쉐이드의 상부를 흙으로 덮어 주변의 사면 구배나 식생과 동일한 것으로 하여 낙석을 아래로 유도해 붕락에 의해 쉐이드에 주는 충격을 완화시킨다. 눈사태 대책용의 스노우 쉐이드와 겸용하면 좋다. 더욱이 한국의 지형은 가파르고 험준하여 암반 사면은 전국에 무수히 있어서 낙석 쉐이드 등의 대책에는 한계가 있다.

ⅴ) 사태가 발생할 가능성이 있을 때는 지하수를 뽑아 우물을 파는 등의 대책을 강구하여 재해를 피한다.

2.4 토 공

어떤 토목 공사에서도 토공 즉 땅에 관한 일이 생긴다. 앞에서 기술한 것처럼 지질 즉 토질이나 암질을 조사하고, 거기에 적합한 토공의 시공법을 정하며, 구조물이 있을 때는 지지하는 힘이 충분하도록 기초 등을 설계한다.

시공기면 보다 기초가 깊은 구조물의 경우에는 파내야 하는데, 이것을 굴착이라고 하며, 시공기면까지 메우는 것을 되메우기라고 한다. 시공기면이 지형 보다 낮은 경우에는 시공기면 보다 높은 곳을 잘라내어야 하는데, 이것을 절토라고 하며, 시공기면이 지형 보다 높은 경우에는 낮은 곳에 흙을 쌓아 올려야 하는데, 이것을 성토라고 한다. 수중 작업 인 경우 굴착을 준설이라고 하며, 성토를 매립이라고 한다. 또한 절토된 흙은 성토에 사용되는 것이 보통이지만, 토질이 나쁘거나 흙이 남았을 때는 버리는데, 이것을 사토라고 한다

굴착된 장소는 되메우므로 문제가 없지만, 절토하거나 성토한 법면을 방치해 두면 자연히 무너진다. 그래서 비탈면을 보호하기 위해 잔디를 입히거나 돌을 깔거나 콘크리트를 타설한다. 법면의 구배에 따라 보호하는 공법이 달라진다.

절취하거나 굴착할 때 만일 암석일 때는 연암은 흙과 똑같이 시공할 수 있지만, 경암인 경우에는 발파 작업을 실시한다. 발파는 우선 착암기로 구멍을 뚫고, 여기에 폭약을 장치하고, 모래 등을 충전하고 나서 점화시켜 폭파한다.

위에서 설명한 토공은 옛날에는 인력에 의하는 경우가 많았는데, 현재에도 개발도상국에서는 인력에 의하여 행하는 경우가 많다. 그러나, 우리 나라를 비롯한 선진국에서는 대부분 기계를 사용하고, 인력은 기계로 시공할 수 없는 장소에서만 사용한다. 이 기계 시공에 사용되는 기계를 건설 기계라고 한다.

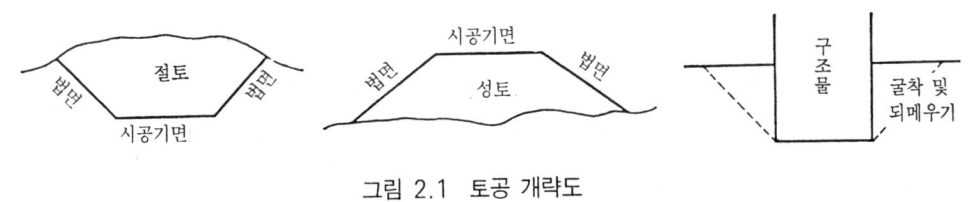

그림 2.1 토공 개략도

(1) 절토 및 굴착

인력을 사용하는 경우에는 곡괭이와 스쿠프(scoop) 등으로 시공하며, 기계 시공인 경우에 사용하는 주요 건설 기계로서는 다음과 같은 것이 있다.

(a) 쇼벨(shovel)

가장 많이 사용되는 굴착용의 기계로, 그림 2.2와 같이 트랙터의 붐 앞에 각종 방향용의 것을 교체해 사용한다. 또 그것에 따라 같은 쇼벨에서도 명칭이 다르다.

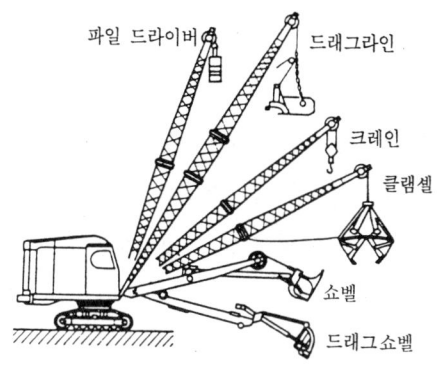

그림 2.2 쇼벨계 굴착기

(b) 불도저((bulldozer)

트랙터의 앞에 배토판을 장치한 것으로, 배토판을 아랫방향으로 내려밀면 흙을 굴착하게 된다. 또한 그대로 계속 미는 것으로 가까운 거리의 흙을 운반하는데도 이용할 수 있다.

그림 2.3 불도저

(c) 리퍼(ripper) 및 루터(rooter)

트랙터의 앞 또는 뒤에 흙을 퍼올리는 칼날을 부착한 것을 말한다. 앞에 부착해 밀어서 굴착하는 것을 루터라고 하며, 뒤에 부착해 당기면서 굴착하는 것을 리퍼라고 한다.

(d) 트렌쳐(trencher)

트랙터의 앞 또는 뒤에 여러 개의 바켓을 환상(環狀) 체인에 부착하고, 환상 체인이 회전하는 것에 따라 바켓이 연속적으로 굴착하는 것을 말한다.

(2) 운반 및 하역

토목 공사에서 운반하는 양이 가장 많은 것은 흙이다. 어떻게 경제적으로 흙을 옮기는가가 토목 시공 포인트가 되는 경우가 많다. 인력인 경우에는 삼태기라든가 손수레(1륜차)를 사용하지만, 기계 시공인 경우에 사용하는 주요 건설 기계로서는 다음과 같은 것이 있다

(a) 기관차

공사용의 선로를 부설하여 여러개의 광차를 기관차가 견인해 운반하는 것이며, 기관차로는 내연기관을 사용하는 경우가 많지만, 터널 등의 경우에는 배기가스가 없는 축전지를 사용한다.

(b) 덤프 트럭(dump truck)

짐내리기를 할 때 하대(荷臺)를 기울일 수 있는 트럭이며, 짐싣기는 쇼벨 등을 사용하며, 짐부리기는 자력으로 순식간에 할 수 있는 특징이 있으며, 기관차의 경우와 같이 특별하게 선로를 설치할 필요도 없는 곳에서 현재에는 가장 많이 사용되고 있는 운반용 건설 기계이다. 하대(荷臺)를 뒷쪽으로 기울이는 것을 보통 리어 덤프라고 하는데, 짐 내릴 때 차를 회전시켜야만 하므로 이것이 불가능한 좁은 공사 현장에서는 짐내리기를 옆으로 기울여 짐내리기를 한다. 이것을 사이드 덤프라고 한다

(c) 스크레이퍼(scraper)

흙을 감싸 운반하는 것으로, 감싸 안기 때문에 날을 갖고 있어 굴착과 짐싣기가 가능하다. 기계가 스스로 움직이는 경우도 있지만, 트랙터나 불도저로 끌어당기는 경우도 있다. 후자를 캐리 올이라고 한다. 감싸 안기를 멈추면 흙은 자연히 아래로 떨어지기 때문에 평탄한 넓은 장소에서는 굴착·짐싣기·운반·성토·펴고르기·다짐까지 한 번에 마무리하는 것도 가능하다.

(d) 컨베이어(conveyor)

컨베이어의 구조는 그림 2.4에 나타내는 바와 같이 벨트 컨베이어의 예를 들면, 흙 등이 실린 부분의 벨트는 연속적으로 이동하고, 바닥밑의 벨트는 반대방향으로 움직이고 있다. 컨베이어는 어디에서도 짐싣기가 가능하며, 게다가 얼마든지 계속할 수 있는 특징이 있어서 연속적으로 운반하는 것이 가능하여 수송량도 크고, 흙뿐만 아니라 모래나 자갈 등 각종의 토목 재료 운반에도 적합하다. 또한 벨트 컨베이어 외에 체인 컨베이어, 스크류 컨베이어 등이 있다.

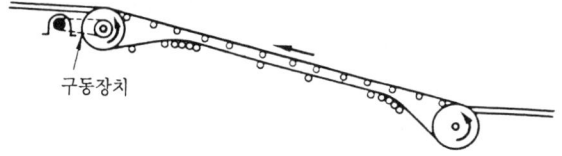

그림 2.4 컨베이어 구조도

(e) 바켓 엘리베이터(bucket elevator)

여러개의 바켓을 환상 체인 또는 고무 벨트를 장치하여 체인 또는 벨트가 회전하는 것에 따라 바켓이 연속적으로 운반하는 것이다. 컨베이어는 급경사에는 적합하지 않지만, 바켓 엘리베이터는 급경사라든가 수직에도 운반할 수 있다

(f) 가공 삭도(架空索道)

로프 웨이라고 불리는 것으로, 도로나 선로에 의한 운반이 곤란한 산속 등에서 산의 정상 등을 연결한 로프를 회전시켜 로프에 부착된 바켓으로 운반하는 것이다.

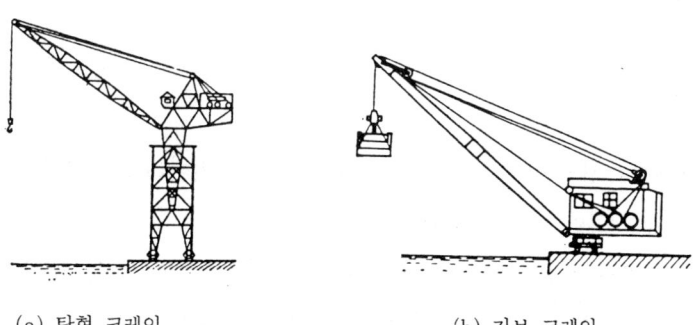

(a) 탑형 크레인   (b) 지브 크레인

그림 2.5 크레인

(g) 크레인(crane)

크레인은 짐싣기부터 소운반과 짐부내기까지의 하역을 동시에 할 수 있는 것으로, 지브 크레인, 로코 크레인, 데릭 크레인, 문형 크레인, 탑형 크레인, 케이블 크레인 등이 있다. 포크 리프트도 이 일종에 들어간다.

(3) 다짐과 마무리

성토할 때는 펴고르는 동시에 전압으로 다진다. 다지는 하나의 층은 20~30cm 정도로 하며, 이 이상 두꺼우면 충분히 전압할 수 없다. 성토의 깊이가 두꺼울 때는 여러 번 반복해 실시한다. 인력으로 행하는 경우는 거의 없고, 사용하는 기계는 주요한 것으로서 다음과 같은 것이 있다.

(a) 그레이더(grader)

거의 機體 중앙에 배토판을 장치하고, 이 배토판에서 흙의 부설을 실시하는 것이다. 또한, 배토판 외에 흙을 긁어내는 스캐러파이어(scarifier)를 장치하여 소규모의 굴착도 할 수도 있다.

(b) 롤러(roller)

주행하면서 자중 또는 진동에 의해 흙 등의 다짐에 사용되는 것으로, 매카덤 롤러(Macadam roller), 탠덤 롤러(tandam roller), 타이어 롤러(tire roller), 탬핑 롤러(tamping roller), 진동 롤러(振動 roller), 래머(rammer) 등의 종류가 있다.

2.5 옹벽공

절토할 때 법면이 경암인 경우에는 수직에 가까운 법면이라도 붕괴되지 않으므로 비탈면을 그대로 방치해도 거의 지장은 없다.

법면이 흙인 경우에는 자연히 잡초가 생겨 뿌리를 내려 마침내는 뿌리가 넓게 퍼져 법면이 안정되어 비가 내릴 때에도 붕괴되지 않게 된다. 그래서 흙의 성질에 따라 절토의 경우와 성토의 경우와는 다소 다르지만, 어떤 기울기 이상으로 되는 비탈면은 붕괴되지 않는다. 그러나 잡초가 생겨 뿌리가 퍼질 때까지는 적어도 몇 년이 걸린다. 그래서 앞에서 기술한 것처럼 법면을 강우 등으로부터 보호하기 위해 잔디를 입히거나 돌을 깔거나 콘크리트 뿜어붙이기 등을 한다. 가장 많이 사용되는 것은 잔디를 입히는 것으로, 값이 저렴한 동시에 뿌리가 퍼지는 것을 조장해 자연을 보호할 수 있다는 이점도 있다.

이상 설명한 것처럼 토공의 절토나 성토에는 안정을 위해 어느 정도 완만한 경사를 필요로 하는데, 이 경사 때문에 넓은 토지가 필요하게 된다. 그런데, 토지의 유효 이용을 도모할 필요가 있는데, 절토나 성토를 위한 토지의 면적을 조금이라도 적게 할 필요가 있다. 이 목적을 위해서 옹벽을 설치해 비탈면의 길이를 짧게 한다.

옹벽을 설치하면 비탈면을 급경사 혹은 수직으로까지 할 수 있지만, 뒷면에서 흙을 무너뜨리려는 압력 즉 토압을 받기 때문에 옹벽은 앞쪽으로 쓰러지게 한다. 그래서 옹벽은 이러한 토압을 받아내는 구조로 하는 것이 필요하게 된다. 옹벽에는 다음과 같은 종류가 있다.

(a) 흙막이 옹벽(석적(石積) 옹벽)

견치석 등의 석재나 콘크리트 블록을 쌓아 올려 시공하는 것으로, 석적옹벽 통칭 돌담이라고 한다. 돌담은 그 자체 만으로는 뒤로 쓰러지려 하지만, 뒷면에 뒷채우기 율돌을 쌓아 올리는 것으로 배수를 편하게 하는 동시에 율돌은 돌담과 일체가 되어 토압에 저항한다.

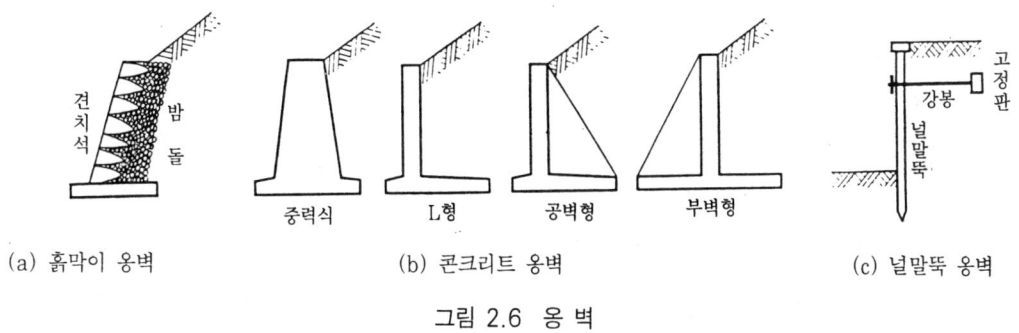

(a) 흙막이 옹벽   (b) 콘크리트 옹벽   (c) 널말뚝 옹벽

그림 2.6 옹 벽

(b) 콘크리트 옹벽

중력식 옹벽, L형 옹벽, 부벽형(扶壁型) 옹벽, 공벽형(控壁型) 옹벽 등이 있다. 중력옹벽은 무근콘크리트를 사용하고, 옹벽 자체의 무게로 토압에 저항한다. 다른 옹벽은 철근 콘크리트를 사용하여 토압에 의해 생기는 옹벽의 휨 저항을 철근으로 지탱한다.

(c) 널말뚝(쉬트파일) 옹벽

널말뚝의 근입을 충분히 하고, 또한 널말뚝의 상부를 강봉으로 땅속의 고정판에 연결하여 토압에 의해 널말뚝이 밀려 나가지 않도록 한다. 널말뚝은 강널말뚝이 많고, 멈춤板은 콘크리트의 경우가 많다.

2.6 지반 개량

연약한 점토층은 대개 연약한 지반층이 형성되는데, 연약 지반 위에는 토목 구조물이나 성토를 할 수 없을 뿐만 아니라, 공사중에도 여러 가지로 지장이 생기는 경우가 많다. 이러한 연약 지반을 개량하여 토목 구조물의 축조나 성토 등에 지장이 없도록 하는 것을 지반 개량이라고 한다. 이것에는 다음과 같은 공법이 있다.

(a) 치환 공법

연약 지반이 비교적 얕은 경우에 행해지는 것으로, ① 전부 굴착해 양질의 토사와 교체한다. ② 양질의 토사를 얹어 침하시키고, 연약 지반을 옆으로 부풀어 오르게 해 제거한다. ③ 물속에서는 Suction pump로 연약 지반을 굴착하여 양질의 토사를 넣는 것 등이 있다.

(b) 압성토 공법

재래 지반을 그대로 이용한다. 주로 연약한 점토층으로 되어 있는 연약한 지반도 하중을 가하여 시간이 지나면 틈 속의 수분이 서서히 배출되어 지지력도 증가되어 좋아진다. 이것을 압밀이라고 하는데, 침하하기 때문에 압밀침하라고 한다. 위 작업을 시공속도를 천천히 하여 압밀침하를 진행시키는 동시에 혹시 옆으로 연약 지반이 부풀어 오르는 것을 막기 때문에 옆까지 성토해 누르는 공법이다. 이것을 압성토 공법이라고 한다

(c) 프리로드(preload) 공법

재래 지반을 그대로 이용하는 점은 동일하다. 주로 연약한 점토층인 연약 지반 위에 소정의 시공기면 위로 토사 등을 얹어 특별히 하중을 증가한다. 한번에 시공하면 옆쪽

이 부풀어 오르기 때문에 서서히 행한다. 압밀침하가 서서히 행해져, 연약 지반인 재래 지반도 조금씩 지지력이 증가되어 좋게 된다. 소정의 압밀침하가 종료 되면, 시공기면 보다 위의 재하중 때문에 토사 등의 성토는 없앤다. 이 공법의 결점으로서 시간이 오래 걸리는 것과, 재하중을 위한 토사를 운반 처리하는 데에 비용이 든다.

사진 2.3 교대의 뒷면 프리로드 성토

(d) 샌드 드레인 공법(sand drain method)

위의 프리로드 공법의 시간이 오래 걸리는 결점을 없애어 급속하게 수분을 배수하는 공법으로서, 연약 지반중에 모래말뚝(샌드 파일이라고 한다)을 박아 넣고, 통수성이 좋은 모래말뚝을 통해 배수를 촉진하는 것이다. 그림 2.7에 나타내는 것처럼 연약 지반 위에 우선 두께 1m 정도의 모래를 깔고, 이 부사 위에서 직경 50cm 전후로 길이는 10~15m 정도의 쇠파이프를 연약 지반속에 박아 넣고, 쇠파이프 속에 모래를 넣고 나서 쇠파이프를 뽑아내면, 모래가 남아 모래말뚝이 만들어진다. 이 모래말뚝을 적당한 간격으로 설치하는 동시에 부설모래 위로 프리로드 공법과 같이 재하하중으로서 성토를 한다. 이 성토의 하중으로 연약 지반 틈 속의 수분이 배출되는데, 통수성이 좋은 모래 말뚝이 치밀하게 설치되어 있기 때문에 수분은 쉽게 배출되어 모래말뚝 상부의 부설모 래를 통해 지표로 배출됨으로 급속하게 압밀침하가 행해져, 지반의 지지력이 증대한다.

(e) 샌드 콤팩션 말뚝 공법(send compaction method)

위의 모래말뚝을 만들 때, 진동을 주는 것으로 연약 지반 속의 모래말뚝을 다지는 것으로, 다져진 모래말뚝은 배수 효과가 있을 뿐만 아니라 연약 지반의 일부를 단단한 모래말뚝으로 치환하는 형태가 되어 지반 개량에 플러스가 된다.

(f) 페이퍼 드레인 공법(paper-drainage method)

모래말뚝 대신 카드 보드라고 불리우는 두꺼운 종이를 땅속에 넣고, 같은 재하중으로서 성토 등을 하여 배수한다.

(g) 웰 포인트 공법(well point method)

모래말뚝이나 두꺼운 종이를 사용하는 대신에 쇠파이프를 사용하는 것으로, 양수관이라고 불리는 쇠파이프 앞에 흡수여과막 구멍이 있는 원통형의 파이프(웰 포인트)를 장치한 간이 우물을 땅속에 여러 개 박아 넣고, 펌프로 강제적으로 지하수를 뽑아올려 배수한다. 성토 등의 재하중은 필요없다. 웰 포인트 공법은 연약 지반의 개량뿐만 아니라, 굴착 공사를 할 때 공사 현장의 지하수위를 내림으로서 굴착을 쉽게 하는 경우에도 사용된다. 즉 지하수위를 내리므로서 토질을 안정시키고, 굴착 부분을 향해 일어나는 지하수의 흐름을 없애어 무너지는 것을 방지하는 것이다.

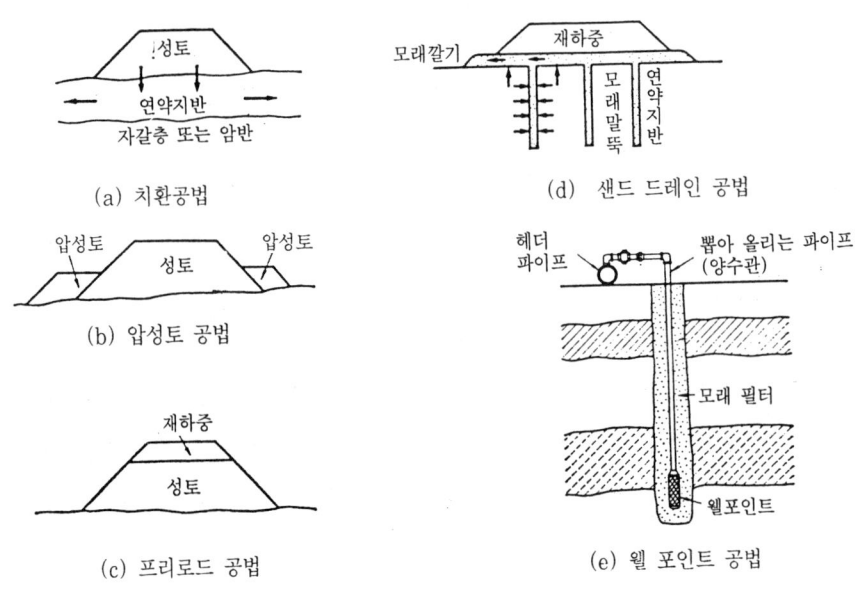

그림 2.7 지반개량공법

(h) 시멘트 주입 공법

기초 지반이 자갈층 또는 굵은 모래일 때, 그 성질을 개량해 양호한 지지 지반으로 하기 위해 시멘트를 주입한다. 공법으로서 지반에 보링 기계로 구멍을 뚫어 시멘트 반죽을 압력을 가하여 주입한다.

(i) 약액 주입 공법

　기초 지반이 가는 모래일 때 규산염 등의 약액을 주입해 양호한 지지 지반으로 한다.

(j) 생석회 주입 공법

　샌드 드레인 공법에서 모래기둥 대신 생석회를 기둥 형상으로 타입하여 생석회와 흙이 화학반응을 하여 땅이 강화될 뿐만 아니라, 생석회가 물과 반응해 흡수·발열·팽창 작용을 일으켜서 지반이 개량된다.

(k) 말뚝박기 공법

　지반 속에 말뚝이나 널말뚝을 박아넣어 지반 전체로서의 지지력을 증대시켜 침하량을 감소시킨다.

연구 과제

2.1 지각 평형설이란 무엇인가, 이밖에 어떤 이론이 있는지 조사하시오.
2.2 지반이 나쁘면 어떠한 영향이 생기는지 검토하시오.
2.3 지반침하의 원인을 검토하시오.
2.4 사태의 원인을 검토하시오.
2.5 비탈면을 보호하는 공법에는 여러 가지가 있는데, 그 장점·단점에 대해서 조사하시오.
2.6 지반 개량의 공법 중에서 제일 양호하다고 생각되는 공법에 대해서 그 이유를 설명하시오.

제 3 장

콘크리트와 토목 재료

3.1 콘크리트의 역사

약 2000년 전에 이미 로마인은 시멘트와 유사한 결합재를 발견하였다고 전해지며, 이집트, 그리스, 로마 시대에는 건조물을 만들 때 접착재를 사용해 석재를 겹쳐 쌓았다고 한다. 이 접착재는 석회라든가 석고라든가 하는 재료는 화산회토이었는데, 이것이 현대의 시멘트에 해당하는 것이다.

오늘날 사용되고 있는 시멘트는 영국인인 아스푸딘이 발명하여, 1824년에 특허를 낸 것으로, 영국의 포틀랜드섬에서 산출되는 암석과 색이 비슷하기 때문에 포틀랜드 시멘트라고 불리게 되었다. 일본은 1875년에 처음 제조되었는데, 시멘트의 주원료인 석회석은 일본에서는 고품질인 동시에 무진장하다는 유리한 점도 있어서 급속한 공업화의 발전으로 시멘트 공업도 발달하여 현재에는 품질도 세계 제일일 뿐만 아니라, 세계의 시멘트 생산분량의 약 10%까지 점유하고 있어 선진 제국에서는 첫째가 되고 있다. 이것은 철강의 생산도 마찬가지로 시멘트는 철강과 똑같이 국가의 중요한 수출산업의 하나가 되고 있다.

시멘트는 당초에 석재를 조합한 건조물의 석재 이음 접착재로 사용되었지만, 석재가 임의의 형상으로 가공하는 데에 사람의 손이 필요하고, 운반에도 대단히 힘들다는 결점이 있었다. 그래서 시멘트에 자갈이나 모래를 섞어 물로 반죽하여 임의 형상의 부재를 일체적으로 제조하는 것이 고안되어, 이것이 현재의 콘크리트가 된 것이다. 콘크리트는 그 재료이외에 다른 혼합재를 첨가하는 것을 연구하여, 압축강도도 강하고, 내구성에도 뛰어나게 되었기 때문에 현재에는 토목뿐만 아니라 사람들의 일상생활로 철강과 함께 없어서는 안될 존재가 되고 있다.

(1) 시멘트의 기원

오늘날 시멘트라고 하면 1820년경 영국에서 발명한 포틀랜드 시멘트로서 그 역사는 200년도 채 되지 않으나, 넓은 의미의 시멘트는 무기질 교착재나 결합재를 의미하므로 석회와 석고를 혼합해서 쌓아올린 피라미드나 석회와 화산재를 혼합해서 만든 그리스 로마 시대의 수경성 시멘트를 포함한다면 인류의 시멘트 역사는 기원전 수천년으로 거슬러 올라간다.

오늘날 남아 있는 유적들로 미루어 석회 모르터의 기원은 석회석의 산지인 소아시아나 그리스로 추정된다. 기원전 2500년경 건설된 고대 이집트 쿠퍼왕의 피라밋은 외장 석재 표면에 모르터가 도포되었는데 지금도 이 구조물의 상부에 그대로 잔존해 있다.

현재의 포틀랜드 시멘트의 출발점이 된 것은 수경성 시멘트의 발견이라고 할 수 있다. 1756년 영국에서 에디스톤 등대를 건설할 때 존 스미톤은 점토분을 다소 함유하고 있는 석회석을 소성하면 수경성을 갖는다는 사실을 발견하였다.

그로부터 40년 뒤인 1796년 영국의 제임스 파커는 점토질 석회를 높은 온도에서 구워 클링커로 만들고, 이를 분쇄하여 시멘트를 제조하는 방법을 발명하였다. 이 점토질 석회석을 원료로 한 천연 시멘트는 색깔이 이탈리아산 포졸란(pozzolan)과 비슷하여 로만(Roman) 시멘트라 부르게 되었다. 이 시멘트는 수중 도장용으로 수요가 증가했는데, 1825년에 완공된 테임즈강 터널공사 및 국회 의사당 재건공사에 쓰여져 더욱 유명해졌다.

1824년에 이르러 영국 리드시의 벽돌공인 Joseph Aspdin(1779~1855)이 오늘날의 시멘트와 거의 같은 새로운 인공시멘트의 제조법을 영국 특허국에 등록하게 되었다. 이 제조법은 석회석을 구워서 생석회를 만들고, 이것에 물을 가하여 미분말의 소석회로 만든 다음, 여기에 점토를 혼합하여 다시 석회로에서 800℃까지 소성하여 클링커를 생산한 후 미분쇄하여 제조하는 것이었다. 아스프딘이 특허를 받은 후에도 20여년 간 연구가 거듭되어 비로소 오늘날 쓰이고 있는 것과 같은 포틀랜드 시멘트가 탄생하게 되었다. 포틀랜드 시멘트라는 명칭은 경화한 시멘트의 색깔과 경화현상 등이 당시 건축재료로 사용되던 포틀랜드산 천연석과 유사하다는 점에서 유래된 것이다. 그 후 영국·프랑스·독일·미국 등에 포틀랜드 시멘트 공장이 건설되어 토목건축에 대대적으로 사용하면서 세계는 포틀랜드 시멘트를 산업 기반화하여 오늘날에 이르게 되었다.

(2) 시멘트기술의 도입과 발전과정

1) 시멘트 기술의 도입

정확한 기록은 없지만 경인철도의 건설과 함께 철도교량의 교각과 기초에 무근콘크리트를 사용한 것이 콘크리트의 시작이라고 할 수 있다. 그 후 1910년경부터 국도가 신설되면서 철근콘크리트 슬래브교, T형교가 전국에 건설되면서 철근콘크리트가 본격적으로 사용되기 시작하였고, 그 당시에 건설된 교량이 아직도 사용되고 있는 것들이 있다. 현존하는 것 중 가장 오래된 것으로는 전라남도 나주시 영강동에 위치한 안영교(연장 9.0m), 안창교(연장 9.0m)와 전라남도 나주시 금강동에 위치한 구진교(연장 9.8m), 금성교(연장 20m)가 있으며 모두 철근콘크리트 슬래브교 형식이다.

2) 일제시대의 시멘트 제조

우리 나라에서 처음으로 시멘트 공장이 건설된 시기는 기미독립운동이 일어난 해인 1919년 12월이었다. 이에 앞선 1914년 7월에 발발한 제1차 세계대전으로 이른바 전쟁경기를 맞게 되자, 일본 최대의 시멘트 회사인 오노다(小野田)시멘트는 만주 및 중국시장에의 진출을 목표로 평양 교외의 평남 강동부 승호리 경의선 연변에 우리나라 최초로 시멘트 공장을 건설했다. 킬른 1기로 구성된 이 공장은 연산 6만톤의 생산능력을 갖추고 있었다.

이 공장은 1921년 2월 연산 14만톤으로 확장되었으며 1928년 2월에는 다시 22만톤으로 증설되었다. 이어 1936년 1월 3차 증설을 통해 연산 30만톤에 이르렀다. 또한, 오노다 시멘트는 1928년 2월 한반도 내에서의 사업 확대와 대륙진출을 위해 함남 문천에 13만톤의 생산공장을 신설하였다. 그 후 문천 천내리 공장은 킬른 1기를 증설하여 생산능력을 배가시켰다.

1936년 2월 우베(宇部) 시멘트사 계열의 조선 시멘트 주식회사가 황해도 해주에 킬른 4기, 연산 36만톤의 공장을 신설하였고, 그 해 6월에는 조선 오노다 시멘트(주)가 함북 부영군 고무산에 킬른 2기, 연산 34만톤의 공장을 준공하였다. 역시 그 해 6월에 아사노(淺野) 시멘트(주)가 조선 아사노 시멘트(주)를 설립하여 1937년 11월에 사리원 근처인 황해도 봉산군 마동에 킬른 2기, 연산 18만톤 규모의 공장을 건설하였다. 그리하여 우리 나라는 기존의 생산능력 43만톤이 일시에 88만톤의 시설 증대가 이루어짐으로서 총 131만톤의 생산능력을 갖추게 되었다.

한편 남한 지역에서는 조선 오노다 시멘트(주)가 삼척지역에 공장 건설을 추진하여 1937

년 3월 착공 1942년 7월에 준공하였다. 그러나 이 공장은 기능을 제대로 발휘하지는 못하였다. 준공 첫 해인 1942년에는 8만 5,850톤, 1944년에는 1만 6,845톤, 해방되던 해인 1945년에는 9,063톤으로 생산량이 감소하여 북한 지역의 시멘트가 그때 우리나라 수요를 충족시켰다.

3) 광복 전후의 시멘트 생산

1944년 우리나라의 시멘트 생산은 100만톤을 초과하여 100만 3,307톤의 생산을 기록하였으며, 소비 또한 76만 6,000톤으로 높은 실적을 보여주었다. 1945년 8월 일본의 패망과 함께 광복을 맞이하였으나 뒤이은 남북분단으로 산업구조는 파행적 구조를 면치 못하게 되었다. 시멘트 산업도 우리나라 총생산능력 170만톤 중 오직 8만 4,000톤의 삼척공장만이 남한에 남게 되었다. 그나마 남한 유일의 삼척공장도 설비의 고장, 기능공 부족, 연료 및 에너지 문제로 광복 이전부터 가동이 거의 중단된 상태였다. 그러나 삼척공장은 해방 후 일본인 기업주가 물러가자 공장에 남아 있던 한국인 종업원들이 힘을 합쳐 공장을 보수하고 가동에 들어갔으나, 6·25 동란으로 시멘트 생산은 전면 중단되고 말았다.

1953년 삼척시멘트 공장은 UNKRA(국제연합한국재건단)의 자금 63만 1,500달러의 지원으로 보수를 단행하여 가동이 재개되었다. 그리하여 삼척 시멘트는 연간 4만~5만톤의 생산을 할 수 있었다. 그러나 이 공장이 본격적인 보수와 시설확장을 꾀하여 국내의 시멘트 조달에 일익을 담당하게 된 것은 1956년 12월 동양시멘트 주식회사로 전환된 이후부터였다.

동란 후 전후복구로 인해 국내 시멘트 수요는 날로 증가하여 당시의 삼척공장만으로는 그 수요를 충당할 수 없었다. 따라서 정부는 급증하는 수요에 대비하여 경북 문경에 새로운 시멘트 공장건설을 계획하게 되었다. 1954년 6월 2일 상공부와 UNKRA는 시멘트 공장 신설에 따른 장소, 자금계획 등에 완전 합의를 보고 신설공장의 상호를 대한양회공업주식회사라 정하고 1955년 11월 30일에 공장건설에 착공하여 1957년 9월 26일에 연산 24만톤의 시멘트 생산공장을 준공하였다.

1960년대에 접어들어 우리 나라는 경제개발5개년계획의 실시로 시멘트 수요가 급격히 증대되었다. 따라서 기존의 동양시멘트, 대한양회의 생산량으로는 매년 증대되는 시멘트의 수요를 충당할 수 없게 되었다. 1960년대 말 국내 시멘트 생산량은 46만 4,265톤이었으나 수요량은 52만 2,085톤으로 수입을 하지 않을 수 없었다. 그리하여 시멘트의 수입 의존도는 1960년 11.1%에서 1963년에는 26.2%로 늘어났다. 정부에서도 이러한 사정을 감안, 경제개발계획의 추진과 함께 시멘트공장의 신·증설을 적극적으로 검토하게 되었다.

4) 경제개발계획과 시멘트 생산

우리 나라의 시멘트 공업은 1960년대의 경제개발정책에 힘입어 급성장 하였다. 시멘트는 철근 목재 등과 더불어 산업건설의 기초자재로서 1960년대 초부터 정부의 공업화 정책이 진행됨에 따라 철도, 발전시설, 항만, 하천, 교량, 수리시설 등 사회간접자본에 대한 투자가 급진전되고 다수의 공장이 건설됨으로써 그 수요가 폭증하게 되었다.

이러한 시멘트 수요증가와 정부의 경제개발정책에 부응하여 기존의 동양시멘트와 대한양회는 생산시설의 확충을 꾀하는 한편 쌍용, 한일, 현대, 경원, 유니온시멘트 등이 새로이 시멘트업계에 진출하였다. 그리하여 1964년에 이르러서는 연산 40만톤의 쌍용, 한일시멘트와 연산 20만톤의 현대시멘트 3개 공장이 준공됨으로써 기존의 동양, 대한양회의 2개 공장(연산 72만톤)과 합하여 연간 총생산능력이 172만 톤에 이르게 되었다.

이때부터 우리나라 시멘트의 연간 생산실적이 100만톤을 넘어섰으며 공급이 수요를 초과하게 되었다. 이렇게 되자 정부와 업계는 시멘트의 수입을 중지하였고, 이로부터 소량이기는 하나 쌍용양회를 통해 한국산 시멘트가 해외로 수출되기 시작하였다.

1960년대부터 우리나라 시멘트 산업은 공장의 신·증설과 공정안정을 통하여 급성장했고 이와 같은 흐름이 지속되어 1970년대 후반에는 일대 도약기를 맞게 되었다. 이는 제2차 및 제3차 경제개발 5개년계획의 실시에 따라 기존 시멘트 공장의 대확장이 이루어졌다.

그 대표적인 예가 쌍용양회 동해 대단위공장의 건설과 뒤이은 560만톤 증설사업이었다.

이와 같이 지속적인 공업화 정책에 따라 정부는 사회간접자본의 확충을 위한 도로, 항만, 댐 건설 등에 주력하였다. 특히 1968년에 경부 고속도로가 착공되고 급속한 공업화에 의한 공장신설 및 신규 주택건설 등 각 부문에서 수요가 증대함에 따라 시멘트 생산시설 확충이 급진전되었다. 이러한 상황하에서 쌍용양회는 동해에 대단위 공장 건설을 추진하였고, 동양, 대한, 한일, 현대 등은 기존공장의 증설을 단행하였다.

제3차 경제개발 5개년 계획이 실시된 70년대 무렵에 들어와서는 고도의 경제성장과 본격적인 경기상승에 발맞추어 주택경기가 활성화되어 생산 설비 확충이 이루어졌다. 여기에 새마을운동의 전개에 따른 농어촌 환경개선 등으로 시멘트의 수요는 더욱 증대되어 업계는 일대 호황을 맞았다.

우리 나라의 시멘트 생산이 연간 1,000만톤을 넘어선 것은 1975년이며, 제3차 경제개발이 끝나던 1978년의 생산량은 1,546만톤을 기록하였다. 이와 같이 국내 시멘트 산업의 급성장은 쌍용양회가 동해 대단위공장을 성공리에 완공한 결과였으며, 특기할 만한 것은 이 기간 중 각 사의 공장 가동률이 평균 90%를 상회하는 호조를 보였다는 점이다. 그러나 이처럼 급성장한 시멘트산업은 1979년부터 시작된 2차 석유파동에 의한 경제불황으로 국내수요 및 수출이 둔화됨에 따라 1980년과 1981년에는 생산과잉의 시련에 부딪혔다. 그 후 국내 경기가 다시 호전되기 시작했고 업계의 해외시장 진출의 다변화 노력으로 시멘트 산업은 다시 활기를 찾게 되었다. 그리하여 그 동안 검토 중이던 시멘트의 생산시설 확충 계획이 본격적으로 추진되어 1983년에는 국내 시멘트 연간 생산실적이 2,000만 톤을 돌파하게 되었다.

5) 1980년대 이후의 시멘트 산업

1980년대 초 제2차 석유파동의 여파로 우리 경제가 마이너스 성장을 기록하자 건설경기는 급속히 침체되었고, 그에 따라 시멘트 업계는 심한 불황에 빠져들었다. 그러나 1980년대 중반부터 이른바 3저의 혜택으로 경기가 회복되기 시작했고, 이후 서울 올림픽과 주택 200만호 건설, 사회간접자본 확충 등의 수요촉발 요인이 이어지면서 1990년부터는 연중 수급난이 계속되는 과열 분위기 속에서 시멘트 업계는 전례 없는 호황을 누리게 되었다.

지난 1980년대 중반기에서부터 1990년대 중반까지 시멘트 생산은 연평균 10% 내외의 성장률을 기록한 반면, 국내수요는 연평균 12~13%의 신장세를 보여 이 동안의 연평균 GDP 성장률 8~9%를 앞질렀다. 이에 따라 국내 시멘트 업체들의 킬른 가동률도 1982년 이래 80% 이상 수준을 유지하였고, 특히 1988년 이후에는 증설공사에 따른 일시적 가동 중단을 제외한다면 90% 이상의 높은 수준을 지속해왔다.

이 기간 중 시멘트 제조 회사들의 활발한 신·증설 노력으로 생산능력은 1981년 연산 2,350만톤, 1991년 4,200만톤, 1993년 5,028만톤, 1995년 5,599만톤, 98년 6,187만톤으로 급격히 증가했으나 급증하는 수요를 충당하지 못하여 1991년 708만톤, 1995년 208만톤, 1997년 299만톤의 시멘트를 해외에서 수입해야만 했다.

특히 1991년에는 국내 수요가 당초 예상을 훨씬 뛰어넘는 4,541만톤을 기록함으로서 1인당 시멘트 소비량이 1톤을 초과하게 되었다. 국민 1인당 시멘트 소비량이 1톤을 소비하는 경우는 싱가포르와 같은 도시국가나 인구 과밀 소국인 아랍 에미레이트 등 특수한 경우를 제외한다면 세계적으로 유례를 찾기 힘든 폭발적 상황이었다. 이러한 높은 소비량은 1997년말까지 계속 이어져 1인당 소비량이 1.5톤에 이르러 세계 최고 소비국으로 자리 매김을 하고, 생산량으로는 중국, 미국, 러시아, 일본에 이어 세계 5위를 차지하기에 이르렀다.

이에 따라 정부는 과열된 건설경기를 진정시키기 위하여 1990년대 중반까지 상업용 건축물 건축허가 제한및 착공 연기, 신도시 분양 연기 및 공기 연장 등 일련의 건설경기 진정대책을 발표하였다. 이 기간중 시멘트 부족량을 중국과 북한으로부터 수입하여 충당하였으나, 콘크리트 강도부족 파동을 겪기도 하였다.

한편 내수부문에서의 수급불균형이 심화되면서 1990년부터는 수출물량의 수입연계에 의한 정부의 수출규제 조치가 실행되었다. 이는 결국 계절적 요인에 의한 일시적 공급과잉물량 및 잉여물량 해소를 위한 완충장치로서 업계가 꾸준히 관리 유지해온 해외 수출선의 이탈로 이어져 장기적인 관점에서 해외시장 관리에 큰 부작용을 초래하였다.

1980년대에 해외공급기지를 확보한 쌍용양회의 경우, 1990년대 초에는 270개 일본 거래선 중 70% 이상이 이탈했고, 현지 합작선으로부터 파트너 관계청산 요구까지 받았으며, 미국에 설립한 현지 공급기지도 제3국에서 물량을 공급받아야 하기도 하였다.

이러한 건설경기의 호조로 시멘트 수요는 지속적으로 증가되어 우리 나라 각 시멘트 제조 회사들은 향후의 공급과잉을 우려하면서도 정부측의 독려에 힘입어 과감한 신·증설 계획을 수립, 추진하여, 1990년에 4,000만톤, 1993년에 5,000만톤, 98년에는 6,000만톤을 초과하는 생산능력을 보유하게 되었다. 이러한 생산 설비는 최신의 고효율 소성 및 분쇄 설비로 생산성 또한 일대 혁신을 이루게 되었다.

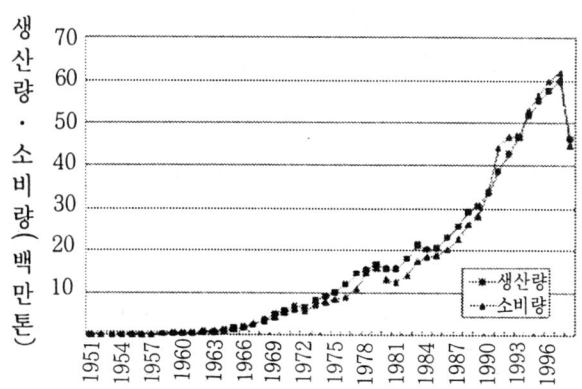

그림 3.1 국내 시멘트의 생산량과 소비량 변화

1998년 IMF체제에 의해 우리 나라의 건설경기의 위축으로 시멘트 수요가 4,450만톤으로 급격히 줄어 시멘트 수급면에서 시멘트의 공급과잉 현상이 심화되어 1980년 오일쇼크 이후로 시멘트 각 사가 조업단축을 하기에 이르렀다. 그러나 쌍용양회를 중심으로 각 사는 해외 시멘트 시장을 겨냥하여 수출에 노력을 기울여 1998년에 282만톤의 수출 실적을 올렸고, 1999년에는 500여만톤의 수출을 시도하였으나, 시멘트산업의 재무구조 악화로 2000년에는 외국의 시멘트기업이 국내기업에 출자형식으로 국내에 본격적으로 진출하기 시작했다.

(3) 시멘트산업의 현황과 전망

산업이 발전되고 1997년 국내 건설시장이 완전히 개방됨에 따라 기능성 시멘트의 개발이 활발히 진행되고 있다. 특히, 1종(보통 포틀랜드) 위주의 시멘트에서 중용열, 조강, 저열, 내황산염 특성의 포틀랜드 시멘트가 개발되어 상품화되어 구조물 건설시 용도에 맞는 시멘트를 선택하여 사용할 수 있어 고품질의 구조물이 건설되고 있다.

이러한 포틀랜드계 시멘트 이외에 산업의 발달과 빠르게 변화하는 사회체제에서 요구되는 특성과 기존 구조물의 신속한 보수 및 긴급공사, 공사기간의 단축 등의 요구에 대응하고자 여러 종류의 속경성 시멘트가 개발되었다.

이러한 용도 이외에 구조물에 부합되는 특성을 발현하는 특수 목적형 시멘트의 개발이 활발히 진행되어 일부는 상품화되고 있다. 특수 목적형 시멘트는 KS나 ASTM, JIS 등 주요 규격에는 없으나, 이미 건설자재로써 모든 성능이 검증된 포틀랜드 시멘트나 특수 시멘트를 주로 이용하여 원하는 특성을 발현하도록 개질(改質)하거나 시멘트 광물을 변화시켜 특수 목적형 시멘트를 개발하여 사용하고 있다. 예를 들면, 이들 제품 중 저발열 시멘트인 벨라이트 시멘트는 포틀랜드계 시멘트로서 일본에서 1995년 개발되어 상품화된 후 1997년 4월 JIS화하여 저열시멘트로 규격화되었고, KS나 ASTM에서는 Ⅳ종으로 규정되어 있는 시멘트이다. 그러나 이 시멘트의 초유동, 저발열, 고강도 특성을 더욱 증진시키고 단점인 조기강도 저하 특성을 개선하여 조강화한 특수 목적형의 건축용 초유동 시멘트(건축용 벨라이트 시멘트)로 상품화되었다. 국내에서는 슬럼프 플로우 65+5cm, 2시간 경시 변화 5cm 이내의 콘크리트에 벨라이트 시멘트를 사용하여 인천 LNG 저장 탱크가 건설되었다.

향후에는 콘크리트 구조물에서 현재 보다 한층 다양화된 기능화 콘크리트가 요구될 것이며 시멘트 재료에서 이러한 고유특성이 발현될 것으로 보인다. 즉, 해양이나 지하와 같은 가

혹한 조건에서 내구성 및 시공이 용이한 재료, 구조물 자체를 예술화하여 아름다운 경관을 고려한 광택 노출 콘크리트, 고내구성의 시멘트 매트릭스계 복합재료, 콘크리트 구조물의 장기 내구성을 위한 보수 보강 재료, 유해 중금속이나 방사선 폐기물의 안정화 처리를 위한 환경 정화용 시멘트 재료, 자기충진성(Self-levelling 및 compacting) 재료, 극한 환경 내구재료, 1,000년의 내구성을 갖는 초 수명재료 등 독특한 고유특성을 발휘하고 환경 친화적인 요구가 증대되어 새로운 개념의 시멘트 재료들이 개발되어 우리와 더욱 친숙한 재료로 다시 자리 매김을 할 것으로 기대된다.

3.2 콘크리트의 특징

(1) 장점

(a) 운반에 편리

콘크리트의 재료는 현장까지 편안하게 운반할 수 있다.

(b) 임의의 형상

석재나 강재와 달리 거푸집을 자유롭게 임의의 형태로 만드는데 따라 임의의 형상 콘크리트를 만들 수 있다.

(c) 내구성

화학적으로 보아 안정된 자연적인 재료이므로 내구성이 있다. 예를 들면 강재는 녹이 슨다는 결점이 있지만, 콘크리트에는 그러한 것이 없다.

(d) 내진 내화성

용이하게 내진 내화 구조물로 만들 수 있다.

(e) 압축 강도가 크다

압축력에 대해서 콘크리트는 강하다

(f) 시공의 간편성

시공에 있어서 그다지 숙련을 필요로 하지 않는다.

(g) 원료의 공급

원료의 대부분이 국내자원으로 충당 가능

(2) 단점

(a) 인장력에 약하다

콘크리트는 인장력에 대해 약하다.

(b) 수축성

콘크리트가 건조하면 수축해 균열이 생기기 쉽다.

(c) 중량성

체적이 크고, 중량도 무거워진다.

(d) 동결에 약하다

한랭지에서 콘크리트의 내부에 수분이 침입하면 동결과 융해가 반복되는 결과로서 콘크리트가 파괴되는 위험이 있다.

3.3 콘크리트의 재료와 배합

콘크리트를 만드는데 우선 필요한 것은 시멘트이지만, 다음에 중요한 것은 자갈과 모래이다. 자갈과 모래는 콘크리트 골격의 형상을 만들기 때문에 골재라고 불리우며, 자갈은 입자가 크기 때문에 조골재, 모래는 이것에 비해 세골재라고 한다. 본래 골재는 대부분이 하천에서 채취되는 자갈이나 모래를 사용하고 있었다. 근년에 그것이 고갈되어 채취 금지가 되고 있는 하천이 많다. 하천자갈이 콘크리트의 조골재로서 적당하기 때문에 이웃나라로부터 수입하기도 한다. 산자갈도 있지만, 양도 적고, 흙이 섞인 것도 있어서 그다지 사용되지 않는다. 최근에는 암석을 파쇄해 만들어진 쇄석을 사용하는 경우도 있다. 세골재인 모래는 하천 모래를 사용하는 것이 바람직하지만, 암석을 파쇄하여 만든 모래로 사용하는 경우도 많아졌다.

골재 다음에 중요한 것은 물이다. 물은 맑고 깨끗한 것이 필요한데, 식수 정도로 깨끗한 것을 요구하지는 않지만 보통 강물 정도이면 충분하다. 그러나 바닷물은 사용해서는 안 된다. 바닷물에는 염분이 함유되어 있어서 콘크리트의 강도를 떨어뜨릴 뿐만 아니라, 후술하는 철근 콘크리트의 경우에는 철근을 녹슬게 하기 때문이다. 물론 모래를 해저에서 채취한 해사의 경우도 마찬가지로 충분히 탈염되지 않은 해사는 절대로 사용해서는 안 된다

시멘트와 골재와 물 외에 혼화재라고 하는 것을 혼합한다. 혼화재에는 여러 가지가 있으므로 목적에 따라 사용된다. 플라이애시는 콘크리트를 타설할 때의 작업성(워커빌리티라고도 한다)을 좋게 해 거푸집의 구석구석까지 타설할 수 있게 하고, 장기 강도를 크게 하는 성질을 가지고 있다. AE劑는 콘크리트 속에 미세한 기포를 생기게 하므로써 작업성을 좋게 하는 동시에 동결 등에 대한 내구성을 좋게 하는 성질을 가지고 있다. 감수제는 콘크리트의 반죽에 필요한 수량을 적게 하므로써 강도를 강하게 하는 성질을 가지고 있다.

콘크리트를 만들 때 각 재료의 비율이나 사용량을 배합이라고 하며, 일반적으로 $1m^3$의 콘크리트를 만드는데 필요한 재료의 중량을 나타낸다. 콘크리트의 배합은 콘크리트 구조물의 종류나 사용 재료에 따라 크게 변하는 것도 있으므로, 어떤 목적의 구조물인가에 따라 시험을 하여 배합을 결정한다. 또 배합비를 1 : 3 : 6과 같이 나타내는 경우가 있는데, 이것은 시멘트와 세골재와 조골재의 중량비를 나타내는 것이며, 소규모 공사 등에서 시험을 하지 않고 배합을 정하는 경우에 잘 사용된다. 철근을 사용하지 않을 때는 1 : 3 : 6인 경우가 많으며, 철근을 사용할 때는 1 : 2 : 4인 경우가 많다. 또한, 시멘트와 모래만을 물에 혼합하는 것을 몰타르라고 하며, 접착재 등으로 사용된다.

사진 3.1 콘크리트 제조공장(생concrete 공장)

3.4 콘크리트의 시공

좋은 콘크리트, 즉 압축강도가 큰 콘크리트를 만드는 데는 우선 물을 가능한 한 적게 하는 것이다. 시멘트에 물이 가해지면 수화반응이라고 부르는 화학반응을 개시한다. 수화반응에 필요한 수분은 약간만 있어도 되는 것이고, 여분의 수분이 있으면 도리어 압축강도가 떨어져 균열의 원인이 된다. 이상에서 물과 시멘트의 중량비를 물시멘트비라고 하는데, 이것은 가능한 한 작은 편이 좋다. 그러나 한편 물이 너무 적으면 콘크리트를 혼합하는 작업이나 운반에 지장을 초래한다. 그래서 워커빌리티를 좋게 하기 위해서 여분의 물이 필요한 셈이다. 그래서 여분의 물을 적게 하고 워커빌리티를 좋게 하기 위해서 혼화재를 넣는 것이며, 혼화재를 넣음으로써 압축강도는 다소 떨어지기는 해도 워커빌리티가 좋게 되어 수분을 적게 할 수 있기 때문에 압축강도는 그 이상으로 상승되는 것이 기대되는 것이다

사진 3.2 콘크리트 속의 막대형 진동기를 넣어 진동시켜 다져지는 콘크리트 포장

사진 3.3 직사광선을 피하는 지붕을 설치. 멍석을 깔아 양생을 한 콘크리트 포장

다음에 콘크리트의 압축강도를 크게 하기 위한 조건으로서는 거푸집의 구석구석까지 콘크리트가 잘 미치도록 타설된 콘크리트 속에 진동기(vibrator)를 넣거나 거푸집을 진동시켜 콘크리트를 충분히 다진다. 또 콘크리트의 표면에 멍석 등을 깔아 살수하여 표면을 습윤하게 하여 고온으로 유지한다. 이것을 양생이라고 하는데 1~4주간 양생할 필요가 있다.

시멘트의 수화반응은 시간과 함께 진행하므로 콘크리트의 압축강도도 시간이 지나면 커져 28일 정도까지는 급속하게 압축강도가 증가하지만, 이후는 비교적 느리게 증가된다. 콘크리트 타설 후의 경과시간을 재령이라고 하는데, 이 이유는 콘크리트의 압축강도는 재령 28일의 강도로 표현하는데 있다. 보통 콘크리트의 재령 28일의 압축강도는 $300kg/cm^2$ 이상이지만, 최근에는 $800kg/cm^2$ 이상의 콘크리트도 만드는 것이 가능하게 되었다. 암석의 압축강도는 암질에 따라 다르지만 $500~2000kg/cm^2$이므로 암석의 중간 강도를 가지는 콘크리트도 만들 수 있게 된다.

양생의 목적은 습윤시켜 고온으로 유지하는 것에 있는데, 콘크리트의 온도가 낮으면 압축강도의 증가가 지연된다. 수분이 얼 정도로 온도가 떨어지면 시멘트와 물의 수화작업은 중단되어 버리고, 콘크리트는 흐트러진다. 그러므로 기온이 5℃ 이하가 될 때는 콘크리트를 시공하지 않는 편이 좋다. 부득이 겨울에 콘크리트를 시공해야 할 때는 ① 재료를 똑같이 따듯하게 하여 콘크리트의 반죽온도를 높일 것, ② 타설된 콘크리트로부터 열이 식지 않도록 덮개를 씌울 것, ③ 타설된 콘크리트로 전열선 등을 사용해 열을 공급할 것, ④ 물시멘트비를 가능한 한 작게 해 물이 얼 가능성을 적게 할 것 등의 배려가 필요하다.

또 반대로 기온이 높을 때, 특히 30℃를 초과하는 뜨거운 여름에는 콘크리트는 시공하지 않는 편이 좋다. 그러나, 부득이 기온이 높을 때 콘크리트를 시공해야만 할 경우에는 ① 재료를 똑같이 차게 하여 콘크리트의 반죽온도를 낮출 것, ② 수화(水和)의 진행이 쉽기 때문에 빨리 시공마무리할 것, ③ 수분이 증발하여 슬럼프가 작아지기 쉬운 점, ④ 타설된 콘크리트에 직사광선을 막기 위해 덮개를 씌울 것, ⑤ 양생으로 충분히 살수할 것 등의 배려가 필요하다.

물속에서 부득이 콘크리트를 시공하게 될 경우도 생긴다. 수중 콘크리트의 경우에는 시멘트량도 많아, 물시멘트비가 큰 콘크리트로서, 콘크리트 펌프 등을 사용해 연속적으로 타설해 시멘트가 씻겨 흘러가지 않도록 주의하여야 한다.

3.5 철근 콘크리트

콘크리트는 앞에서 설명한 것처럼 압축강도는 상당히 커 암석의 중간정도의 강도라고 할 수도 있지만, 이것에 반대로 인장에 대해서는 약하다. 즉 인장강도는 압축강도의 약 1/10 정도로, 이것이 콘크리트의 약점이 되고 있다. 그래서 이 약점을 보강하기 위해 인장에 저항하는 철근을 넣는 것인데, 강재는 녹슬기 쉬운 결점이 있어 콘크리트로 덮어 방지하게 되면, 양쪽의 장점 결점을 서로 보완할 수 있는 것이다. 게다가 콘크리트와 철근은 온도에 의한 팽창계수가 거의 같은 특징이 있는 데다가, 철근은 콘크리트에 부착하기 쉽다고 하는 장점도 있다.

철근 콘크리트에 사용되는 철근은 보통 직경 6~40mm의 강재가 사용되는데, 철근과 콘크리트가 잘 부착하도록 철근의 표면에 요철을 붙인 철근(이형철근이라고 한다)을 사용하는 것이 보통으로 되어 있다. 또한 철근은 여러 가지 이유로 휘도록 하여야 하는데, 휨에 대하여 철근의 재질이 손상되지 않도록 최소한의 휨 반경이 정해져 있다. 또 철근은 들어서 운반하는 관계로 너무 긴 것은 안되므로 이음매를 만들 필요가 있으며, 이음매는 용접 또는 가스압접으로 하는 경우가 많다.

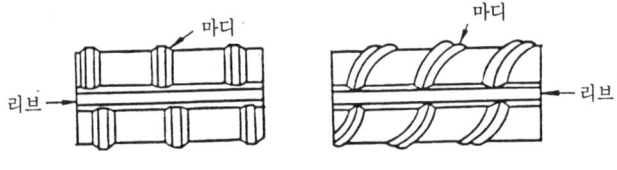

그림 3.2 이형철근

사진 3.4 철근의 조립

철근의 간격은 너무 좁으면 콘크리트를 타설할 때 조골재가 걸리는 등 충분히 골고루 미치지 않을 위험성이 있으며, 너무 넓으면 철근과 콘크리트와의 결합 작업이 잘 이루어지지 않을 위험이 있어서 적당한 간격이 필요해 그것에 따른 직경의 철근을 선정할 필요가 있다. 또, 가장 바깥쪽의 철근과 콘크리트 표면과의 사이를 덮는 것인데 이것은 비바람이나 습기 때문에 수분이 침입해 철근이 녹슬지 않도록 일정 이상의 두께를 필요로 한다. 보통의 경우에는 3cm라도 충분하지만, 바다에 가까워 염해를 고려해야 할 지역이라든지, 공장 등의 매연으로 덮여 있는 지역에서는 더욱 두껍게 할 필요가 있다.

3.6 프리스트레스·콘크리트

철근 콘크리트는 콘크리트와 강재가 서로 그 장점을 활용하는 동시에 단점을 보완한 구조물이긴 하지만, 결점으로서 콘크리트는 철근을 보호하는 만큼 자중이 상당히 크고, 게다가 콘크리트에 균열의 우려가 있으며 균열되었을 때 물이 침입해 철근이 녹슬 위험성이 있다.

이와 같은 결점을 없애기 위해서 고안된 것이 프리스트레스트·콘크리트(줄여서 PC라고 한다)인데, 철근 대신 고강도의 강재를 콘크리트 속에 넣고 이것을 인장시키는 것으로, 콘크리트에 미리 압축응력(프리스트레스)을 주는 것이다. 콘크리트는 압축강도가 큰 것을 이용하는 것으로, 하중이 걸리면 콘크리트에 인장응력이 발생해도 압축응력이 속으로 없어지게 된다.

이 PC는 철근 콘크리트에 비해 자중이 가벼우며, 균열의 위험성이 없고, 강재의 사용량도 적다는 장점이 있지만, 공사비용이 비싸다는 결점도 있다. 또한, 강재를 인장하는 방식으

사진 3.5 PC 강재를 넣은 파이프를 콘크리트 속에 매설하기 위한 준비작업

로서 콘크리트를 타설하기 전에 인장해 두고, 콘크리트가 굳기 때문에 인장을 느슨하게 함에 의하여 콘크리트와 부착강도를 이용해서 압축응력을 주는 방법(프리텐션 방식이라고 한다)과 콘크리트를 타설하여 굳어지면 강재를 인장하는 동시에 정착 장치로 정착시키고, 반력을 콘크리트에서 취하는 방법(포스트텐션 방식이라고 한다)이 있다. 이 강재를 PC강재라고 하는데, PC 강선, PC 꼬임선, PC 강봉의 3종류가 있다.

3.7 섬유 보강 콘크리트

옛날에 집을 지을 때, 벽은 중심에 점토 등의 흙벽으로 하는 경우가 많았다. 그리고 흙벽 속에는 반드시 짚이 혼입되어 있었다. 이것은 흙벽은 건조할 때 균열이 생기는데, 짚이 들어가면 균열이 최소한으로 확대되는 것을 방지하는 역할을 하였다

이것과 같은 역할을 고려한 것이 섬유 보강 콘크리트인데, 영국에서 어떤 실험을 하던 곳에서 우연히 여러 개의 낡은 못이 콘크리트 속에 떨어져 굳어버렸는데, 그것이 실수로 인하여 좋은 결과를 얻은 것에서 힌트를 얻었던 것이다.

섬유로서는 철사를 짧게 자른 강섬유(steel fiber)가 가장 잘 사용되지만 플라스틱 섬유 등도 사용된다. 그리고 섬유의 표면에는 요철을 붙여 콘크리트와의 부착력이 커지도록 하고 있다. 섬유의 혼입량은 용적의 2% 이하로 철근 콘크리트의 철근량 보다 적지만, 섬유의 가격이 비싸기 때문에 공사비용은 반대로 비싸다.

강섬유를 혼입한 콘크리트는 인장강도가 커지는 동시에 균열이 덜 생기고, 만일 생긴다 해도 하중을 지지하는 인성이 있다. 철근 콘크리트에는 피복이 필요하지만, 섬유 콘크리트에는 필요가 없기 때문에 두께가 얇은 콘크리트에는 최적이며, 후술하는 흄관(Hume pipe) 등의 콘크리트 제품이나 터널의 복공(굴착한 벽면을 피복해 토압에 대항하는 것으로 라이닝이라고 한다. 제7장에서 상술한다)이나 콘크리트 포장 등에 사용되는 경우가 많다.

3.8 콘크리트 제품

옛날에는 공사 현장에 시멘트를 비롯하여 소요재료를 운반하여 배합하여 콘크리트를 타설하였다. 현재에는 공장을 설치하여 재료를 저장 보관해 품질관리를 철저하게 하여 콘크리트를 생산하고 있다. 이것을 생콘크리트라고 하고, 공장을 줄여서 생콘 공장이라고 하는데, 이

것에 의해 강도나 내구성이 크고 품질이 안정된 콘크리트를 공급할 수 있게 되었다. 운반은 믹서 차로 공사 현장에서 행해져 구조물의 형상으로 조립된 거푸집 속에 타설한다. 그런데 이 후의 작업인 양생과 거푸집의 해체는 노천에서 행해지는 것이 대부분이므로 날씨의 좋고 나쁨에 따라 품질이나 공사의 속도가 좌우된다. 그래서 생콘 공장과 같은 이유로 콘크리트 제품을 공장에서 만들게 되어 품질이 좋은 콘크리트 구조물이 가능해졌다. 콘크리트 제품은 공장에서 기계화하여 시공할 수 있어 공사기간의 단축이나 시공의 합리화와 함께 양질의 콘크리트가 가능한 것이 장점이지만, 운반에 대단한 비용이 든다는 단점도 있다. 제품에는 다음과 같은 종류가 있다.

(a) 교량 거더

  PC의 경우가 대부분이지만, 최근에는 길이 20m 정도도 공장 제품으로서 만들어지고 있다.

(b) 말뚝

  기초로 박는 말뚝도 옛날에는 나무말뚝도 많았지만, 콘크리트 말뚝으로서 직경 1m 이상의 것도 쉽게 만들어져 최근에는 콘크리트 말뚝이 많다.

(c) 소파(消波) 블록

  해안에 밀려오는 파도의 힘을 약하게 하기 위해서 각종의 이형 블록이 사용되고 있

사진 3.6 테트라 포트

다. 1개의 중량이 50톤을 초과하는 큰 것도 있으며, 테트라 포트(tetra pot)나 십자블록이나 속이 빈 3각 블록 등이 있다.

(d) 어초 블록

속이 빈 블록을 바다에 가라앉혀 어초로 사용하는 것으로, 소파 블록의 역할을 한다.

(e) 석적(石積 블록

돌을 쌓기 위해 석재 대신 유사한 형태로 된 블록으로서 운반과 시공하기 쉽게 연구를 하고 있다.

(f) 파이프

지하 케이블의 배관용이나 하수도나 배수관 등으로서 널리 사용되는 것으로 흄관이 대표적인 예이다.

(g) 측구

도로 등의 양쪽에 설치해 노면에 내린 빗물을 모아 하수도나 하천으로 유도하는 것인데, 블록 시공의 경우에는 현격하게 공사기간이 짧아진다.

(h) 평판 블록

보도의 포장용에 사용되는 것으로, 옛날에는 석괴포장이 많았지만 평판 블록을 사용하게 되어 값이 싸게 되었다.

(i) 보도 연석(步道緣石)

보도는 보통의 경우에 차도면 보다 20~35cm 높게 하는데, 그 고저차 때문에 콘크리트 블록의 연석이 사용된다.

(j) 맨 홀

3단 정도의 블록으로 나누어 공장 제작하여 현지에서 몰타르로 접착해 시공한다. 뚜껑도 콘크리트 블록의 것이 많다.

(k) 침 목

철도 레일의 침목을 PC로 만든다.

3.9 기타의 토목 재료

(1) 흙

토목 재료로서 가장 많이 사용되고 있는 것이 흙이다. 흙이라면 재료비는 영(0)에 가깝지만, 공사비용으로 드는 것은 2.4절에서 기술한 흙의 채취·운반·다짐에 관한 비용이 있어서 이것을 어떻게 싸게 할 수 있는지가 포인트이다. 흙에는 여러 가지 종류가 있으며, 그 성질도 다르다. 그래서 토공에서는 목적에 맞는 흙의 종류를 선정할 필요가 있다. 예를 들면 하천의 제방은 누수의 위험을 방지하기 위해서 물의 침투성이 나쁜 흙을 사용해야 하지만, 반대로 도로의 노상은 배수를 좋게 하기 위해서 물의 침투성이 좋은 흙을 사용해 침투된 물이 즉시 빠지도록 해야 한다.

(2) 목 재

목재는 가격도 싸서 가공하기 쉽다고 하는 장점에서 사용된 것으로, 옛날부터 교량이라고 하면 대부분 목제 교량이었으며, 또 말뚝 등 많은 토목 공사로 사용되고 있다. 그러나 목재는 부식되기 쉬워 수명이 짧은 결점이 있으므로 목제 교량은 자주 교체해야 하는 단점이 있으며, 현재에는 교량을 비롯하여 가설 재료에 목재는 별로 사용되지 않는다. 거푸집 등의 가설 재료로 극히 일부에 목재가 사용되는데, 사용되는 것은 소나무 재료든가 삼나무 재료가 많다.

(3) 석 재

사용된 예로서는 옛날에 군사 목적의 성곽 축조가 있다. 이 외에 목제 교량의 교대나 교각에 석재가 사용되며, 옹벽으로서 견치석 등을 사용한 돌담 등이 있지만, 최근에는 다자연형 호안등에 자연석이 사용된다

여러 외국에서는 양질의 석재가 생산되며 지진도 적기 때문에 옛날부터 석재를 토목 재료로서 많이 사용되고 있다. 유명한 로마의 수도교(水道橋)를 비롯하여 현대에도 경간 100m 정도의 교량인 석조 아치교가 있으며, 중국에는 석적댐도 축조되어 있다. 다만 석재는 필요

로 하는 치수로 자르는데 힘이 드는 것이 결점이 있으며, 게다가 운반도 힘들다는 문제가 있다.

사진 3.7 석재를 쌓아올린 댐 (중국)

(4) 모래 · 자갈 · 쇄석

모래에는 강모래와 산모래와 바다모래가 있으며, 자갈에는 강자갈과 산자갈과 바다자갈이 있다. 강모래와 강자갈과는 강에서 채취하는 것으로 지장은 별로 없지만, 산모래와 산자갈은 강 이외의 육지에서 채취하는 것이므로 흙이 섞이는 경우가 있어 질이 떨어진다. 바다모래와 바다자갈은 바닷속에서 채취하기 때문에 염분이 함유되어 있어 어떤 경우에도 조심하여야 한다. 쇄석은 암석이나 호박돌을 파쇄해 인공적으로 제조하는 것도 있는데, 크기를 입도로 나타내고 있다. 이 외에 암석을 파쇄해 인공적으로 모래를 제조하는 것도 행해지고 있다.

모래나 자갈이나 쇄석은 대부분이 콘크리트용으로서 사용되는 경우가 많지만 이밖에 도로의 노반 재료나 아스팔트 포장 재료 등 직접 사용되는 경우도 많다.

(5) 강 재

현재 토목 재료의 중심이 되고 있는 것이 콘크리트와 강재이며, 최근에 강재는 일시적인 가설재로 사용되는 경우가 많으며, 근대 국가에서는 생산되는 철강 제품 중 약 반 정도는 토목과 건축을 합해서 건설용으로 사용되고 있다고 한다. 또한, 강재의 결점으로서는 철은 녹이 스는 성질이 있다. 건설용으로 사용되고 있는 강재로서 다음과 같은 것이 있다.

(a) 강 판

교량이나 수문 등의 구조용 강재로서 무엇보다도 많이 사용되고 있는 것으로서, 공업규격에서는 SS의 기호로 표시하고, 예를 들면 SS 41이라는 것은 최소의 인장강도를 kg/mm^2로 나타낸 것이다.

(b) 형 강

L의 형태로 된 것을 산형강, ㄷ의 형태로 된 것을 홈형강, T의 형태로 된 것을 T형강, H의 형태로 된 것을 H형강이라고 하며, 총칭해 형강이라고 부른다. 이 외에 얇은 강판을 가공해서 ⊏⊐ 형태 또는 ⎍ 형으로 된 것을 경량형강이라고 부른다.

(c) 강 관

파이프로서 수도관이나 가스관이나 전선관 등으로 사용되는 외에 기초말뚝이나 가설재로도 사용된다. 특히 기초말뚝으로서는 대구경까지 가능하며, 특수한 성능을 가진 강관도 있다.

(d) 강널말뚝

항만이나 하천 등에서 흙막이로 사용되는 것으로, U형 강널말뚝, Z형 강널말뚝, 강관 널말뚝의 3종류가 있다.

사진 3.8 가설재로서 사용하고 있는 강재

연구 과제

3.1 콘크리트가 왜 토목 재료로서 뛰어난지를 검토하시오.
3.2 최근 콘크리트의 결함이 문제가 되고 있는데, 그 이유가 무엇인지 검토하시오.
3.3 콘크리트를 시공하기 쉽게 하기 위해서는 물을 많이 넣는 편이 좋지만, 그 결과는 어떻게 되는지 검토하시오.
3.4 콘크리트 제품은 그밖에 어떤 곳에 사용하면 좋은지 연구하시오.
3.5 우리 나라에서 앞으로 토목 재료의 공급에 대한 문제점을 연구해 보시오.
3.6 강재는 그밖에 어떤 곳에서 사용하면 좋은지 연구해 보시오.

제 4 장

교통과 공항

4.1 교통기관의 서비스 분야

여객 수송을 하는 교통기관에 있어서 가장 중요한 요소는 신속성에 있다. 즉 출발지에서 목적지까지 어떻게 빨리 갈 수 있는가 하는 것이다. 그런데 일반적으로 속도가 빠른 교통기관일수록 접근 시간이나 이글레스 시간(목적의 교통기관에 올라타고 목적지에 도착하기 위해서, 역이나 공항 등을 왕복하는데 걸리는 시간이나 공항 등에 출입해서 승강하는 데에 걸리는 시간)은 긴 것이 통례이다. 그래서 이용자는 전체 소요시간을 합계하여 가장 빨리 갈 수 있는 교통기관을 이용한다. 이 때 개발도상국을 제외하고 요금의 차이는 문제가 되지 않는다.

그림 4.1은 각 교통기관에 대해서 거리와 그것에 상응하는 수송 시간의 관계를 나타내었다. 이 중에서 4,000km 이상의 대단히 긴 대륙간의 여행에 대해서는 초음속 제트기(SST)가 개발되어 현재 대서양 횡단 등 일부의 항공로에 취항하고 있는데, 소음이 크고, 요금도 비싸기 때문에 전면적으로는 이용되고 있지 않다. 비효율적이긴 하지만 보통 제트기의 분야로 되어 있다

300~4,000km 구간에 대해서는 제트기를 포함해 항공기의 서비스 분야로 되어 있다. 300km 이내에 대해서는 철도의 서비스 분야인데, 50km 이상에 대해서는 특급열차등인 우등열차 범위로 되고, 50km 이내에 대해서는 각 정차역의 보통열차 범위로 된다. 또한, 고속 철도의 경우에는 300km 뿐만 아니라 500km까지 서비스 분야가 넓어진다. 또, 50km

이내에 대해서도 도시권에 한하여 운행하여, 지방부에서는 철도는 수지가 맞지 않는다.

승용차의 서비스 분야는 1~80km로 되어 있는데, 철도와 경합한다. 지방부는 승용차에 한정되는 것으로, 도시부가 되면 교통 정체 때문에 적당하지가 않다.

그림 4.1에서는 접근 시간 및 이글레스 시간을 포함하지 않았으므로 실제에 있어서는 이들을 전부 포함한 전체 시간에 비교하지 않으면 의미가 없다.

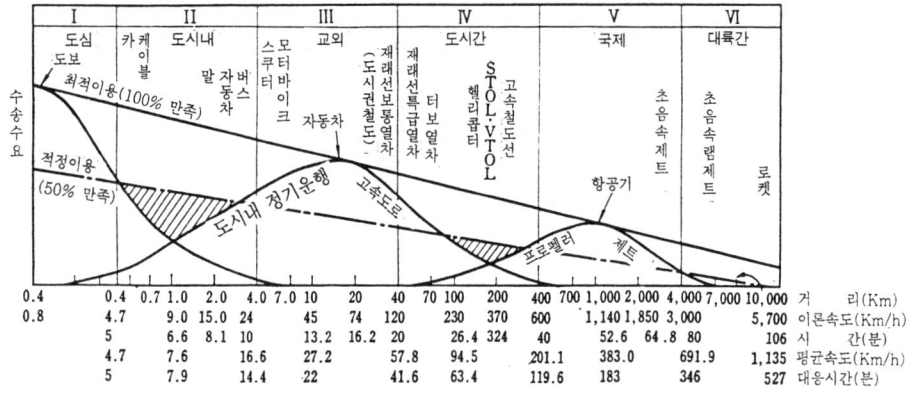

그림 4.1 운송 수단과 운송 수단 특성

다음에 화물 수송에 있어서는 신속성도 물론이거니와 또 수송비가 싼 것이 큰 요소가 된다. 각 교통기관마다 화물 수송량이 차지하는 분담(share)은 결국 수송비에 좌우된다. 100km 정도까지의 근거리 수송에서는 출입구에서 출입구로의 편리성 때문에 자동차 즉 트럭이 100% 가까이 독점적 셰어를 가진다. 100~400km 정도의 중거리 수송에서도 트럭은 50% 이상을 차지하고, 철도는 약 10%에 불과하다. 나머지는 내항해운(연안 항로)으로 원

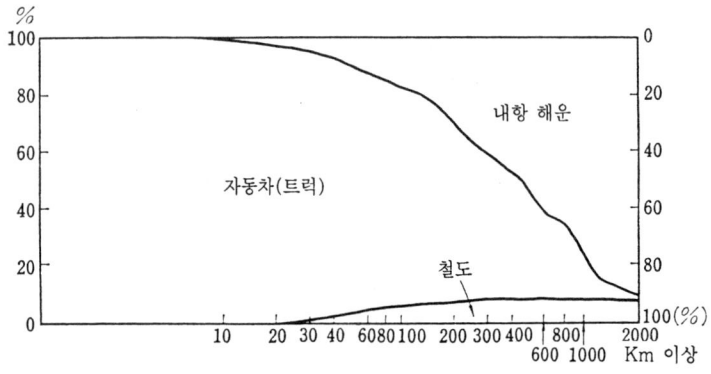

그림 4.2 교통기관별 거리대별 화물 수송 톤 수의 셰어

거리 정도 셰어가 높게 된다. 400km를 초과하는 장거리 수송이 되면, 내항해운은 70% 이상을 차지하게 되며, 트럭의 셰어는 원거리가 될 수록 떨어진다. 철도는 10%는 커녕 더욱 떨어진다. 이상을 정리해 수송 톤 킬로미터(중량에 수송 거리를 곱한 것)로 나타내면 철도는 수 %에 지나지 않고, 나머지를 트럭과 내항해운이 거의 반 정도씩 나누고 있다.

4.2 종합 교통 체계

(1) 국제간 수송

국제 여객 수송에 대해서는 대부분 항공 수송이며, 선박 수송은 적다. 유럽이나 아메리카 대륙과 같이 육지가 계속되는 나라 사이에는 철도 수송이나 도로 수송이 많다.

여러 외국의 예를 보면, 런던에는 휴즈로 공항 외에 개트윅(Gatwick) 공항이 있으며, 파리에도 드골(de Gaulle) 공항 외에 오를리(Orly) 공항이 있고, 워싱턴(Washington)에도 덜레스(Dulles) 공항 외에 내셔널(National) 공항이 있으며, 뉴욕에도 케네디(Kennedy) 공항을 포함해 3공항도 있다. 이러한 나라에서는 국제선과 국내선이라고 하는 분리 외에 장거리용이라든지 근거리용으로 분리되어 있다.

한국도 최근에 개통한 인천국제공항은 국제선 전용으로, 김포공항은 국내선 전용으로 분리되어 있다.

국제 화물 수송에 대해서는 대부분 선박 수송이며, 유통을 주목적으로 하는 상업항구도 물론이거니와 또, 공업 지대에 직결된 공업항구에 의한 것도 많다. 또 위와 같이 육지가 계속되는 나라 사이에는 여객 수송의 경우와 같이 철도 수송이나 도로 수송이 많다. 그리고 최근 항공기의 대형화와 화물 전용기의 등장이나 상품의 고급화 등에서 항공화물 수송량은 급격하게 증가되어 공항에도 화물 터미널이 설치되어 항공화물 전용 공항도 검토되고 있다.

(2) 국내 여객 수송

앞에서 설명한 것처럼 300km를 초과하는 장거리 수송에서는 항공기 수송이 최선인데, 한국에서는 전국을 그물눈과 같이 항공로망의 네트워크로 연결하고 있다. 공항과 도심을 연결하는 교통기관으로서는 철도 또는 지하철이 바람직한 것이지만, 여객 수요가 적은 지방 공항에서는 버스를 중심으로 하는 도로 수송에 의지할 수 밖에 없다.

50~300km의 중거리 구간은 철도의 분야인 것은 앞에서 설명하였지만, 고속철도의 출현으로 500km 정도의 구간까지 연장하여 발차 간격의 편리성 등을 고려하면 800km 정도까지는 서비스 분야로 하는데 이르고 있다. 또한, 이 철도역을 공항에 직접 연결시켜서 공항이 없는 중소 도시도 서비스 권내로 하는 것도 이루어진다. 외국에서는 독일의 프랑크푸르트(Frankfurt) 공항이나 스위스의 취리히 (Zürich) 공항 등의 터미널 빌딩이 도시간 철도의 역과 직접 연결되어 있는 예가 있다. 이러한 항공기와 철도가 일체가 되어 장거리 수송을 맡는 것이다.

자동차의 대중화로 고속도로망이 정비되어 있는 오늘날, 이미 철도는 지방의 로컬 수송에는 적합하지 않다. 지방의 로컬 수송은 도로 수송 분야인데, 더욱이 고속도로의 출현으로 중거리 수송도 버스 등에 의한 도로 수송 분야에 들어 가고 있다. 철도는 대도시 및 그 근교 도시권의 수송과 도시간 수송을 분담하는 것이지만, 도시간 수송 중 장거리 수송 분야에 대해서는 항공기와 경쟁이 되지 않는다. 더욱이 고속도로가 정비됨에 따라서 야간 열차의 불채산성으로 야간 버스가 대신 이것을 잡았으므로 결국 철도도 야간 열차를 폐지할 수 밖에 없는 운명이다.

(3) 국내 화물 수송

내항해운은 경제적이고, 에너지 절약적인 수송 수단이므로 장거리 화물 수송으로서는 가장 적당하기 때문에 삼면이 바다인 한국의 지리적 조건이나 육상 교통이 좁아서 막히는 등 한국에서는 내항해운이 장거리 화물 수송의 주류를 차지한다. 또 큰강이나 운하 등 내륙의 해상 운반이 편리한 구미 각국에서는 또한 내륙 해상 수송도 함께 장거리 화물 수송에 사용되고 있다.

철도에 의한 화물 수송은 야드계(Yard系; 조차장)의 집결 수송은 폐지되어 거점간 직행 수송으로 행해지며, 물자별 전용 수송과 컨테이너 수송으로 한정되어 있다.

트럭 수송은 집에서부터 집까지 운반할 수 있는 기동성의 편리함에서 방대한 단거리 면상(面狀) 수송을 독점적으로 맡고 있는데, 고속도로를 이용하여 중장거리 수송 외에 페리(ferry)나 컨테이너를 이용하여 중장거리의 협동 수송 중 단말 수송을 맡고 있다.

4.3 도시교통

(1) 소도시의 교통

14.2절에서 기술하는 것처럼 소도시는 도보로 도시내의 볼일이 가능한 도시이다. 자전거는 도보를 보충하는 수단에 지나지 않다. 도시내에서 도시 밖으로 나갈 때만 교통기관을 필요로 하는 데 불과하다.

(2) 중도시와 도로 교통기관

도시교통 기관으로서 가장 저렴하게 건설되는 것은 도로 교통기관이다. 왜냐하면 도로는 도시 공간으로서 필요한 기본적 도시 시설이기 때문에 반드시 설치되어야 한다. 그러나 도보나 승용차 등을 포함해 교통 시설로서는 혼합 교통이 되어 수송 능률은 낮을 수밖에 없다. 즉 도로 교통기관으로서 대량 공공 교통기관을 설치해도 저렴하게 설치된다는 장점은 있어도 스피드가 늦다고 하는 결점이 있다. 14.2절에서 기술하는 것처럼 도로의 대량 공공 교통기관은 충분하지만, 노면전차와 버스와 트롤리 버스의 3가지 중 어떤 시스템을 채용하는가는 일장일단이 있어서 그 나라 그 도시의 실정이나, 그 도시의 발전 역사 등 일률적으로는 말할 수 없다. 노면 전차는 합승 마차 시대로부터 마차 철도 시대를 지나 발달되어 오래된 역사가 있는데, 중도시에서도 인구 20만명 이상의 비교적 큰 도시에서 사용되었다. 그리고 노면전차는 패스나 트롤리 버스에 비해 러시 아워에도 대량의 승객을 수송할 수 있다는 장점이 있기 때문에 중도시에서도 간선 수송으로 사용되는 경우가 많다. 근년 한국에서는 도로 교통의 정체 때문에 노면 전차는 철거되는 경우가 많았지만, 유럽에서는 노면 전차를 2량 이상의 연결과 스피드 상승을 꾀하는 동시에 도심부에서는 노면 전차를 지하로 들어가게 하는 개선책을 채용해 성공하여 인구 100만명에 달하는 도시에서도 노면 전차를 활용해 성공하고 있다.

버스는 합승 마차 대신 사용된 것으로, 노면 전차와 같은 궤도는 불필요하므로 행동의 자유는 있지만, 수송력은 적고, 배기 가스의 공해라고 하는 결점이 있다. 트롤리 버스는 전기를 동력으로 해서 배기 가스의 공해는 없지만, 가선(架線)의 제약으로 자유로움이 부족하다.

이상 각각의 특징을 살려 노면 전차는 간선 가로로 사용하고, 버스나 트롤리 버스는 그 보조 기관으로서 사용하는 경우가 많다. 인구 20만명 이하의 중도시에서는 버스나 트롤리 버스만으로도 어쩔 수 없지만, 인구 20~50만명의 중도시에서는 버스나 트롤리 버스 만으로는 교통 정체를 초래하는 경우가 많다. 다만 어떠한 도로 교통기관을 사용한다고 해도 그 것이 하나의 교통로망을 형성하고 있는 것이 중요하며, 도시내의 어떠한 장소에서도 어느 정류장까지 도보로 고생하지 않고 갈 수 있는 것이 필요하다. 그 거리는 400m로 잡혀 있어서 도시내의 어떠한 장소에서도 노면 전차든지 버스든지 트롤리 버스 정류장으로 400m 이내에 갈 수 있도록 도시교통망을 정비함과 동시에 각 교통기관 상호의 연락도 잘 되게 할 필요가 있다.

(3) 대도시의 도시 교통기관

대도시에서는 중도시와 같은 도로 교통기관만으로는 도로의 교통 정체를 초래해 도시 활동에 불편을 일으키게 되는데, 후에 설명하는 거대도시와 같이 도시 고속철도망을 건설한다면 승객이 적어 채산이 맞지 않는다. 모노레일을 포함한 신교통 시스템이 최적이라고 하는 것은 이론상일뿐 실현되어 있는 도시의 사례는 없다. 그래서 현재 사용되고 있는 방법으로서는 다음과 같이 2가지가 있다.

1) 간선 교통로로서 도시 고속철도를 설치하고, 도시 전체의 교통로망으로서 버스를 중심으로 하는 도로 교통기관을 사용한다. 다만 이 방식의 결점은 특징이 다른 2종류의 교통기관을 사용하기 때문에 충분히 보완할 수 없다는 것이다.
2) 1종류의 교통기관 만으로 교통로망을 형성하는 것이다. 도로 교통기관은 혼합 교통이기 때문에 전용 교통로를 필요로 하지 않아 저렴하지만, 도시 고속철도는 전용 교통로를 필요로 하기 때문에 값이 비싸게 된다. 그래서 양자를 절충한 것이 앞에서 기술한 독일을 비롯한 유럽의 일부 지하화한 노면 전차를 활용하는 방법이다. 이 일부 지하화

사진 4.1 벨기에의 브뤼셀 지하로 들어가는 노면 전차

되어 있는 노면 전차는 앞으로 교통 수요가 늘면 이것을 후에 설명하는 지하철로서 개축할 필요가 있는 경우에 간단히 변경할 수 있는 구조로 되어 있다.

(4) 거대도시와 도시 고속철

지하철로 불리는 도시 고속철도는 파리나 부다페스트의 예에서 보이는 것처럼 본래 노면 전차가 지상의 혼잡을 피해 지하로 전용 교통로를 구한 것으로 시작되었다. 그래서 역의 간격도 짧고 스피드도 느렸는데, 교외 철도와 도시 고속철도가 직통 운전하게 되어 교외 철도를 그대로 도심으로 직행시키려고 교외 철도를 지하철로서 도심에 들어갈 수 있는 형으로 만들었는데, 그 결과 역의 간격도 길어져 스피드도 빨라졌다. 그 결과 도시의 범위를 확대시키게 되었으며, 더욱더 도시를 거대화 시키는 원인으로 되었다.

사진 4.2 체코슬로바키아의 프라하에 있는 지하철

도시의 교통을 도시 고속철도망으로 구성한다고 하면, 어떤 것이 역까지 걸어 갈 수 있는가가 중요하며, 적어도 도심부에서는 필요조건이 된다. 도시 주변부는 주택지가 많으므로 도시 고속철도에서는 채산이 맞지 않아 버스망을 보완하고, 버스정류장까지 걸어 갈 수 있도록 도시교통망을 형성할 필요가 있다.

이상과 같이 적어도 도심부에서는 지하철망을 완비시키려면 막대한 건설비를 필요로 하는데, 사례를 보면, 인구가 200만명 이상의 거대도시가 아니면 채산이 맞지 않는다.

4.4 항공로

항공기는 넓은 하늘을 자유롭게 아무데나 비행해도 되는 것은 아니다. 항공 수송 수요의 증대나 국방상의 이유 등에서 비행의 안전과 수송 능력의 증대를 꾀하여 항공로와 비행 고도가 정해져 있어서 항공기는 항공 교통 관제에 따라서 계기 비행으로 비행하는 것이다.

항공로는 동일 평면에서 폭이 약 18km로 설정되어 있으며, 보안·유도 장치로서의 항공 표지는 무지향성 무선 표지(NDB)와 초단파 전체 방향식 무선 표지(VOR)가 항공로의 주요 지점에 설치되어 있다. 한국의 항공로망을 그림 4.3에 나타낸다. 계기 비행의 경우에도 有視界 비행인 경우에도 상기 항공 표지 위로 전달되어 비행한다. 고도는 표고 1,000ft(304.8m) 간격을 잡게 되어 있어서 서쪽행은 홀수배, 동쪽행은 짝수배의 일방통행으로 되어 있다. 다만, 제트기는 고도 24,000ft 이상인 경우 고도의 간격은 2,000ft 정도로 되어 있다. 또한, 동일 고도인 경우에 항공기의 비행 간격은 5~10분 간격이 한도로 되어 있으며, 또 항공 교통 관제 기관이 도중의 경로를 포함해서 비행 계획을 승인하지 않는 한 비행장 즉 공항을 이륙할 수 없다.

4.5 항공기

항공기는 기체의 체적 비중이 공기보다 가벼운 항공기를 경항공기라고 하고, 공기보다 무거운 항공기를 중항공기라고 한다. 경항공기 중 동력이 없는 것이 기구이며, 동력이 있는 것이 비행선이다. 중항공기 중 동력이 없는 것이 글라이더, 동력이 있는 중항공기도 고정날개의 항공기(통칭 비행기라 한다)와 수직 이착륙기(VTOL)로 나눈다.

비행기에는 육상기와 수상기가 있는데, 비행기라고 하면 보통은 육상기를 말하고, 수상기는 비행정이라고 한다. 주류는 육상기이며, 엔진은 프로펠라를 사용하는 피스톤기와 보통 제트기라고 부르는 터보제트기가 있다. 프로펠라기는 속도가 늦지만 이착륙 거리가 짧게 끝난다는 이점이 있기 때문에 비교적 근거리에 사용되고 있다. 그러나 현재의 주류는 제트기가 근거리용부터 장거리용까지 있으며, 특히 점보 제트기가 중심이 되고 있다.

4.6 공항

(1) 위치 조건

공항이란 항공기가 발착하는 장소지만, 항공 수송 시스템과 육상 수송 시스템과의 결절점 터미널이기도 하다. 어디나 좋다고 할 수는 없으며, 그 위치 조건으로서 다음과 같은 것이 있다.

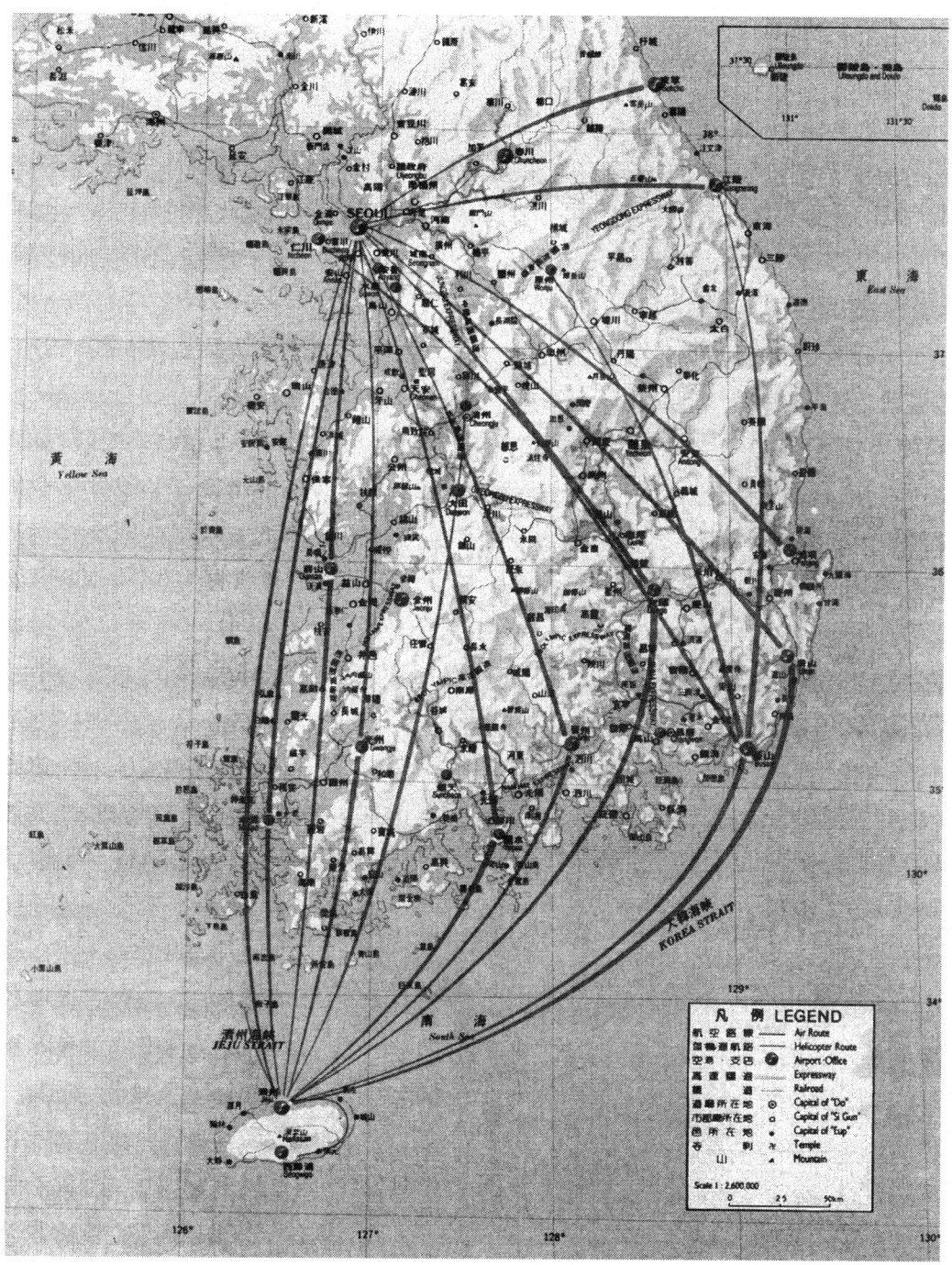

사진 4.3 우리 나라 대한 항공 국내선 노선도

82   제 4 장   교통과 공항

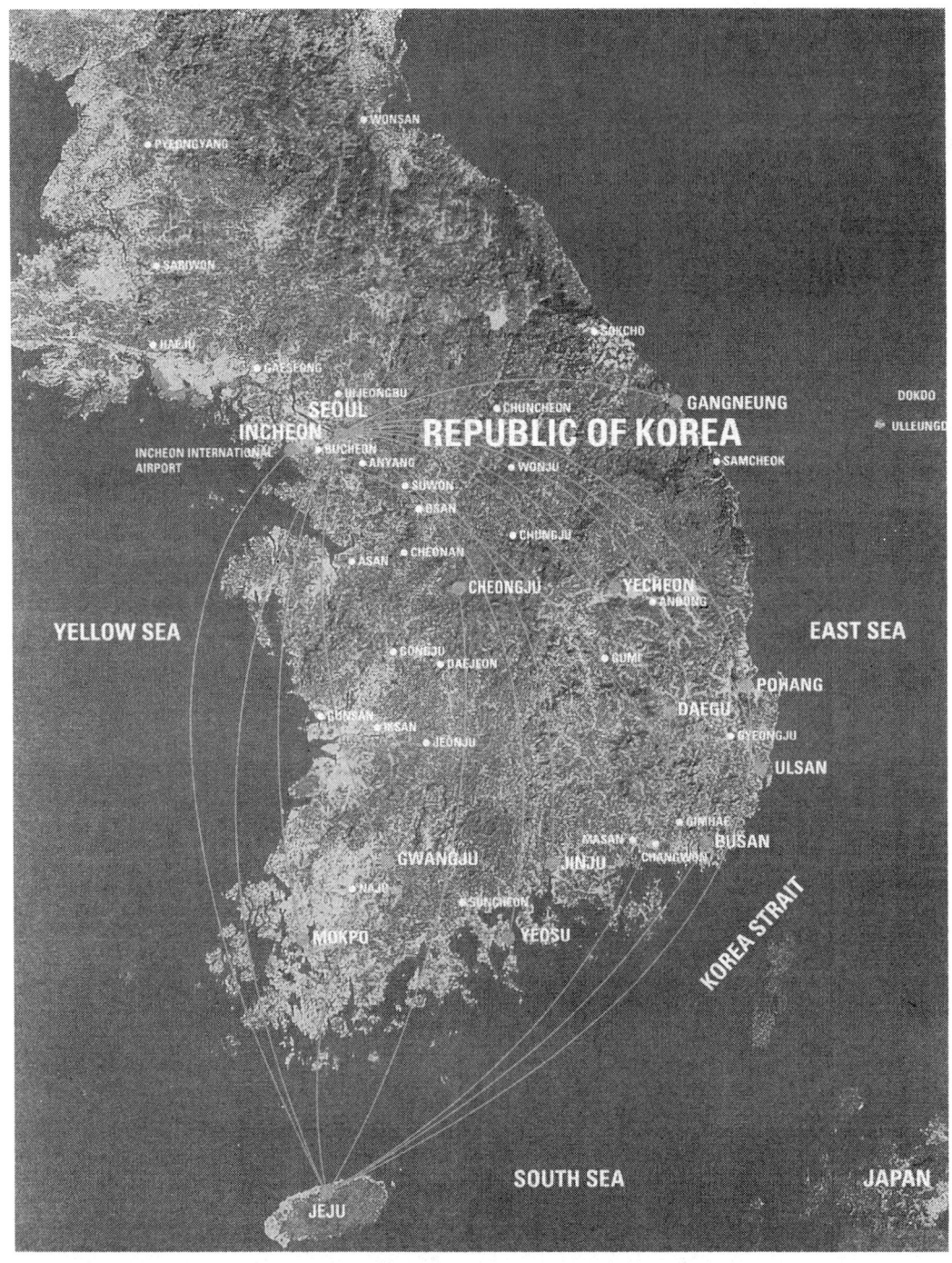

사진 4.4   우리 나라 아시아나 항공 국내선 노선도

1) 도시와의 관계 위치……도시에 가능한 한 가까운 것이 바람직하다.
2) 장해물의 유무……항공기의 이착륙에 방해되는 높은 장해물이 없을 것.
3) 기상 조건……시계에 방해되는 안개나 모래먼지 등의 발생이 없을 것.
4) 설한조건……10cm 이상의 적설이나 동상의 우려 등이 없을 것.
5) 방재 조건……홍수에도 물에 잠기지 않을 것.
6) 토질 조건……땅의 지지력이나 배수나 지하수위가 낮은 사질토 지반이 바람직하다.
7) 환경 조건……항공기의 이착륙 코스의 직하는 소음 공해가 심하므로 인가(人家)가 없든지, 적은 것이 바람직하다.
8) 교통 조건……간선 도로를 따라 또한 철도에 직결되는 것이 바람직하다.

(2) 공항의 분류

비행장에는 보통 민간 항공용의 비행장 외에 군용 비행장, 군민 양용 비행장, 특수 전용 비행장, heliport가 있다. 민간 항공용의 비행장을 가리켜 공항이라고 하고, 국가가 건설 관리하는 국제공항인 제일종 공항, 국가가 건설 관리하는 것을 원칙으로 하는 국내선용의 제2종 공항, 지방자치 단체가 건설 관리하는 제3종 공항의 3종류가 있다. 이 외에 기타의 비행장이라고 부르는 소공항이 있다.

사진 4.5 캐나다의 토론토 공항

(3) 공항 시설

(a) 착륙대

항공기가 안전하게 이착륙할 수 있도록 적당한 길이와 폭을 가진 직사각형의 광장을 착륙대라고 하며, 그 속에 포장된 활주로가 있다. 따라서 착륙대는 활주로보다 약간 넓어진다. 활주로에 필요한 길이는 항공기의 기종, 조종사의 기술, 공항에서의 풍향 풍속 등의 기상 등에 좌우되지만, 한국의 공항은 활주로 길이에 따라 4,000m급, 3,000m급, 2,500m급, 2,000m급, 1,500~1,200m급, 800m급의 6단계로 나뉘어져 있다. 활주로는 1개인 경우가 많지만, 이착륙 횟수가 많은 공항에서는 이륙용과 착륙용의 2개이며, 또한 횡풍용 활주로를 설치하기도 한다.

(b) 유도로

활주로와 후술하는 駐機場(apron)을 연락하는 항공기의 통로를 유도로라고 한다. 주기장에서 출발한 항공기가 활주로의 출발 위치에 도달하기까지 활주로 위를 활주하는 항공기에 지장이 없도록 통행하는 것이 필요하며, 또 출발 순서를 기다리기 위해서 활주로 앞에서 정지할 필요도 있다. 또 착륙한 항공기가 다른 항공기의 이착륙에 지장이 없도록 활주로를 빨리 비울 필요도 있다. 이상의 목적으로 유도로를 설치하는 것인데, 이착륙 횟수가 적은 소공항에서는 유도로를 생략하고 활주로를 유도로 대신 사용한다. 포장은 활주로도 포함해 아스팔트 포장이 많으며, 콘크리트 포장인 경우도 있다.

(c) 駐機場(apron)

착륙한 항공기를 두는 장소, 대기 장소를 총칭하는 것으로, 여객의 승강, 화물의 적사, 급유, 점검 정비, 駐泊을 위한 것이다. 에이프런 중 후술하는 터미널 빌딩에 면해서 격납하는 장소를 스폿(spot)이라고 한다. 에이프런의 노면은 항공기의 기름이나 배기 가스에 견딜 수 있는 곳이라야 하므로 콘크리트 포장으로 하는 경우가 많다.

(d) 정비 지구

격납고를 주로 하여 기재 창고나 수리 공장 등을 설치해 항공기를 정비하는 지구로서, 주요 공항 외에는 설치하지 않는다.

(e) 유도 시설

항공기의 착륙 진입을 무선으로 정확하게 유도하기 위한 무선 유도 시설이나 야간의 착륙 진입을 시각적으로 정확하게 하기 위한 비행장 등대·표지등·조명등·유도등의 비행장 조명 시설이 있다.

(f) 컨트롤 타워

공항의 항공 교통 관제 구역을 비행하는 항공기를 모두 조정하기 위한 시설로서, 넓은 비행장을 육안으로 바라볼 수 있는 동시에 항공 교통 관제를 위해서 필요한 계기 시설을 갖추고, 좀더 항공기를 안전하게 이착륙시키기 위한 것이다.

사진 4.6 핀란드의 헬싱키 공항의 컨트롤 타워와 터미널 빌딩

사진 4.7 말레이시아의 콸라룸푸르 공항의 보딩 브리지

(g) 터미널 빌딩(여객 터미널 지역)

여객의 승강을 위한 터미널 빌딩 기능을 갖는 것으로, 육상 교통기관과의 결절점이다. 승객이 항공기와 터미널 빌딩간의 승강하는 시설로서 ① 보딩 브리지, ② 트랩, ③ 모빌 라운지·버스의 3종류가 있다. 보딩 브리지는 터미널 빌딩과 항공기 사이를 이동

하는 다리로서 직접 연결하는 것이며, 최근의 공항은에는 이것이 많다. 트랩은 항공기와 지상과의 승강에 사용하고, 승객은 터미널 빌딩과의 사이를 걷든지 버스로 이동하는데, 오래된 공항이나 지방 공항에 많다. 모빌 라운지·버스는 대합실이 그대로 2층 버스로 되어 있어서 항공기와 터미널 빌딩 사이를 연결하는 것으로, 워싱톤의 덜레스 공항이나 멕시코·시티 공항에 사례가 있다. 또한, 최근의 거대공항에서는 터미널 빌딩이 매우 넓어 수없이 분산되는 결과, 승객의 보행 거리가 증대되어 이 대책으로서 이동하는 보도나 신교통 시스템이 설치되고 있다. 또, 터미널 빌딩과 정비 지구를 합쳐서 단지 터미널 지역이라도 한다.

(h) 화물 터미널 지역

화물의 적사를 위해서 필요한 시설이 설치된 지역이다.

(i) 급유 시설

항공 연료를 위한 탱크를 설치해 항공기의 연료를 보급한다.

(j) 보안 시설

소화 시설이나 구급 시설을 설치하고, 만일의 경우 항공기의 사고에 대비한다. 항공기 연료는 발화될 때의 위험성은 매우 크다.

(k) 출입국 관리·검역·세관

국제공항에서는 터미널 빌딩 속에 출입국 관리나 검역이나 세관을 위한 시설이 설치되어 있다.

연구 과제

4.1 자신이 살고 있는 도시 또는 고향의 도시에 대해서 최적의 교통시스템을 검토하시오.
4.2 한국의 종합 교통 체계에 대해서 어떤 것이 있어야 하는지를 생각해 보시오.
4.3 공항까지의 교통기관은 어떤 것이 있어야 하는지 구체적인 사례를 들어 검토하시오.
4.4 자신이 이상으로 하는 공항의 각 시설을 배치해 공항을 계획해 보시오.

제 5 장

도 로

5.1 도로의 분류

도로를 분류하는 방법으로서는 도로법에 의한 분류, 노면의 재료에 의한 분류, 설계기준에 의한 분류, 위치에 의한 분류, 이용목적에 의한 분류, 소유권에 의한 분류 등 여러 가지가 있으나 앞의 두 가지가 가장 대표적인 분류방법이다.

(1) 도로법에 의한 분류

우리 나라의 도로는 도로법에 의하여 고속국도, 일반국도, 특별시도, 지방도, 시도, 군도로 분류된다.

(a) 고속국도

전국의 정치, 경제, 문화의 중요 거점도시를 연결하는 자동차전용 고속도로로서, 노선의 지정, 구조, 관리, 보존 등에 관한 사항은 법률로서 정한다.

(b) 일반국도

고속국도와 같이 전국의 중요도시를 연결하는 간선도로로서 모든 교통수요에 개방되며, 노선의 지정은 대통령령으로 한다.

(c) 특별시도

특별시 및 직할시 구역내에 있으며 시장이 그 노선을 인정한 도로.

(d) 지방도

지방의 간선도로로서 다음 사항 중 하나에 해당되고 도지사가 그 노선을 인정한 도로.

　가. 도청소재지로부터 시 또는 군 소재지에 이르는 도로
　나. 시 또는 군청 소재지 상호간을 연결하는 도로
　다. 도내의 공항, 항만, 역 등을 상호 연결하는 도로
　라. 도내의 공항, 항만, 역 등에서 고속국도, 일반국도, 지방도를 연결하는 도로
　마. 앞의 각 항 이외의 도로로서 지역개발에 특히 중요한 도로

(e) 시·군도

시 또는 군내의 도로로서 관할시장 또는 군수가 그 노선을 인정한 도로.

(2) 노면의 재료에 의한 분류

(a) 토사도(earthen road)

자연지반의 흙으로 된 도로.

(b) 자갈도(graverl road)

자연지반의 흙에 자갈을 깔아놓은 도로.

(c) 쇄석도(macadam road)

굵고 가는 입도의 부순돌을 적당히 배합하여 노면에 깔고 전압하여 놓은 도로로서, 아스팔트와 시멘트가 귀한 과거에 많이 사용하던 방법이다.

(d) 아스팔트 콘크리트 포장도(asphalt concrete pavement road)

모래, 부순돌 등을 골재로 하고 타르나 아스팔트를 결합재로 하여 포장한 도로.

(e) 시멘트 콘크리트 포장도(cement concrete pavement road)

모래, 자갈, 부순돌 등을 골재로 하고 시멘트를 결합재로 한 콘크리트 슬래브의 도로.

(f) 블록 포장도(block pavement)

벽돌, 콘크리트블럭, 석재 등 일정 크기의 블록을 표층에 깐 도로로서 과거에 많이 사용한 방법이고, 현재는 인도, 광장 등의 포장에 많이 사용된다.

사진 5.1 동부자동차로

사진 5.2 홍콩해저터널의 톨게이트

(3) 도로 부지의 소유권에 따른 분류

도로부지의 소유권이 어디에 있는지에 따라 분류된다.

(a) 공공도로

도로법으로 정해져 있는 도로.

(b) 개인도로

개인의 소유지를 일반의 통행에 제공하는 도로.

(4) 노면의 구축 재료에 따른 분류

노면의 구축 재료에 따라 여러 가지로 분류된다.

1) 시멘트 콘크리트 포장도로, 2) 아스팔트 포장도로, 3) 간이 포장도로, 4) 블록 포장도로, 5) 쇄석도로, 6) 자갈도로.

(5) 지역별에 의한 분류

도로부지가 소재하는 장소에 따라 다음 명칭으로 분류된다.

1) 가로, 2) 지방도로, 3) 산길, 4) 농로, 5) 임도, 6) 공원 도로, 7) 해안 도로, 8) 하안 도로, 9) 항만 도로, 10) 호안 도로.

(6) 이용 목적에 따른 분류

도로를 이용하는 목적에 따라 다음 명칭으로 분류된다.

1) 공중용 도로, 2) 산업 도로, 3) 관광 도로, 4) 전용 도로, 5) 군용 도로, 6) 드라이브 웨이, 7) 농로, 8) 임도, 9) 보행자 전용 도로, 10) 자전거 전용 도로, 11) 보행자 자전거 전용 도로, 12) 생활 도로.

5.2 도로의 관리

도로의 관리 행위란 도로의 본래 기능을 발휘시키기 위한 일체의 행정 행위를 말하며, 다음에 나타내는 분류의 행정 행위를 포함하고 있다.

(a) 신 설

　도로를 완전히 새로 구축하는 것.

(b) 개 장

　현재 있는 도로를 개량하여 포장하는 것을 말한다. 현재의 도로를 그대로 확폭하는 것을 현도확폭(現道擴幅), 별도로 도로를 신설하는 것을 바이패스라고 한다. 미개량된 도로를 개량 포장하는 것을 1차 개축, 개량 포장된 도로를 더욱 넓히는 것을 2차 개축이라고 한다.

(c) 유 지

　도로의 기능을 유지하기 위해 실시하는 작업 및 공사를 유지 공사라고 하며, 소규모로 한정된다.

(d) 수 선

　유지 공사 만으로는 도로의 기능을 유지할 수 없어 대규모의 공사를 필요로 경우에 이것을 수선이라고 한다.

(e) 재해 복구

　호우나 지진 등에 의해 도로가 재해를 받은 경우에 본래와 같이 복구하는 것을 말한다.

(f) 관 리

　연도 제한을 두거나 점용을 허가하거나 제삼자에 의한 도로의 손해 보상을 요구하거나 특수 차량의 통행을 인가하는 행위를 말한다.

5.3 횡단 구성

(a) 차 도

　차도란 오로지 차량의 통행이용에 제공하는 도로 부분으로(자전거도로는 제외한다), 차선에 의하여 구성된다. 차선이란 1종렬의 자동차를 안전하고도 원활하게 통행시키기 위해 설치되는 대상(帶狀)의 차도 부분을 말한다(부도를 제외한다). 차도의 차선수는 짝수, 즉 차도의 왕복 방향의 차선수를 동일하게 하는 것이 원칙이다. 3차선이라든가 5차선과 같은 홀수 차선은 중앙의 차선을 추월하는 전용차선으로 사용하고 있는 사례가 외국에는 있지만, 교통안전 때문에 한국에서는 사용되고 있지 않다. 차선폭은 최대 2.5m 이하로 규정되어 있다. 대형 자동차의 폭에 약간의 여유폭을 더한 것으로, 여유폭은 고속도로에서는 크고 일반도로에서는 작게 되어 있다. 일본의 고속도로 차선폭은 3.5~3.75m이며, 일반도로에서는 2.75~3.5m로 되어 있다. 또한 차선수는 교통량이 많을 수록 많게 설치되고 있다.

(b) 중앙대

왕복 4차선 이상의 도로에 설치되는 것으로, 차도 보다 높게 하거나 방호책 등이 설치된 부분을 중앙분리대라고 한다. 이것은 왕복 교통을 분리하는 것에 따라 정면 충돌 위험을 없애고, 반대 차선의 헤드라이트에 의해 눈이 부심을 방지하고, 무리한 U턴을 불가능하게 하고, 평면 교차점에서의 우회전 전용차선 용지도 되는 효용이 있다. 이 중앙분리대와 옆의 여유폭 확보 등의 목적으로 만드는 측대(側帶)도 아울러서 중앙대로 구성된다.

(c) 노견(갓길)

갓길은 도로를 보호함과 동시에 교통안전이나 도로 교통 운용 등의 목적으로 설치되는 것이며, 폭이 2.75~3.25m로 전자동차의 일시 주차 가능한 전(全)노견과 폭이 1.25~1.75m로 승용차가 일시 주차 가능한 반 노견과 폭이 0.5~0.75m로 최소한도의 측방 여유밖에 없는 좁은(狹) 노견과 방호책 등을 설치할 만큼의 보호 노견의 4종류로 분류된다.

(d) 정차대

어떤 도로에서도, 예를 들면 고장 등의 이유로 정차하는 것은 반드시 있을 수 있다. 도시내 도로에서는 정차 수요가 크고, 또 도시내 도로는 연도의 서비스가 큰 기본적 의무사항이기 때문에 도시내 도로에서는 보도와 차도와의 사이에 정차대를 설치한다.

(e) 자전거 도로등

오로지 자전거나 보행자의 통행을 위해서 설치되는 것이며, 다른 도로와 별도로 독립해 자전거 만의 통행을 위해서 설치되는 자전거 전용 도로와, 다른 도로와 별도로 독립해서 자전거 및 보행자 만의 통행을 위해서 설치되는 자전거 보행자 전용 도로와, 도로의 일부를 차도와 분리해 오로지 자전거 만의 통행을 위해서 설치되는 자전거 도로와, 도로의 일부를 차도와 분리해 오로지 자전거 및 보행자 만의 통행을 위해서 설치되는 자전거 보행자 도로의 4종류가 있다.

(f) 보 도

보도란 보행자의 통행을 자동차 교통 등으로부터 분리해 보행자의 안전을 꾀하는 것이며, 일반적으로는 도로의 양쪽에 설치하지만 한쪽만 설치한다든지, 그 외에 우회하는 경우도 있다. 폭은 보행자가 손을 흔들거나 화물을 들거나 하므로 그 점유하는 폭은 0.75m의 배수(倍數)로 하고, 최소폭을 2.0m로 하고 있다. 보도는 연석이나 방호책 등에 의해 차도와 반드시 분리하고, 원칙으로서 차도면 보다 보도면을 높게 한다.

사진 5.3 파리의 샹젤리제 거리의 보도

(g) 측 도

예를 들면 완전 출입 제한 도로에 의하여 분단되는 연도로의 서비스와, 횡단 구조물의 집약을 꾀하는 경우에 사용되어 본선과는 별개의 도로이다.

(h) 부 도

본선의 도로 일부로서 성토나 절토 등 구조상의 이유로 차량이 연도로의 출입을 막는 구간에 설치되는 것이다.

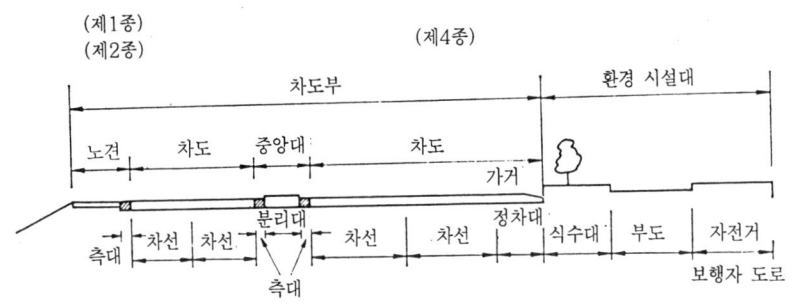

그림 5.1 단면적의 구성요소와 그 조합

(i) 식수대

가로수 등을 심기 위해서 설치되는 대상(帶狀)의 도로 부분이며, 폭은 1.5m를 표준으로 하지만, 특별한 경우에는 더욱 넓게 한다.

(j) 환경 시설대

도로 공간을 교통뿐만 아니라 다른 목적으로도 이용할 필요가 있거나, 또한 도로에 인접하는 지역의 생활환경을 보전하기 위해 차도와 연도 주택과의 사이에 공간을 확보할 필요에서 간선 도로의 양쪽에 설치된다.

5.4 선 형

(a) 視 距

시거란 운전자가 도로상에서 볼 수 있는 거리를 말하는 것으로, 진행 방향의 전방에 장애물을 인지해 충돌하지 않도록 정지하기까지에 필요한 거리를 정지시거 또는 제동 정지시거라고 하며, 2차선 도로에서 전방에 마주오는 자동차가 없는 것을 인지해 추월하기 위한 필요한 거리를 추월시거라다고 한다. 시거는 도로의 설계에 있어서 안전성과 쾌적성 때문에 반드시 확보해야 한다.

(b) 곡 선

도로를 평면적으로 보면 직선부와 곡선부가 있다. 자동차 등의 차량이 안전하고 쾌적하게 주행하는 데는 직선부는 문제가 없으나 곡선부는 문제가 있다. 즉 곡선부를 자동차가 고속으로 주행하면 반드시 원심력이 작용하여 자동차는 바깥쪽으로 튀어나가게 된다. 이와 같은 일이 없도록 곡선부를 설계하여야 한다. 우선, 도로는 어느 구간마다 설계 속도, 즉 어느 속도까지 안전하게 주행할 수 있는지 속도가 정해진다. 정해진 설계 속도에 따라 곡선부가 설계되는 것인데, 곡선부의 곡선 반경은 설계 속도가 높을 수록 큰 곡선 반경을 잡게 된다. 즉 완만한 커브로 된다. 또한 도로는 배수를 위해서 양쪽에 완만한 1.5~2%의 횡단 구배가 있는데, 곡선부에서는 원심력이 작용하기 때문에 바깥쪽만 높게 하는 편구배로 하는 경우가 있다. 또 대형 자동차가 곡선부를 주행할 때, 뒷바퀴는 앞바퀴보다 안쪽으로 주행하기 때문에(이것을 內輪差라고 한다) 곡선 반경이 작은 곡선부에서는 안쪽으로 확폭 시킨다.

(c) 완화곡선

직선부와 곡선부가 직접 연결되어 있다면 운전자는 그곳에서 핸들을 빨리 꺾어야만 한다. 그래서 그 사이에는 완화곡선을 설치하여 서서히 핸들을 꺾도록 설계한다.

(d) 종단 구배

도로는 어떤 지형의 장소에서도 반드시 주행 방향으로 올라가거나 내려가는 경우가 생긴다. 이것을 종단 구배라고 한다. 종단 구배는 너무 빨리 올라갈 때에 원활하게 주행할 수 없으므로 설계 속도에 따라 최급구배가 정해지게 된다.

(e) 등판 차선

종단 구배가 3% 이상이 되면 올라가는 데는 대형차의 속도가 아무래도 저하되지 않을 수 없어 승용차 등이 추월할 때, 방해가 되어 교통의 흐름이 나빠지는 동시에 교통사고의 증대를 초래하고 있다. 그래서 이와 같은 경우에는 제일 우쪽에 등판 차선을 설치하여 대형차 등 느린 차의 전용차선으로 사용한다.

5.5 교 차

도로가 다른 도로나 철도와 만나는 것을 교차로 하며, 그 부분을 교차 이외의 단로부(單

路部)에 대해서 교차부라고 한다.

(a) 도로와 도로의 평면 교차

평면 교차에는 그림 5.2에 나타낸 것과 같이 여러 가지 종류가 있는데, (a)그림의 십자 교차와 (b)그림의 T자 교차가 바람직하고, 그 외는 좋지 않다. (h)그림의 확폭 교차는 앞으로의 입체교차를 고려해 계획한 것이다. 또한 평면 교차점에는 교통 신호가 설치되어 있는 경우가 많다.

(b) 도로와 도로와의 입체교차

교차하는 양방향의 도로 차선수가 많아지게 되면, 교통 신호를 설치해도 교통의 흐름이 원활하게 될 수 없다. 이와 같은 경우에 주요 도로의 직진 차선만이든가 양쪽의 직진 차선을 고가 또는 지하로 하여 입체화를 꾀한다. 이것을 교차점 입체교차라고 한다.

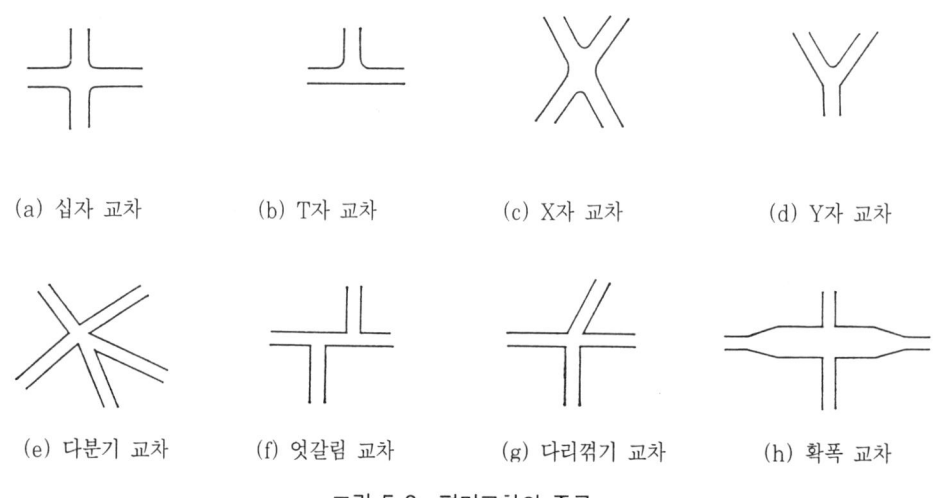

그림 5.2 평면교차의 종류

(c) 인터체인지

고속도로 등의 자동차 전용 도로가 다른 일반도로와 연락로에 의하여 연결되어 있는 부분을 인터체인지라고 한다. 자동차 전용 도로끼리의 접속인 경우에는 정션(junction)이라고 한다.

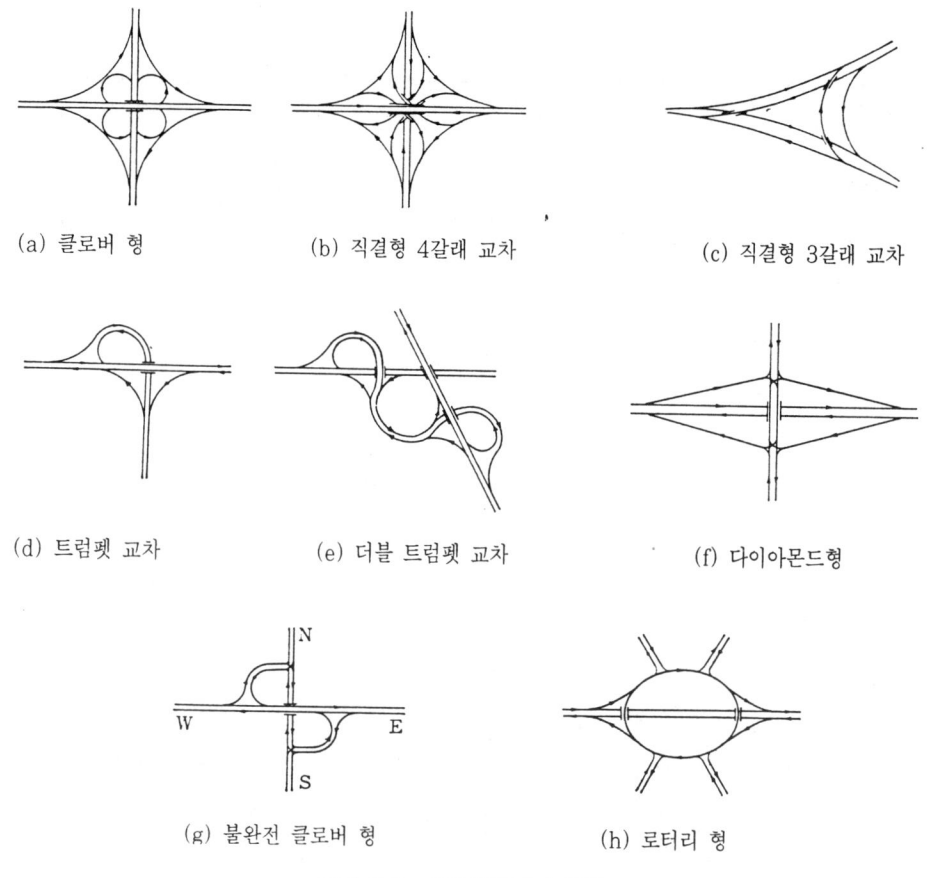

(a) 클로버 형   (b) 직결형 4갈래 교차   (c) 직결형 3갈래 교차

(d) 트럼펫 교차   (e) 더블 트럼펫 교차   (f) 다이아몬드형

(g) 불완전 클로버 형   (h) 로터리 형

그림 5.3 인터체인지의 형식

(d) 도로와 철도와의 교차

원칙적으로 입체교차로 되어 있는데, 옛날에는 도로 교통도 적었기 때문에 평면 교차로서 건널목이 설치되었다. 현재 건널목을 없애도록 노력하고 있다.

5.6 포 장

도로는 원칙적으로 차도, 노견, 자전거 도로, 측대 및 보도 전체를 포장하는 것이다. 그 중 차도는 그 위에 직접 자동차 교통을 주행시키는 것이기 때문에 자동차가 안전하고도 원활한 교통을 확보할 수 있는 포장이라야 하며, 차도 이외에 대해서는 자동차가 다니지 않기 때문에 간단한 포장으로 충분하다. 포장의 구성을 그림 5.4에 나타낸다.

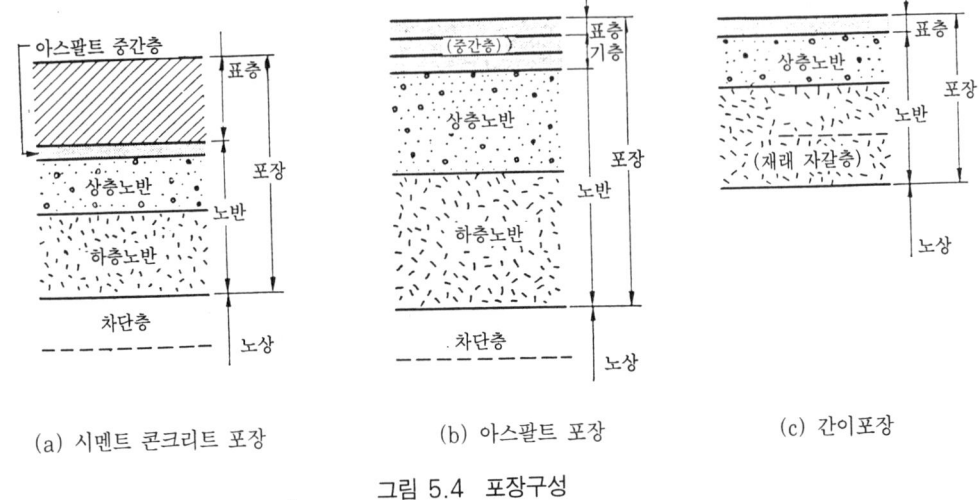

그림 5.4 포장구성

(1) 노 상

노상이라는 것은 포장 밑두께가 약 1m의 범위를 말하는 것이며, 포장 위를 통행하는 자동차의 하중이 분산되어 노상에 전해져도 충분히 지지할 수 있어야만 한다. 자연 그대로 양호한 지지력이 얻어지는 경우를 자연 지반이라고 하는데, 만일 지지력이 부족할 때는 흙을 교체하고나 성토를 실시해 인공적으로 지반을 만들 필요가 있으며, 이것을 인공 지반이라고 한다.

(2) 노 반

노반은 노상 위에 설치되는 인공층(人工層)이며, 그 위에 포장의 표층에서 전달되는 교통 하중을 더욱 분산시켜서 안전하게 노상으로 전하는 역할을 하므로, 통상 상층 노반과 하층 노반의 2층으로 나뉜다. 그래서 노반은 위로부터의 교통 하중에 충분히 견딜 수 있는 강도와 이것을 충분히 분산시켜 노상에 전달하는데 필요한 두께가 필요하며, 노상에 전달되어오는 하중이 노상에 의하여 충분히 소멸되어 안전한 최소하중값이 되는 것이 요구된다. 상층 노반에는 지지력의 균일성을 얻기 위하여 지지력이 큰 쇄석 등의 양질 재료를 사용하고, 하층 노반에는 하중이 분산되어 영향이 적어지기 때문에 비교적 품질이 떨어져도 현장 부근에서 공급할 수 있는 저렴한 재료를 사용해 경제적 노반을 만든다.

(3) 시멘트 콘크리트 포장

포장의 표층으로서 콘크리트판(版)을 사용하는 것으로, 포장 중에서 가장 고급 포장이 되며, 내용연수는 20년으로 설계된다. 콘크리트판 위로 자동차가 계속 다녀도 변형해 요철이 생기거나 균열이 생기지 않게 되어 있지만, 콘크리트는 기온이 떨어지면 수축되어 균열을 일으키기 쉽다. 그래서 철도의 레일 이음매와 같은 역할을 하는 줄눈을 설치하였는데, 이 줄눈 때문에 자동차가 주행할 때 작은 충격을 느끼는 결점이 있다.

(4) 아스팔트 포장

포장의 표층으로서 아스팔트와 자갈이나 모래를 혼합한 아스팔트 혼합물을 사용하는 것으로, 줄눈이 없기 때문에 평탄하여 달리기 쉬울 뿐만 아니라 건설비도 시멘트 콘크리트 포장보다 약간 싸게 된다. 아스팔트를 150℃ 이상으로 가열하면 액체상이 되어 따로 가열한 자갈이나 모래를 혼합하여 가열된 상태 그대로 도로상에 펴고르고 롤러로 전압한다. 온도가 내려가면 굳어져 자동차바퀴가 실려도 변형되기 어렵게 된다. 또한 아스팔트는 약 60℃ 이하에서는 반고체상인 끈기가 있어서 아스팔트 혼합물이 변형되는 일이 있어도 부서지지 않는다는 성질을 가지고 있다. 아스팔트 포장은 고급으로 내용연수 10년의 두께로 두껍게 포장되므로 교통량이 적은 곳에서 사용되는 두께가 얇은 간이 포장까지 폭넓게 사용되고 있다.

(5) 블록 포장

도로를 납작한 돌로 포장하는 사고방식은 문명의 발상과 함께 시작된 것으로, 그 대표적인 예가 로마제국 시대의 도로로서 군대가 하루에 30km도 행군 할 수 있었다고 한다. 그 유적이 현재에도 각지에 남아 있다. 이 납작한 돌이 현대에서 말하는 블록 포장으로서 포장의 시초이다.

5.7 교통안전

(1) 방호책

방호책은 산간부 도로의 낭떠러지나 커브 지점에서 자동차 등이 굴러떨어지지 않도록 목책이나 돌이나 콘크리트 블록을 사용한 구름막이를 설치한 것이 시초이다. 이것을 단단한 것으로 하여, 시공하기 쉽게 개량한 것이 방호책이다.

방호책을 형식으로 분류하면, 빔형 방호책(가드 레일, 가드 파이프, 박스 빔), 케이블형 방호책(가드 케이블), 콘크리트 빔형 방호책(오토 가드)의 3가지로 분류한다. 방호해야할 대상물로 분류하면, 자동차 등이 차도에서 튀어나오는 것을 방지하는데 주목적인 경우와 보행자나 자전거가 함부로 차도로 나오거나 굴러떨어지는 것을 방지하는데 주목적인 경우가 있다.

방호책 중 가장 잘 사용되고 있는 것이 가드 레일로서, 자동차 등이 덮쳐도 휨과 인장으로 저항하여 파손되어도 그 부분만 교체하면 되는 장점이 있지만, 자국등 표면이 깨끗하게 되지 않는다는 결점도 있다.

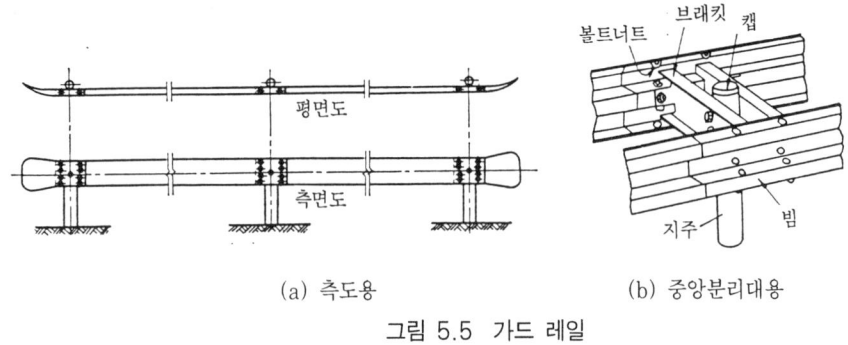

(a) 측도용   (b) 중앙분리대용

그림 5.5 가드 레일

(2) 보행자 횡단 시설

노면상에 횡단보도를 줄무늬로 표시한 횡단보도는 저렴하지만 교통사고의 위험성이 높다. 횡단보도교는 횡단보도를 입체화 한 것으로 교통안전상에는 충분하지만, 이용자에 따라서 계단의 오르내림에 상당히 힘이 드는 결점이 있는데다가 도시 미관상 별로 느낌이 없다. 횡단 지하도는 도시 미관상도 좋고, 오르내리는 계단도 적지만, 건설비와 유지비가 많이 든다.

(3) 도로표지

도로표지는 운전자에 대해 차분한 도로 교통정보를 제공하기 위해 설치되는 것으로 다음과 같은 종류가 있다.

(a) 안내 표지

운전자에 대해서 방향이나 거리나 유명 지점 등을 표시하여 목적지로 안내하는 것이다. 표지가 작고 숫자가 적다는 등 운전자의 불평이 많은 것은 대개는 안내 표지이다.

(b) 경계표지

운전자에 대해서 도로의 교차점이나 커브나 건널목 등 위험장소를 예고하는 것이다.

(c) 규제 표지

운전자의 교통상 규제, 예를 들면 속도 제한이나 주차 금지나 우회전 금지나 일방통행 등을 표시하는 것이다.

사진 5.4 네덜란드 로테르담 교외의 고속도로 안내표지

(d) 지시 표지

규제 예고나 횡단보도·안전지대 등을 지시한다.

(e) 보조 표지

이상 4종류의 표지를 본 표지라 하고, 본 표지에 부설되어 본 표지의 의미를 보충하기 위해 설치된 표지를 보조 표지라고 한다.

(4) 도로 조명과 시선 유도표

도로 조명은 야간의 도로나 터널내 등에 조명을 장치하는 것으로서 교통사고를 감소시키고, 교통의 원활한 흐름을 유지하게 하는 것이다. 한편, 도로 조명이 없는 지방부의 도로 등에서 진행 방향 앞의 도로가 어떻게 되어 있는지를 운전자에게 알리고 시선을 유도해 교통의 안전을 도모하기 위해서 설치되는 것이 시선 유도표이다. 시선 유도표는 자동차의 헤드라이트의 빛을 회귀성 반사작용을 이용하여, 보기 어려운 도로의 경계선을 운전자에게 알린다.

연구 과제

5.1 자신의 주거 근처 도로에 대해서 어떤 종류의 도로인가를 조사하시오.
5.2 종단 구배에 요철이 심할 때, 어떤 위험이 생기는지 검토하시오.
5.3 좋지 않은 평면 교차에 대해서 그 이유를 생각해 보시오.
5.4 시멘트·콘크리트 포장과 아스팔트 포장의 장점·단점을 비교 검토하시오.
5.5 자신의 주거 근처 도로에서 교통사고의 다발 지점이 있는 경우에 그 대책을 검토하시오.
5.6 도로 조명과 시선 유도표는 어느 쪽이 야간의 교통을 위해서 설치되는 것인가, 그 기능 차이에 대해서 검토하시오.

제 6 장

철도와 궤도

6.1 철도의 역사

6.1.1 철도의 발달사

(1) 철도의 기원

인류가 처음 육상교통수단으로 사용했던 방법은 원시적인 운반기구를 이용하여 인력으로 사람이나 짐을 옮겼을 것이다. 그러다가 곧 동물의 힘을 빌려 운반기구를 견인하게 하였고, 또한 견인하기 쉽도록 통나무 굴림대를 사용하다가 마침내 목재로 만든 차륜을 창안하게 되었다고 한다.

16세기초 독일의 할츠(Harz) 광산에서 차륜이 땅에 덜 박히고 원활하게 통행할 수 있도록 나무 판자로 된 목재레일을 깔았는데 이것이 철도의 최초 형태라 할 수 있다.

그 후 16세기 후반에 영국의 북부 탄광지대에서 목재를 두가닥 병설하여 만든 궤도상으로 지극히 간소한 탄차를 말이 끌었는데 철도는 그것에서 비롯된다고 전해지고 있다.

(2) 철도의 탄생

그 후 목재로 된 차륜은 레일에 의한 손상을 줄이기 위해 철로 보강되었고 그것으로 말미암아 주행로 역시 철판으로 보강하게 되었으니 봉상(棒狀) 철판은 철재레일의 원조가 되었다. 그 후 1767년 영국의 레이놀즈(Raynolds)가 凹형 주철레일을 고안하여 목침목에 연결함으로써 탈선방지에 도움이 되게 하였고 1789년 영국의 윌리암 제숍(William Jessop)이 플랜지가 달린 차륜을 고안하였기 때문에 그때부터 플랜지가 달린 레일은 필요 없게 되었다. 그 후 다시 1805년에 현재와 같은 형태의 레일이 고안되어 오늘의 같은 철도 원형이 탄생하게 되었다.

한편 동력에 있어서도 1797년 영국의 리차드 트레버딕(Richard Trevithick)이 증기기관을 개발해내자 18세기 말에 동력은 우마(牛馬)에서 증기력으로 바뀌었고 재차 전동력이나 디젤기관으로 발전하면서 오늘에 이르렀다.

(3) 최초의 공중(公衆)용 철도 개통

1814년 철도선각자이며 기관차 제작자인 조지 스티븐스(George Stephenson)는 그의 첫 엔진 Blucher을 완성한 후 1823년 에드워드 피즈(Edward Pease)에게 초대되어 북부의 스톡톤에서 달링톤까지 철도를 부설하고 설비까지 갖추어 줄 것을 요청 받아 그 일에 매달리게 되었다.

1825년 9월 27일 스티븐슨은 자신이 만든 증기기관차 로코모션(Locomotion) 호에 시승객과 석탄이 만재된 탄차 35량, 90톤을 직접 운전 견인하여 스톡톤에서 달링톤까지 약 40km의 거리를 속도 16~19km/hr로 주파하였다. 이 사실은 여객과 화물을 동시에 수송한 세계최초의 공중철도로 기록되었다.

(4) 최초의 철도 영업과 보급

로코모션 호의 성공적인 운행으로 지방민이 철도 이용을 적극적으로 요청하게 되자 1825년 10월 10일 여객취급을 하게 된 것이 철도의 첫 영업 개시가 되었다. 그러나 어디까지나 석탄수송이 주 사용목적이었으며 인간의 이동을 위한 기능은 부가적인 것이었다. 그 후 다시 1830년 9월 15일 역시 스티븐슨의 손으로 제작된 증기기관차 로케트(Rocket) 호가 리버플에서 맨치스터까지 약 50km구간을 무난히 주파함으로써 개통되었는데 일반철도로서는 이것이 세계에서 최초의 일이라 한다.

그 후 영국에서의 철도운영 성과가 좋았던 것이 주효하여 철도의 건설이 구미 각국으로 급속히 확산되었고 급기야 전세계로 보급되기에 이르렀다. 그리하여 1960년대 말에는 세계 총체 철도영업연장이 130만km를 돌파하였다.

(5) 철도의 재조명

철도가 개통되고 약 백년 동안은 유력한 육상교통수단으로서 중요한 위치를 차지하여 왔으나 자동차와 항공기의 출현으로 제동이 걸렸고 특히 제2차 세계대전을 겪으면서 그들의 기술개발이 더욱 가속화되어 한때 사양길에서 철도 연장이 감소되는 추세에 놓이기도 했다. 그러나 1964년 일본 도오이도 신간선(東海道新幹線)의 개통을 계기로 고속철도의 가능성이 확인되었고 또한 철도공학 역시 여러 면으로 많은 진전을 보아 선로·차량·운전·보안 등 각 분야별로 대폭 보완 개선됨으로써 안정성·신속성·쾌적성 확보 차원에서 현저히 발전하게 되었다. 그 결과로 전 세계가 철도의 필요성을 다시 인식하게 되었고 최근에는 새로운 철도기술의 개발과 연구에 관심을 두게 되었다.

6.1.2 한국철도 약사

(1) 우리 나라 철도건설의 태동

우리 나라는 1876년 12월 마침내 일본제국의 강압으로 병자수호조약(丙子修好條約·江華島條約)을 체결하게 되었고 이후 1882년에는 미국, 영국, 독일과도 잇달아 수호통상조약을 맺으면서 사신의 왕래가 잦게 되었다.

그로부터 5년 뒤인 1887년(고종 24년) 6월 주미조선공사에 박정양(朴定陽)을 임명하였는데 이때 수행한 이하영(李夏榮)이 1889년 대리공사로 일시 귀국하면서 아주 정교한 철도모형(鐵道模型)을 구입하여 가지고 돌아와 고종에게 어람(御覽)시킨 후 대관(大官)들에게도 철도의 편익성과 효용가치를 역설함으로써 새로운 인식을 심어주게 되었고 이에 대한 논의가 대두되었다.

(2) 한국철도의 창설

당시 세계 열국의 통상이권 가운데서도 가장 중요한 문제로 등장한 철도와 광산이었다. 그 이권 쟁탈을 위해 세계열강은 위협과 설득으로 그들의 이권을 집요하게 추구해 왔다.

여하간 1890년대로부터 철도부설 문제는 끊임없이 대두되어 왔다.

그 중에서도 미국과 일본이 마지막까지 남아 온갖 수단을 동원하여 치열한 공방전 끝에 마침내 1896년 3월 29일 미국인 제임스 알 모스(James R. Morse)가 갈망하던 경인선철도부설권을 획득하는데 성공하여, 다음 해인 1897년 3월 22일 인천 우각리(牛角里)에서 기공식을 거행하였다.

표 1.1 세계 각국의 철도개통 연차표

년 도	국 명	년 도	국 명	년 도	국 명
1825. 9. 27.	영국	1850.	멕시코우	1870.	에스토니아
1830. 12. 25.	미국	1851.	칠레, 페루	1871.	에콰도르, 태즈메이니아
1832. 10. 4.	프랑스	1853. 4. 16.	인도	1872. 10. 14.	일본
1834. 12. 17.	아일란드	1854.	노르웨이	1873.	코스타리카
1835. 5. 3.	벨기에	1854. 4. 30.	브라질	1874	콜롬비아
1835. 12. 7.	독일	1854. 9. 13.	오스트레일리아	1876.	튀니지
1836. 7. 23.	캐나다	1855.	이집트, 파나마	1877	버어마, 베네스웰라
1837. 4. 14.	러시아	1856.	포루투갈, 스웨덴	1880.	과테말라, 니카라과
1837. 7.	쿠바	1857. 8. 30.	아르젠틴	1881	뉴우펀들란드
1838. 1. 6.	오스트리아	1859.	룩셈부르크	1882.	엘살바도르
1839.	체코슬로바키아	1860. 1. 4.	터어키	1883.	중국
1839. 9. 20.	네덜란드	1860.	남아프리카	1885.	말라야, 베트남
1839. 10. 3.	이탈리아	1860.	라트비아	1889.	볼리비아
1842.	북부아일랜드	1861.	파라과이, 파키스탄	1891.	이스라엘, 타이완
1844. 6. 15.	스위스	1862.	핀란드, 알제리	1892.	필리핀, 이란
1845.	폴란드	1863.	리투아니아	1893.	타이
1846.	헝가리, 유고	1863. 12. 1.	뉴질랜드	1894.	만주
1847. 6. 27.	덴마아크	1865.	스리랑카	1899. 9. 18.	한국
1848. 10. 24.	스페인	1866.	불가리아	1900.	수단, 이디오피아
1848.	기니아	1869.	우루과이, 루마니아 그리이스, 온두라스	1951.	리베리아

그러나 여러 해 숙원이었던 특허를 획득하고도 자금난으로 사업을 완성하지 못하고 1898년 5월 10일 일본인이 경영하는 경인 철도 합자회사에 양도하고 말았다.

1899년(광무 3년) 9월 18일 제물포~노량진간 33.2km의 철도가 개통되고 영업을 개시하였는데 국내철도의 효시이며 영국이 세계 최초로 철도를 개통시킨지 만 74년만의 일이다. 우리나라 철도 창업의 서막이 열렸던 이날을 기념하여 오늘까지 철도의 날 로 지정되어 있다.

당시의 장비를 살펴보면 기관차 4대, 객차 6량, 화차 28량이고 7개소의 역설비가 갖추어져 있었다.

(3) 광복 이전의 철도건설

철도건설은 잇달아 쉴 사이 없이 추진되었는데 노량진까지 개통된 경인선은 다음해 한강철교가 준공됨으로써 1900년 7월 7일 남대문 역까지 전구간 개통되었고, 바로 이듬해인 1901년 8월 20일과 21일에 경부선의 기공식을 영등포와 초량에서 성대하게 거행하였다.

1904년 노일전쟁의 풍운이 급박하게 감돌자 경부선 철도의 건설을 촉진하는 동시에 한국 정부를 강압하여 서울~신의주간 군사철도를 군부가 서둘러 건설하였다.

1905년 11월 17일 을사보호조약 체결을 전후해서 경부선 서울~초량간 445.6㎞구간은 1905년 1월 1일에, 경의선 서울~문산간 46.0㎞구간은 1906년 4월 3일에 각각 개통되어 경인선과 더불어 삼대간선이 차례로 형성됨으로써 일제 식민지 정책수행에 선도적 역할을 다하였다.

그리하여 1910년 8월 29일 치욕적인 한일합방이 이루어지기 이전에 이미 잔여구간인 초량~부산간을 완성하여 1908년 4월에 경부선을 전구간 개통하였고, 1909년 4월 3일에는 문산~신의주간을 완성하여 경의선도 전통하였다.

그 후에도 철도건설은 끊임없이 계속 되어 1914년 1월 11일에는 호남선, 동년 8월 16일에는 경원선이 각각 개통되었다. 그 후 1928년 9월 1일에 함경선, 1929년 12월 25일에 충북선, 1931년 8월 1일 장항선, 1936년 12월 16일 전라선, 그리고 1942년 4월 1일에 중앙선 등 차례로 개통시키면서 간선철도망을 구축해 나갔다.

광복당시 한국철도의 영업시설을 보면 총 영업거리 연장이 6,362㎞, 역설비 762개소에 차량은 기관차 보유대수 1,166대, 객차 27,027량과 화차 15,352량을 보유하고 있었고 종업원수는 100,527명이었다. 그러나 국토분단으로 남한의 총 영업거리 연장은 2,642㎞로 절반도 못되게 줄고, 역수도 300개소로 줄었다. 또한 차량은 기관차 517대, 객차 1,280량, 화차 8,424량만이 남았고 종업원수도 55,960명으로 줄었다.

(4) 광복의 환희와 시련

1945년 8·15 광복은 커다란 환희와 시련을 한꺼번에 안겨 주었다. 철도창설로부터 45년간이란 기나긴 세월동안 일본의 손아귀에 있었던 철도가 갑자기 넘어오게 되자 기술적인 문제보다도 그 동안 의타적이고 의존적이었던 운영면에 큰 문제가 야기되었다. 그것은 무엇보다 철도자재 문제였다.

38선이란 장애물이 갑자기 생김에 따라 북쪽으로는 북한과 만주로부터 연료에너지, 목재, 공산품의 보급로가 두절되었고 남쪽으로는 일본에 의존했던 모든 자재공급이 중단되고 보니 세계 제2차대전의 와중에 가뜩이나 고갈되었던 자재창고는 이미 바닥이 들어난지 오래된 터였다.

설상가상으로 급변하는 사회적 혼란으로 정치적 사회적 소용돌이는 철도영업에 적지 않게 지장을 주었다.

그러나 한국인 종사원은 조국광복의 기쁨을 안고 헌신적으로 일하였으며 1946년 5월 27일, 광복후 처음으로 서울~부산간에 특급 조선 해방자 호를 운행개시하는 등 굳건하게 철도의 저력을 발휘하였다.

(5) 6·25 동란과 전후 철도복구 건설

3년간의 군정이 끝을 맺고 1948년 8월에 정부가 수립된 이후부터는 점차 정상궤도에 오르면서 철도 본연의 체재를 갖추게 되었다.

그리고 1949년 4월부터는 영암·영월·문경선의 소위 3대산업선을 차례로 착공하는 등 대한민국으로서의 본격적인 철도건설이 시작되었다.

그러나 1950년 6·25 동란은 철도에 또다시 가혹한 시련을 안겨 주었다.

동란 발발 당일부터 즉각 전시 비상수송체제로 개편하고 전황의 진전에 따라 수원·대전·대구·부산 등지로 수송본부를 옮겨가면서 군사수송에 총력을 경주하였으며, 특히 국군의 방어작전을 위한 보급구송의 지원은 길이 청사에 빛나고 있다.

동란중 많은 시설·장비의 손실은 물론, 수많은 인명의 희생을 치른 것은 병사 못지않았으며 3년간에 입은 피해가 총체적으로 약 40%에 달하였다. 전투 종식 후의 긴급복구 공사 또한 혁혁하여 휴전 무렵에는 그 극심하였던 피해를 마무리하고 전선에 열차를 운행하게 하였던 것이다.

미국을 비롯한 우방국의 복구지원에 힘입어 장비의 긴급도입과 시설보수를 서두르는 한편 1953년복구 5개년 계획을 수립하여 우선 후방의 군사면과 산업면에 긴요한 산업선의 개통에 치중한 결과 1954년 12월 31일에 영암선, 1955년 9월 15일 문경선, 1956년 1월 17일 영월선, 1958년 12월 31일에는 충북선을 모두 개통시켰다.

또한 1955년 6월까지 UN군이 장악하고 있던 철도 운영권을 인계 받아 8월 15일부터 서울~부산간에 특급 통일 호를 운행하는 등 전후 복구와 함께 서서히 운영의 정상화에 노력하였다.

(6) 경제개발계획과 산업선 건설

1961년 5·16이후 1·2차 경제개발 5개년 계획에 따른 개발사업의 일환으로 산업선의 건설, 시설·장비의 개량, 철도경영의 합리화, 각종 제도·법규의 보완 정비 등 많은 것이 개선되었다.

특히 산업선 건설에 치중하여, 경전선·동해북부선·황지선·고한선·정선선·능의선·경북선 그리고 경인선 복선화 등 수많은 신선건설과 개량사업이 추진되었고 운영면에서도 동력차의 무연화(無煙化), 수송서비스의 개선, 객화차 및 시설의 개체, 수송제도의 개혁 등 변화가 있었다.

(7) 철도망의 확충과 도시철도의 등장

경제개발 계획의 성과로 물동량이 대폭 증가되고 수송력의 확충이 불가피하게 되었다. 즉 경부고속도로를 비롯하여 호남·남해 등 대부분의 고속도로가 철도노선과 병행하고 있는데도 해마다 수송력 증강사업이 계속되어야만 겨우 수송능력을 유지할 수 있을 정도였다. 그만큼 수송수요의 증가가 빨라진 것이다.

따라서 늘어나는 수송수요를 감당할 수 있게 하기 위하여 기존 철도시설의 근대화 개량사업에 치중하게 되었는데 시설면에서는 레일의 중량화와 장대화, 보수 방식의 기계화, 신호의 자동화, 그리고 전철화 등이 주된 개량내용이며, 차량면에서는 동력의 근대화를 위한 전기기관차 또는 디젤기관차화와 차량의 경량화에 초점을 두었다.

그밖에 괄목할 만한 발전은 열차의 자동제어부문이며 A.T.C.(自動列車制御) A.T.S.(自動列車停止) C.T.C.(列車中央集中制御) 등의 각종 열차취급 장치를 설비하여 열차의 안전운행과 운행회수 증가에 도움을 주게 하는 사업들이다.

특히 도시의 교통사정이 인구의 도시집중 현상으로 혼잡상태를 넘어 방치할 경우 마비상태가 될 지경이 되자 이미 서울시와 부산시가 도시철도를 건설하여 운영 중이며, 대구·인천·광주·대전등 대도시에서도 현재 건설 내지는 계획단계에 있다.

그 밖의 도시에서도 불원 도시교통 혼잡에 대한 완화책으로 대량수송에 유리한 도시철도 건설을 계획할 것으로 전망된다.

중·장거리 수송 위주의 간선 철도망과 도시철도망이 잘 조화되어 합리적인 연계체계가 이루어짐으로써 전국 어느 곳이나 일일 생활권 안에 들도록 계획되고 시공되어야 할 것이다.

사진 6.1 일본의 신간선 철도(長野行 신간선)

6.2 궤간(게이지, gauge)

레일의 안쪽 간격을 궤간이라고 하며, 나라에 따라서, 또 같은 나라에서도 철도 선로에 따라 다른 경우가 많다. 영국에서 최초 철도가 영업 개시했을 때 당시의 마차 철도 바퀴 간격을 그대로 사용했다. 이것이 4피트8½인치(1,435mm)며, 이후의 철도 표준으로 되었기 때문에 표준궤라고 부르며, 이것 보다 넓은 궤간의 것을 광궤, 좁은 궤간의 것을 협궤라고 한다. 세계적으로 보면 표준궤를 채용하고 있는 철도는 유럽 제국이나 미국을 비롯하여 많지만, 광궤를 채용하고 있는 나라로서 소련이나 1,600mm를 초월하는 궤간의 스페인이나 인도가 있으며, 아시아나 아프리카의 여러 나라에는 협궤의 나라가 많다.

6.3 궤 도

철도의 선로는 그림 6.1과 같이 레일, 침목, 레일 체결 장치(레일을 침목에 고정하는 것), 레일 부속품, 도상 및 노반으로 구성되어 있으며, 도상보다 위를 궤도라고 한다. 열차의 하중은 레일, 침목, 도상, 노반으로 전달되므로 레일 단면의 크기, 침목의 간격, 도상의 두께 등에 따라 궤도의 강도가 변하게 된다. 궤도의 강도는 차량의 중량, 열차 횟수, 운전 속도 등에 따라 정해진다.

레일 단면의 크기는 1m당의 중량으로써 나타내는데, 우리 나라에서는 60kg, 50N, 50kg의 3종류가 사용되고 있다. 침목은 레일의 궤간을 유지하여 레일로부터의 열차 하중을 도상에 전달하는 역할을 하는데, 글자 그대로 나무를 사용하는 외에 최근에는 PC 침목도

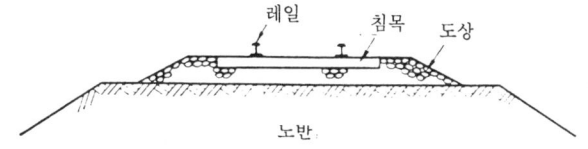

그림 6.1 선로의 구조

많다.

  도상은 침목을 소정의 위치에 유지시키고, 침목에서 받는 열차 하중을 더욱 넓게 분산시켜 노반에 전달하는 역할을 하는데, 침목을 탄력적으로 지지해 열차 하중에 의한 충격을 완화시키므로써 승차감을 좋게 한다. 도상에는 쇄석을 사용하는 경우가 많아 벌라스트 (Ballast)라고 한다. 다만, 이 벌라스트는 단지 쌓아(적치)놓은 것이므로, 궤도는 열차가 달릴 때마다 약간씩 이완이 생겨 나중에는 서서히 크게 되어, 승차감이 나빠질 뿐만 아니라, 그대로 방치하면 열차의 안전 운행에 지장을 초래하게 된다. 그래서 궤도가 어느 정도까지 이완되면, 그 이완을 없애고 본래의 상태로 되돌리는 작업을 행한다. 이것을 보선 작업이라고 한다.

사진 6.2 보선작업

  최근, 수송량이 증가되어 속도도 빨라졌기 때문에 보선 작업량이 현저하게 증대했지만 반대로 열차 횟수는 증가되었기 때문에 보선 작업을 하는 간격이 적어지고, 또한 인건비의 상승으로 보선 작업이 필요없는 궤도를 필요로 하게 되었다. 그 한 가지로 널리 사용된 것이 슬래브 궤도로서, 이것은 도상 벌라스트를 중지하고 대신 공장에서 제작된 철근 콘크리트판을 전충재로서 고정시키고, 그 위에 레일을 탄성적으로 조인 것이다.

6.4 철도 전력화

철도가 처음 출현했을 때의 동력은 산업혁명을 일으켰던 증기이었다. 그러나 증기기관차 SL은 연료 효율이 나빴으며, 철도의 근대화에 따라 동력도 근대화되어 전기기관차 EL 및 디젤기관차 DL이 사용되었으며, 더욱 더 운전 효율이 좋은 전차화 하게 되었다.

세계에서 최초로 전기기관차를 실용화한 것은 1881년 독일의 베를린에서였다. 철도 전력화는 연료 효율을 좋게 할 뿐만 아니라, 고가속, 고감속, 고속 운전이 가능하며, 수송력의 증강과 수송 비용을 저감할 수 있으며, 이용객에 좋은 서비스를 제공할 수 있기 때문에 급속하게 확산되었다.

전기기관차에도 전차에도 탑재하는 모터는 직류직권전동기(直流直卷電動機)가 사용되는 것이 많다. 이것은 출발의 기동시 회전 출력이 크기 때문인데, 직류이기 때문에 정류자(整流子)를 지지하고, 전압은 3,000V를 한도로 하고 있다. 그래서 고압교류로 변전소까지 보낸 전기를 변전소에서 직류로 바꾸어 가공선을 통해 차량의 모터에 흘려 보내면 되는 것인데, 전압이 낮기 때문에 전압 강하를 막을 목적으로 변전소를 많이 설치해야 한다는 결점이 생긴다. 그래서 고압 교류 전기를 그대로 가공선을 통해 차량으로 보내어 차량에 설비된 변압기와 정류기에 의해 직류로 변전되어 모터에 흘려 보내는 방식도 취해진다. 전자를 직류 전력화라고 하고, 후자를 교류 전력화라고 한다.

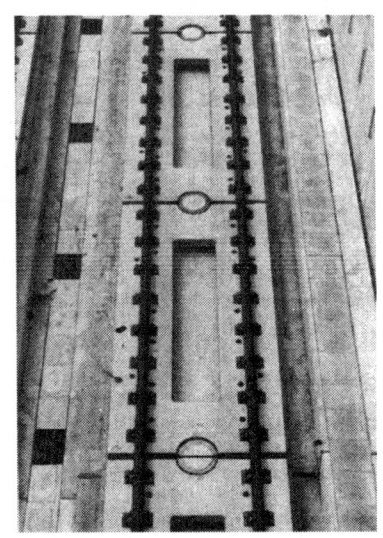

사진 6.3 슬라브 궤도(일본 동북 신간선)

직류 전력화는 변전소 등의 지상 설비에 비용이 많이 들지만, 차량편은 값이 싸므로 대도시 근거리 구간과 같이 열차 개수가 많은 구간에서는 유리하게 된다.

교류 전력화는 변전소 등의 지상 설비는 값이 싸지만, 차량에 작은 변전소를 설치해야 하므로 차량비는 값이 비싸지게 되므로, 열차 개수가 적은 철도 선로구간에서는 유리하게 된다.

집전방식으로는 가공선 방식과 제3 궤조방식이 있다. 전자는 가공선에서 판타그래프(pantograph) 또는 노면전차에서 쓰이는 Buogel로 전류를 받는 것이고, 후자는 궤도를 따라 옆으로 1개의 레일을 더 설치해 대차에 있는 집전화로 전류를 받는 것이다. 그리고 모터를 통과한 후 바퀴에서 레일에 흘려 보내어 변전소로 되돌아오게 한다. 제3 궤조방식은 지하철도의 일부에서만 볼 수 있다.

6.5 정거장

정거장 구내에는 여러 종류의 선로가 있는데 대별하면 항상 열차가 통행하는 본선과 그렇지 않은 측선으로 분류된다. 본선에는 열차가 통과하는 주본선과 다른 열차를 기다리기 위한 대피선과 화물열차의 발착선이 있다. 측선에는 안전 측선이나 유치선이나 교대선 등이 있다. 또한 정거장에서는 열차를 정지시키고, 여객이나 화물을 취급하며, 열차 운전에 필요한 작업을 하는 장소로서 다음의 종류가 있다.

(a) 여객역

여객의 승강을 다루는 것으로, 승강장(플렛홈) 외에 지붕, 본채, 구름다리, 지하도 등이 설치되어 있다. 승강장에는 상대식과 섬과 빗 형식의 3종류가 있으며, 간단한 섬의 형식이 많고, 빗 형식은 적다.

(b) 화물역

화물의 적치를 다루는 것으로, 화물 적치장이나 컨테이너 적치장 등이 설치된다.

(c) 객차 조차장(客車 操車場)

종단 승강장에서 너무 떨어지지 않게 설치되는 것으로, 여객 열차의 조성·차량의 교

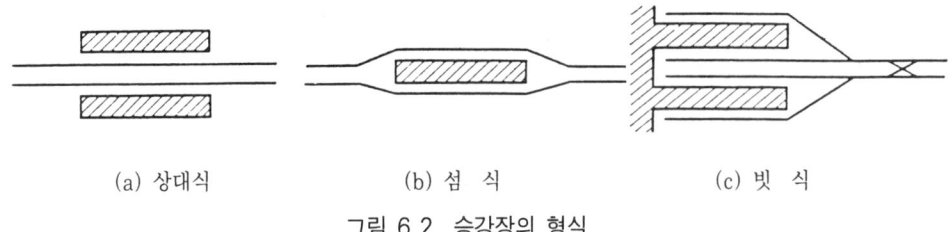

(a) 상대식   (b) 섬 식   (c) 빗 식

그림 6.2 승강장의 형식

사진 6.4 네덜란드의 암스테르담 역
(일본 東京역은 이것을 모방해서 만들었다)

대 · 유치 · 세차 · 수선 등을 행한다

(d) 화물차 조차장

화물차를 구분해 화물열차의 조성 · 차량의 교대를 실시한다.

6.6 열차의 속도

열차의 속도로는 최고속도와 평균속도와 표정속도가 있다. 최고속도란 차량 성능과 선로의 조건에 따라 발휘할 수 있는 속도의 상한을 말하며, 평균속도는 도중의 정차 시간을 제외하고 도달 시간을 거리로 나눈 속도를 말하며, 표정속도는 도중의 정차 시간을 포함하여 도달 시간에 거리를 나눈 속도를 말한다. 이용자 쪽에서 보면 표정속도가 가장 중요한 속도인데, 이것을 올리기 위해서는 최고속도를 올리는 동시에 정차 시간을 짧게 할 필요가 있다.

최고속도를 올리기 위해서는 ① 곡선 반경을 가능한 한 크게 해 고속으로 통과할 수 있도록 한다. ② 기울기는 가능한 한 완만하게 한다(한국에서는 최급경사는 1,000분의 35), ③ 고속 통과할 수 있는 분기기를 사용한다. ④ 무거운 궤조를 사용하거나 궤도 상태를 좋게 하는 것 등이 필요하다. 그러나 이들에는 한도가 있는 동시에 한편, 열차가 주행하기 위해 생기는 공기에 의한 주행 저항이 바퀴와 레일 사이의 마찰력(점착력)을 초과하는 한도는 400km/시 정도로 되어 있는 것도 있으나, 실용적으로는 300~350km/시 대가 상한으로 되어 있다.

여러 외국의 예를 보면 표준궤를 사용하는 유럽의 여러 나라는 150~200km/시, 특히 프랑스의 자랑인 TGV에서는 270~300km/시로 되어 있다. 표정속도로 하면 훨씬 떨어져 신간선은 160~250km/시, 재래선 특급전차는 80~100km/시, 유럽의 여러 나라 특급열차(프랑스의 TGV나 독일의 ICE를 제외)는 100~130km/시로 되어 있다. 또한 일본의 영업운전에서 최고속도는, 표준궤도의 신간선은 220~300km/hr이다.

6.7 특수 철도

(1) 톱니바퀴(齒車)식 철도

일반적인 철도는 바퀴와 레일 사이의 마찰력을 이용하는 점착식 철도인데 어떤 구배 이상이 되는 점착식 철도에서는 미끄러져 안전하게 운전할 수 없게 된다. 그래서 궤도의 중앙에 톱니레일을 부설하고, 이것과 맞물리는 톱니바퀴를 중력차에 장치한다. 톱니레일 구조로는 사다리식이나 스트루브식이나 아프트(Abt)식 등이 있는데, 톱니바퀴식 철도는 급경사를 올라가는 속도가 느려서 수송 능력의 떨어지는 것이 결점이 된다.

톱니바퀴식 철도는 산이 많아 급경사 선로가 많은 스위스에서 발달했던 것으로, 일본에서도 信越선의 碓氷 고개에서 보통 레일의 중앙에 랙 레일 2~3매를 조합한 아프트식이 사용 톱니바퀴식 철도는 산이 많아 급경사 선로가 많은 스위스에서 발달했던 것으로, 일본에서도 信越선의 碓氷 고개에서 보통 레일의 중앙에 랙 레일 2~3매를 조합한 아프트식이 사용되었지만 1963년에 폐지되었다.

사진 6.5 스위스의 아프트식 철도

(2) 강제 케이블식 철도

톱니바퀴식 철도보다 더욱 급경사 구간에 사용되는 것으로, 차량은 동력이 없어서 지상의 동력을 강제 케이블로 끌어당겨 차량을 견인하는 것이다. 강제 케이블인 관계로 짧은 구간으로 한정되지만, 가장 잘 많이 사용되는 방법은 1개의 강제 케이블 양끝에 차량을 연결하고, 이 강제 케이블을 산꼭대기 정거장에 있는 권상기(卷上機)로 감아 올려 차량을 상하로 운행하는 2대의 차두레박식이며, 선로는 중앙의 엇갈리는 곳만 복선이고 다른 곳은 단선인 것이 많다. 샌프란시스코의 케이블 카는 이것과는 다르며, 2개의 레일 중앙에 설치된 홈 속에 강제 케이블이 있어 권상기로 움직이고 있는 강제 케이블을 차량 안에서 그립이라고 불리는 기계로 잡아서 움직이게 하는 것이다.

사진 6.6 노르웨이 벤겔의 케이블 카

(3) 노면 철도

노면 철도는 도로의 노면에 부설되어, 레일 사이도 포장석 등으로 포장하므로서 노면전차와 자동차 양쪽을 이용할 수 있게 하는 것을 말한다. 원칙적으로 도로폭이 25m 이상인 도로에 복선 궤도가 설치되었으므로 노면전차가 다닐 수 있는 곳은 간선 도로로 한정되어 있었다.

노면 철도는 철도로서는 가장 건설비가 싸고, 게다가 도로 교통기관으로서는 수송 능력이 가장 크다고 하는 이점이 있지만, 노면상에 레일을 설치하고 공중에는 가공선을 설치할 필요가 있는 동시에 같은 도로 위를 노면전차와 자동차가 병용한다는 결점이 있었다. 그래서 자동차의 교통 정체로 노면전차가 막혀 속도 저하와 정시성을 잃게 되고, 운행 비용도 상승되므로 한국에서는 완전히 폐지되었다.

그러나, 노면 철도는 전용 궤도를 달리는 경우에는 교통 정체와는 관계없으므로 독일을 비롯해 유럽의 여러 나라에서는 전용 궤도를 설치하는 동시에 노면상의 궤도로 자동차의 침입을 배제하는 대책을 세워 도심부에서는 전용 궤도를 지하로 들어가게 하여 자동차 교통과의 입체교차화를 꾀하고, 차량도 2~4차선을 연결해 속도도 40~70km/시로 달릴 수 있게 되어 있다.

사진 6.7 헝가리의 부다페스트의 노면전차

6.8 새로운 교통 시스템

(1) 궤 도

(a) 신교통 시스템(중량(中量) 궤도 수송 시스템)

전용 주행로(가이드웨이)가 있어 고무바퀴의 마찰력으로 주행하는 것으로, 종래의 철도 기술과 자동차 기술에 한층 더 컴퓨터 제어 기술을 첨가한 것이다. 전용 주행로 위를 전용 전기 자동차가 옆에서 급전을 받으면서 운전사 없이 자동적으로(운전사가 있는 경우도 있다) 주행하는 것으로, 버스가 전기 자동차로서 전용 궤도 위를 주행하는 것이라고 생각해도 된다. 신교통 시스템으로 불리는 범위는 넓지만, 그 중에서 가장 협의의 신교통 시스템으로는 이 중량 궤도 수송 시스템을 말하는 것이다.

노선의 연장은 5~15km 정도가 최적이며, 복선을 원칙으로 수송 능력은 매시 1~2만명 정도이며, 다음에 기술하는 모노레일과 같이 도시 고속철도와 노면전차나 버스 중에서 중간적인 기능을 갖는 도시 교통기관으로 되어 있다. 전용 궤도의 안내 방식은 측방 안내 방식이 주류이며, 동력은 옆에서 공급되는 시스템으로 되어 있는데, 일본에서는 직류 750V의 전압을 사용한다. 차량은 모노레일보다도 소형 버스 정도 크기이므로(일본에서는 최대폭 2.4m, 정원은 입석을 포함해 75명), 따라서 차량 중량은 작기 때문에(일본에서는 만차 중량 18톤 이하) 궤도 구조는 간단하게 되어 있다. 타이어 바퀴를 사용하는 버스 정도의 차량이기 때문에 급경사나 급커브에서의 주행이 가능하지만, 최고속도는 60km/시 정도밖에 기대할 수 없다. 거대도시의 환상 루트, 대도시의 간선 교통기관, 도심과 뉴 타운 사이 등에 적당하다. 일본에서는 神戶의 Port liner나 大阪의 New tram 외에 千葉이나 大宮 등에서 사용되고 있다.

사진 6.8 大阪의 New tram

(b) 모노레일

1개의 레일 위를 고무 타이어 바퀴 또는 강차축(鋼車軸)에 의해 차량이 주행하는 것으로서 고가 구조의 경우가 많다. 跨座식과 懸垂식이 있는데, 과좌식은 차량이 1개의 레일을 감싸고 달리며, 현수식은 1개 또는 2개의 레일 위를 바퀴가 달리는 것으로 차체는 궤도 아래에 매달려 있는 것이다. 과좌식의 예로서 일본의 羽田 모노레일이 있으며, 현수식의 예로서 일본의 湘南 모노레일이나 독일 우츠페르타르의 모노레일이 있다.

모노레일의 수송 능력은 편성 차량수 및 운전 간격에 따라 달라서 분기 등의 관계때문에 너무 큰 차량은 사용할 수 없고, 대체로 도시 고속철도(지하철도나 고가 철도)의 1/2 정도의 수송 능력으로 되어 있다. 그러나 건설비가 고가 철도의 1/2~1/3 정도로 싸므로 급경사나 급커브에서도 주행할 수 있는 장점도 있기 때문에 중량 궤도 수송 시스템과 같이 모노레일은 도시 고속철도와 노면전차나 버스의 중간적인 기능을 갖는 도시 교통기관으로 되어 있다.

사진 6.9 독일 우츠페르타르의 모노레일

(2) 연속 수송 시스템

연속 수송 시스템이 수송 수단의 하나로서 빠진 것은 뜻밖에도 그 속도가 느리다는 결점에 있다. 그러나 수송 능력이 크다는 큰 장점이 있다. 이 장점을 이용해 단거리에서 시간을 재촉하지 않는 수송 시스템으로서 사용된다.

연속 수송 시스템으로서는 사람을 수송하는 것과 화물을 수송하는 것의 2종류가 있다. 사람은 편리하게 바꿔타며, 행선지를 말할 수 있으나 화물을 의뢰할 수 없다. 화물은 행선지를 말하지 않으면 어떤 화물도 발송할 수 없다. 화물의 연속 수송 시스템에서는 다른 수송 시스템과 마찬가지로 이것이 큰 결점으로 되어 있다.

세계의 경량전철 시스템 개요

목 차

1. MONORAIL(과좌형) : 일본 오사카
2. MONORAIL(과좌형) : 호주 시드니
3. MONORAIL(현수형) : 일본 지바
4. MONORAIL(현수형) : 일본 쇼우난
5. SKYTRAIN(선형모터차량) : 캐나다 뱅쿠버
6. DOCKLANDS LIGHT RAIL : 영국 런던
7. NEW TRAM(PORTLINER) : 일본 고베
8. NEW TRAM(ROKKOLINER) : 일본 고베
9. NEW TRAM(SEASIDE LINE) : 일본 요코하마
10. VAL 206 : 프랑스 LILLE
11. VAL 256 : 미국 JACKSONVILLE
12. O-BAHN : 독일 ESSEN
13. M-BAHN(자기부상열차) : 독일 BERLIN
14. HSST(자기부상열차, 시험중) : 일본
15. BRIWAY(시험중) : 영국

1. MONORAIL(과좌형) : 일본 오사카

차량	
노선도	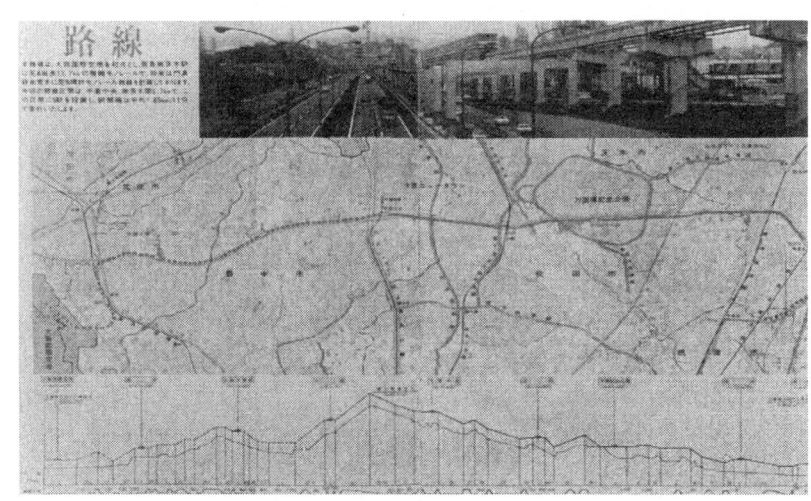

- 제작사 : 가와사키
- 노선연장 및 역수 : 1990년 6월 6.6 km, 정거장 5개소 개통
- 운전형태 : 1인 운전, ATC
- 차량크기 : L 15.5 × W 2.98 × H 3.74 m
- 정원 : 120 인/량
- 최대수송용량 : 21,600 인/시·방향 (최소운전시격 120초, 6량 편성)
- 최대속도 : 75 km/시
- 등판최대구배 : 6 % (특례 10 %)
- 최소곡선반경 : 50 m (특례 30 m)

2. MONORAIL(과좌형) : 호주 시드니

| 차량 | |
| 역사 | |

- 제작사 : VON-ROLL
- 노선연장 및 역수 : 1988년 3.5 km, 정거장 8개소 개통
- 운전형태 : 완전자동운전, ATO
- 정원 : 23인/량
- 최대수송용량 : 9,200인/시·방향 (최소운전시격 90초, 10량 편성)
- 최대속도 : 60 km/시, 여행속도 : 40 km/시
- 등판최대구배 : 6%
- 최소곡선반경 : 20 m

3. MONORAIL(현수형) : 일본 지바

차 량	
노선도	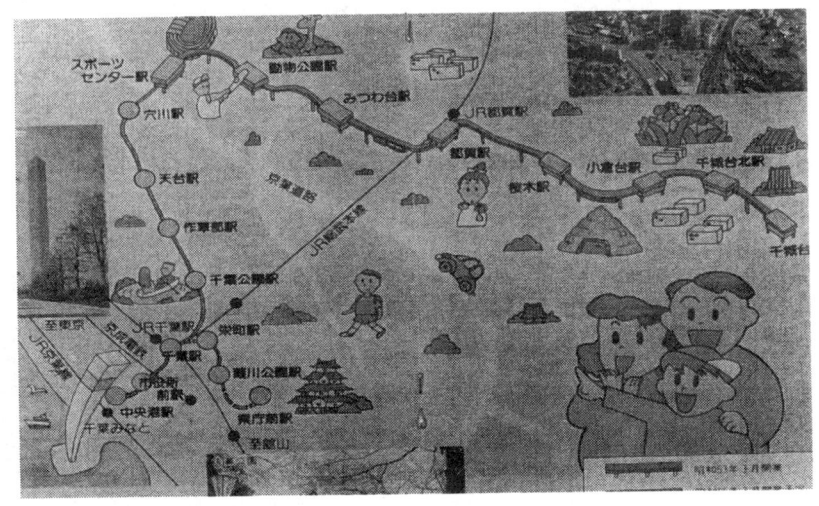

- ○ 제작사 : 미쯔비시
- ○ 노선연장 및 역수 : 1988년 3월 2호선 12.1 km, 정거장 13개소 개통
  1991년 6월 3.4 km, 정거장 6개소(1역 중복) 개통
  총 15.5 km, 18역 개통
- ○ 운전형태 : 1인 운전, ATP
- ○ 차량크기 : L 14.8 × W 2.648 × H 3.085 m,   ○ 정원 : 80 인/량
- ○ 최대수송용량 : 19,200 인/시·방향 (최소운전시격 120초, 8량 편성)
- ○ 최대속도 : 75 km/시
- ○ 등판최대구배 : 6 % (특례 10 %),   ○ 최소곡선반경 : 50 m (특례 30 m)

4. MONORAIL(현수형) : 일본 쇼우난

차 량	
노선도	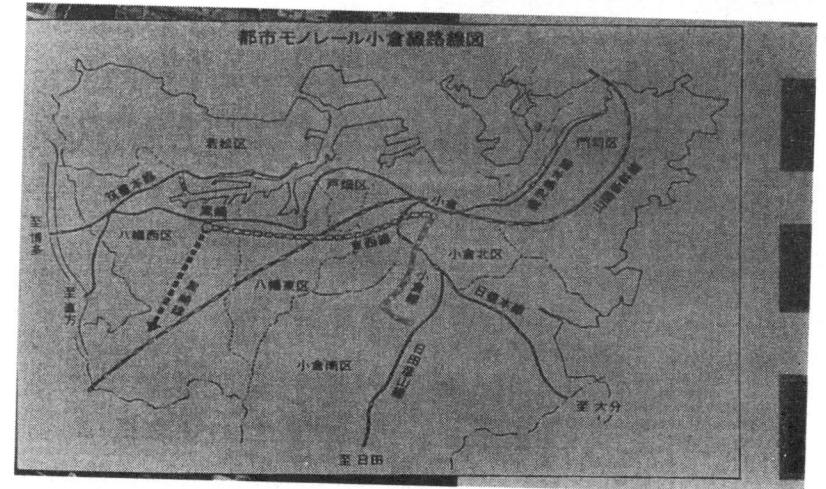

- 제작사 : 미쯔비시
- 노선연장 및 역수 : 1971년 6.6 km, 정거장 8개소 개통
- 운전형태 : 1인 운전, ATS
- 차량크기 : L 12.75 × W 2.65 × H 3.094 m
- 정원 : 228 인/량
- 최대수송용량 : 6,800 인/시·방향 (최소운전시격 120초)
- 최대속도 : 75 km/시
- 등판최대구배 : 6 % (특례 10 %)
- 최소곡선반경 : 50 m (특례 30 m)

5. SKYTRAIN(선형모터차량) : 캐나다 뱅쿠버

차량	
노선도	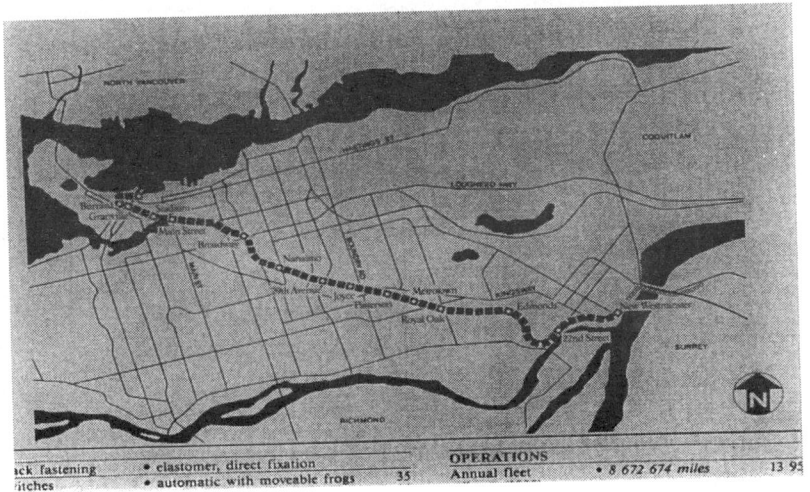

- 제작사 : Bombardier Inc.(운영 : UTDC)
- 노선연장 및 역수 : 1990년 3월 22.2 km, 정거장 16개소 개통
- 운전형태 : 완전자동 무인 운전, ATO
- 차량크기 : L 12.7 × W 2.4 × H 3.13 m
- 정원 : 75인/량
- 최대수송용량 : 27,000 인/시·방향 (최소운전시격 60초, 6량 편성)
- 최대속도 : 90 km/시
- 등판최대구배 : 6 %
- 최소곡선반경 : 70 m

6. DOCKLANDS LIGHT RAIL : 영국 런던

차 량

노선도

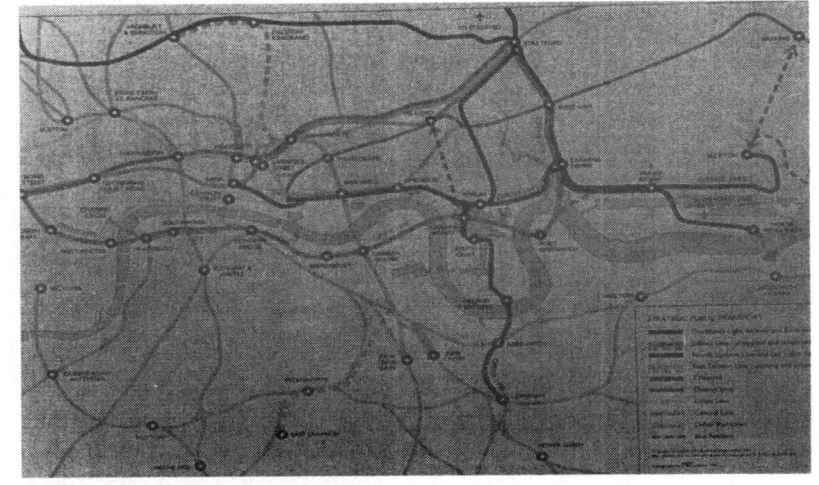

- ○ 제작사 : GEC-ALSTHOM
- ○ 노선연장 및 역수 : 1987년 7월 12.1 km, 정거장 15개소 개통
- ○ 운전형태 : 1인 운전, 무인 운전 가능
- ○ 차량크기 : L 28.0 × W 2.65 × H 3.4 m (2량 편성 기준)
- ○ 정원 : 210 인/량
- ○ 최대수송용량 : 6,300 인/시·방향 (최소운전시격 120초)
- ○ 최대속도 : 80 km/시
- ○ 등판최대구배 : 6.0 %
- ○ 최소곡선반경 : 40 m

7. NEW TRAM(PORTLINER) : 일본 고베

| 차 량 |  |

○ 제작사 : 가와사키
○ 노선연장 및 역수 :
    1981년 2월 6.4 km,
    정거장 9개소 개통
○ 운전형태 : 완전자동 무인 운전,
    (ATO), 자동열차제어장치
    (ATC)
○ 차량크기 :
    L 8.4 × W 2.39 × H 3.13 m
○ 정원 : 75인/량
○ 최대수송용량 :
    18,000 인/시·방향
    (최소운전시격 90초, 6량 편성)
○ 최대속도 : 60 km/시
○ 등판최대구배 : 5.0 %
○ 최소곡선반경 : 30 m

노선도

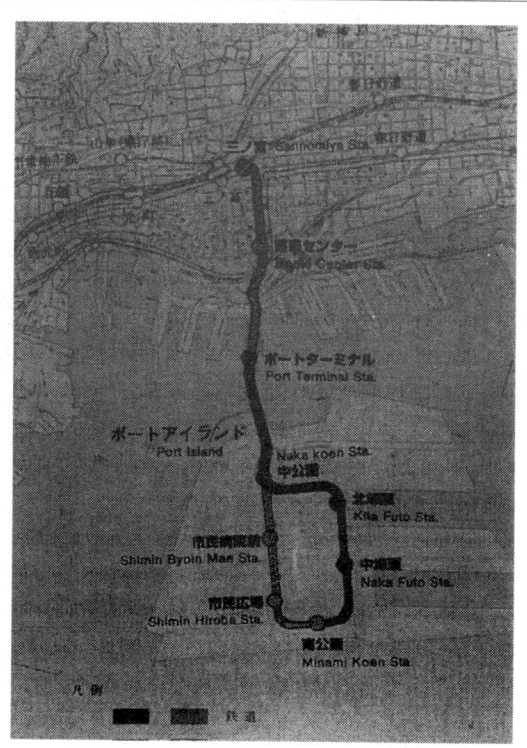

8. NEW TRAM(ROKKOLINER) : 일본 고베

| 차 량 |  |

노 선 도

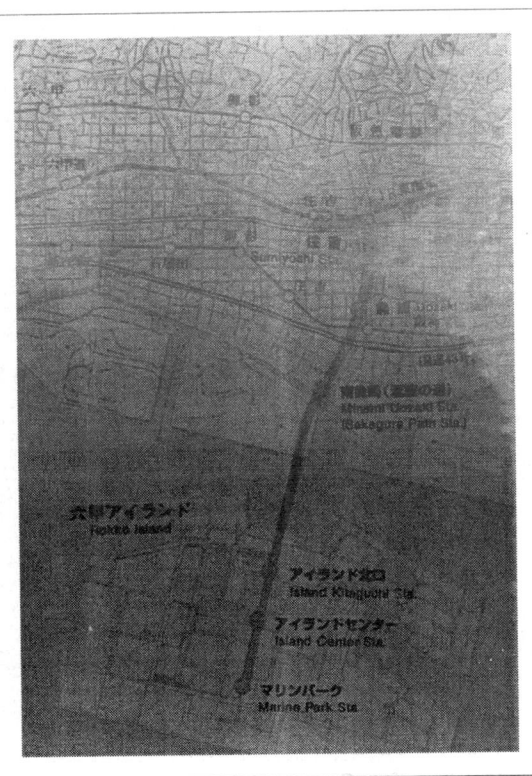

○ 제작사 : 가와사키
○ 노선연장 및 역수 :
　　1990년 2월 4.5 km,
　　정거장 6개소 개통
○ 운전형태 : 완전자동 무인 운전,
　　(ATO), 자동열차제어장치
　　(ATC)
○ 차량크기 :
　　L 8.0 × W 2.39 × H 3.21 m
○ 정원 : 선두 54인/량,
　　중간 60인/량
○ 최대수송용량 :
　　14,400 인/시·방향
　　(최소운전시격 90초, 6량 편성)
○ 최대속도 : 62.5 km/시
○ 등판최대구배 : 5.0 %
○ 최소곡선반경 : 30 m

9. NEW TRAM(SEASIDE LINE) : 일본 요코하마

| 차 량 |  |

| | 노 선 도 |

- 제작사 : 니가타/미쯔비시
- 노선연장 및 역수 :
    1989년 7월 10.6 km,
    정거장 14개소 개통
- 운전형태 : 자동 무인 운전,
    ATC, TD(열차검지장치)
- 차량크기 :
    L 8.0 × W 2.4 × H 3.3 m
- 정원 : 360인/5량,
- 최대수송용량 :
    10,800인/시·방향
    (최소운전시격 120초)
- 최대속도 : 60 km/시
- 등판최대구배 : 6.0 %
- 최소곡선반경 : 30 m

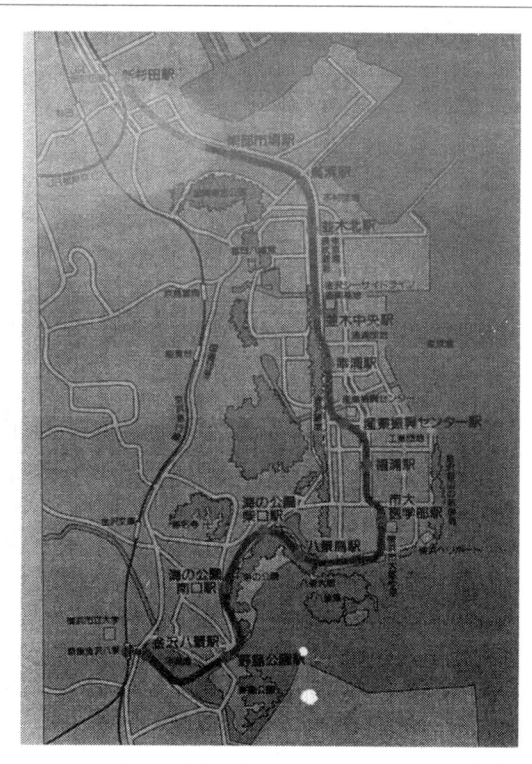

10. VAL 206 : 프랑스 LILLE

차 량	
노선도	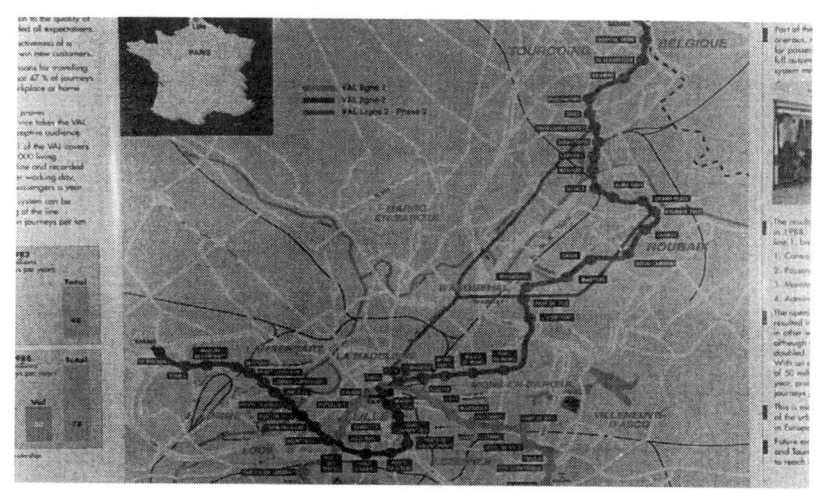

- ○ 제작사 : MATRA
- ○ 노선연장 및 역수 : 1984년 5월 1호선 13.2 km, 정거장 18개소 개통
  1989년 2호선 12 km, 정거장 18개소 (2 역 중복) 개통
  총 25.2 km, 34개소 개통
- ○ 운전형태 : 자동무인운전, ATP, ATS, ATO
- ○ 차량크기 : L 26.14 × W 2.06 × H 3.25 m (2량 열차 기준),   ○ 정원 : 208 인/량
- ○ 최대수송용량 : 31,200 인/시·방향 (최소운전시격 120초, 6량 기준)
- ○ 최대속도 : 80 km/시
- ○ 등판최대구배 : 7 % (하향시 10 %),   ○ 최소곡선반경 : 40 m

11. VAL 256 : 미국 JACKSONVILLE

차 량	
노선도	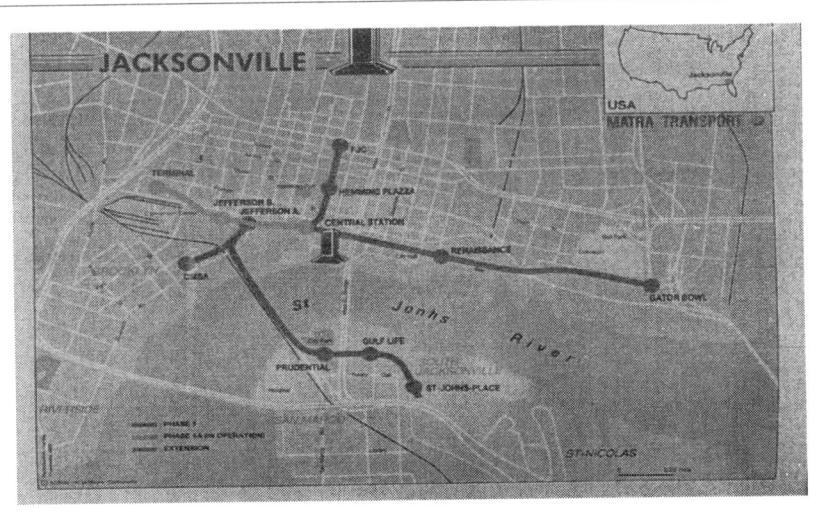

- 제작사 : MATRA
- 노선연장 및 역수 : 1989년 5월 1호선 1.0 km, 정거장 3개소 개통
  1호선 2단계 구간 4.0 km, 정거장 7개소 및
  2호선 7.0 km, 정거장 13개소 공사중
- 운전형태 : 자동무인운전
- 차량크기 : L 27.56 × W 2.56 × H 3.53 m (2량 열차 기준),
- 정원 : 종배열 228 인/량, 횡배열 238 인/2 량
- 최대수송용량 : 14,000 인/시·방향 (최소운전시격 60초)
- 최대속도 : 80 km/시,   ○ 등판최대구배 : 7 %,   ○ 최소곡선반경 : 30 m

12. O-BAHN : 독일 ESSEN

차량

○ 제작사 : DAIMLER-BENZ AG
　　　　/ED NUBLIN AG
○ 노선연장 및 역수 :
　　1980년 9월 12.4 km,
　　정거장 9개소 개통
　　1983년 5월
　　두 번째 트랙 유도로 개통
○ 운전형태 : 완전 또는 반자동운전,
　　전기모터외에 디젤엔진을 사용
○ 차량크기 :
　　L 24.1(2중 굴절형),
　　　17.5(굴절형), 12.5(표준형)
　　× W 2.5 × H 3.5 m
○ 정원 : 2중 굴절형 220, 굴절형 150인,
　　표준형 90인
　　표준형/일반형은 일반도로 운행가
　　능, 2중 굴절형은 트랙만 운행가능
○ 최대수송용량 :
　　35,200 인/시·방향
　　(최소운전시격 90초,
　　　2중 굴절형 4량 편성)
○ 최대속도 : 100 km/시
○ 등판최대구배 : 6.0 %
○ 최소곡선반경 : 60 m

노선도

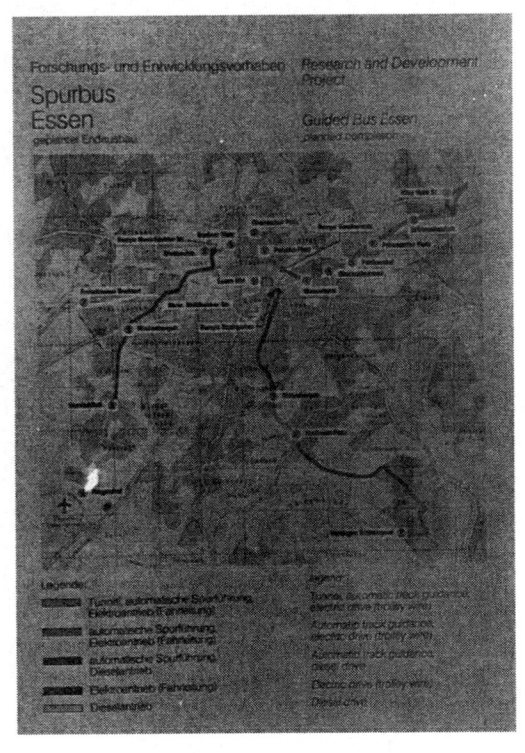

13. M-BAHN(자기부상열차) : 독일 BERLIN

차 량

노선도

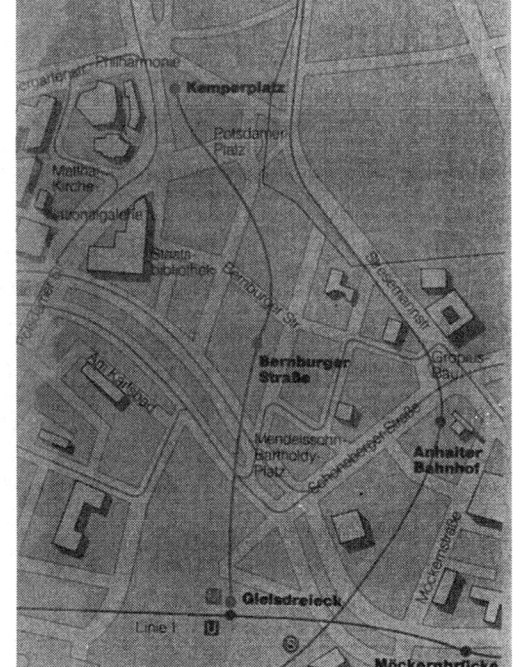

- 제작사 : AEG/Westinghouse
- 노선연장 및 역수 :
  1989년 1.6 km,
  정거장 3개소 개통
  (현재는 철거하였음)
- 운전형태 : 무인자동운전,
- 차량크기 :
  L 12.0 × W 2.3 × H 2.3 m
- 정원 : 71인/5량,
- 최대수송용량 :
  15,000인/시·방향
  (최소운전시격 60초,
  3량 편성)
- 최대속도 : 80 km/시) 150 km/시 가능)
- 등판최대구배 : 10.0 %
- 최소곡선반경 : 50 m

14. HSST(자기부상열차, 시험중) : 일본

차 량

- ○ 제작사 : (주)HSST
- ■ HSST-300
- ○ 차량크기 : 선두차 L 22 × W 3.2 × H 3.2 m
  중간차 L 20 × W 3.2 × H 3.2 m
- ○ 정원 : 선두차 90인/량, 중간차 100인/량
- ○ 최대속도 : 300 km/시 (330 km/시)
- ○ 등판최대구배 : 6 %
- ○ 최소곡선반경 : 250 m

- ■ HSST-200
- ○ 차량크기 : 선두차 L 16.1 × W 3.0 × H 3.2 m
  중간차 L 14.6 × W 3.0 × H 3.2 m
- ○ 정원 : 선두차 80인/량, 중간차 92인/량
- ○ 최대속도 : 200 km/시 (230 km/시)
- ○ 등판최대구배 : 7 %
- ○ 최소곡선반경 : 100 m

- ■ HSST-100
- ○ 차량크기 : 선두차 L 9.5 × W 3.0 × H 3.2 m
  중간차 L 8.5 × W 3.0 × H 3.2 m
- ○ 정원 : 40인/량
- ○ 최대속도 : 100 km/시 (130 km/시)
- ○ 등판최대구배 : 8 %
- ○ 최소곡선반경 : 24 m

15. BRIWAY(시험중) : 영국

차량

노선도

- 제작사 : BRIWAY TRANSIT SYSTEM
- 시험궤도 : 1990년 영국
  CRANLEIGH BAYNARDS
  PARK에 시험노선 861 m 설치
- 운전형태 : 완전자동운전,
- 차량크기 : BRY-60
  선두차
  L 8.86 × W 2.5 × H 3.66 m
  중간차
  L 7.71 × W 2.5 × H 3.66 m
- 정원 : 60인/5량(최대 72인/량)
- 최대수송용량 :
  24,000인/시·방향
  (최소운전시격 90초,
  10량 편성)
- 최대속도 : 85 km/시
- 등판최대구배 : 12.5%
- 최소곡선반경 : 6 m

사람을 수송하는 연속 수송 시스템으로서 대표적인 것이 움직이는 보도이므로, 거대공항이나 넓은 철도역 구내에서 보행자의 통행을 돕기 위해서 사용되는 것이 많다. 에스컬레이터를 실외에 설치하기도 한다. 화물을 수송하는 연속 수송 시스템으로서 컨베이어가 있는데, 이 밖에 파이프를 이용하는 튜브 수송 시스템도 있다.

(3) 무궤도 수송 시스템(도로 교통)

도로 교통인 재래 교통기관을 사용하는 새로운 시스템을 무궤도 수송 시스템이라고 한다. 이 시스템은 공공 수송기관인 버스의 새로운 운행 시스템에 따르며, 버스의 운행을 다른 자동차 보다 우선으로 하여 자동차의 매력을 버리고 버스로 전환시키는 데에 있으며, 다음과 같은 시스템이 있다.

(a) 교통 관제

버스 우선 차선(lane), 버스 전용 레인, 버스 우선 신호 시스템을 사용해 버스의 정시 운행을 꾀한다.

(b) demand 버스

과소지(過疎地)에서 버스에 출입구 출입구로의 서비스 기능을 부여해 이용자의 편리를 꾀한다.

(c) 버스 로케이션·시스템

중앙의 컨트롤 센터에서 버스의 위치를 끊임없이 정확하게 알고 있어 버스의 정시성을 확보한다.

(d) 버스 전용 도로

버스만 주행할 수 있는 도로

(e) 미니 버스

버스를 소형으로 하고, 그 대신 발차 간격을 짧게 해 이용자의 대기시간을 적게 한다.

(f) 구역 버스·시스템

간선 버스(기간 버스)와 지선 버스로 나누고, 승계를 편리하게 하는 동시에 무료로 하여 이용자의 편리를 꾀한다.

(g) 교통 구역·시스템

도시를 몇 개의 구역으로 나누고, 인접하는 구역으로 직접 통행할 수 있는 것은 도보나 자전거 외에는 버스와 노면전차만으로 한다.

(4) 복합 수송 시스템

2가지 기능을 합친 수송기관을 복합 수송기관(dual-mode)이라고 하며, 2가지의 기능을 사용해 수송하는 시스템을 복합 수송 시스템이라고 한다. 그리고 복합 수송 시스템 중 출입구에서 출입구로의 단말 수송은 반드시 소순환이 가능한 자동차로 하는 것이 특징이며, 다음과 같은 시스템이 있다.

(a) 카 페리(car ferry)

자동차를 그대로 선박에 실어서 장거리를 수송한다.

(b) 카 트레인(car train)

자동차를 그대로 철도 화물차에 실어 장거리를 수송하는 것으로, 모토레일과 함께 피기백(piggyback)·시스템이라고도 한다. 일본에서는 東京과 札幌 사이를 침대차와 화물을 연결해 "카 트레인 北海道"가 운행되고 있다.

(c) 듀얼 모드·버스

중량 궤도 수송 시스템으로서 주행하는 차량은 도로 위를 주행하는 기능도 갖추고 있으므로 단말은 버스로 운행한다.

(d) 컨테이너 선박

컨테이너를 사용해 화물 수송하는 경우에 단말은 트럭을 사용하며, 도중에는 선박에 실어 장거리 수송을 한다. 현재 해성 수송의 중심으로 되어 있다.

(e) 컨테이너 열차

  컨테이너를 사용해 화물 수송하는 경우에 단말은 트럭을 사용하고, 도중에는 철도 화물차에 실어 장거리 수송을 한다.

(f) 버디 백·시스템

  컨테이너를 사용해 화물 수송하는 경우에 단말은 트럭을 사용하고, 도중에는 항공기에 실어 장거리를 단시간에 수송한다. 컨테이너 대신에 팰릿(pallet)을 사용하는 경우도 있다.

(g) 협동 일관 수송 시스템

  위의 3가지 컨테이너를 사용한 시스템을 하나로 한 것인데, 출입구에서 출입구까지는 트럭으로 운송하고, 도중에는 선박이나 철도 화물차나 항공기를 사용해 장거리 수송한다. 항만이나 역이나 공항에서 화물을 옮겨 쌓을 필요가 없어 편리하지만 운임은 다소 비싸게 된다.

연구 과제

6.1 한국을 비롯해 세계 각국에서 철도가 사양화 하고 있는데, 그 원인은 무엇인가.

6.2 철도 시각표에서 임의의 열차를 선택하고, 그 열차의 표정속도를 계산하시오. 그리고 선로마다의 표정속도 차이가 있는 것을 조사하시오.

제 7 장

지하 구조물

7.1 기 초

 토목 구조물을 만들 때 그것을 지지하는 지반은 토목 구조물의 무게에 견딜 수 있어야 한다. 토목 구조물의 하중을 지반에 골고루 안전하게 전달되도록 설계되는 토목 구조물의 일부를 기초라고 한다. 기초가 견고한 암반 위에 직접 있을 때는 어떠한 지장도 없지만, 연약지반 등 지지력이 약한 경우에는 지지력을 증대시키는 지반 개량도 실시해야 한다. 넓은 의미에서 기초는 이러한 지반 개량도 포함해 기초공이라고 한다. 기초에는 토목 구조물의 형태 및 지반의 상황에 따라 여러 가지 종류가 있다.

(1) 전면 기초(매트 기초)

 하중이 작고 지반의 지지력도 어느 정도 있으며, 구조물의 밑바닥면도 넓은 경우에 사용되는 것으로, 넓은 밑바닥 전체를 기초로 이용해 모래 자갈을 깔아 다지기 만으로 충분한 경우와, 지반의 지지력이 부족하여 상당 길이의 말뚝을 적당한 간격으로 여러 개 박아 넣을 필요가 있는 경우가 있다. 타입된 말뚝은 흙과 말뚝 사이의 마찰력(점착력)에 의해 구조물의 하중을 지지하는 것인데(이것을 마찰 말뚝이라고 한다), 말뚝의 선단이 자갈층과 같은 지지력이 높은 지반에 도달했을 때는 말뚝을 그 이상 박아 넣을 필요는 없다(이것을 지지 말뚝이라고 한다).

 이 말뚝을 사용한 기초는 아주 옛날부터 기초로서 사용되고 있었던 것으로, 현재에도 널리 사용되고 있다. 말뚝으로서 최초로 사용된 것은 나무말뚝인데, 나무말뚝은 강도가 불안한 데다가 장기간 사용시 부식할 우려도 있으므로 최근에는 콘크리트 말뚝이 사용되는 것우가 많아졌다. 콘크리트 말뚝에는 공장 등에서 제작된 철근 콘크리트 말뚝을 현장에서 박아 넣는 경우와, 현장에서 구멍을 파 그 속에 콘크리트를 채우는 현장타설 말뚝이 있다.

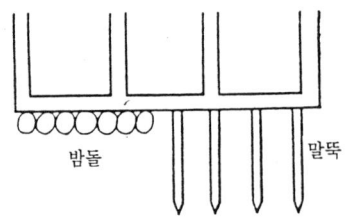

그림 7.1 전면 기초

철근 콘크리트 말뚝은 프리캐스트 말뚝이라고도 부르며, 단면은 원형의 것이 많지만, 사각형이나 8각형 등 많은 종류도 있고, 속이 빈 것도 있다. 현장타설 말뚝은 철근을 넣지 않는 경우가 많다.

이 외에 강널말뚝이나 H형강이나 강관을 말뚝으로 사용한다. 그리고 말뚝은 일반적으로 수직으로 박아 넣는 것이지만, 때로는 힘이 작용하는 방향으로 말뚝의 위치를 잡는 것이 유효한 경우가 있기 때문에 비스듬히 박아 넣는 경우가 있다. 이것을 경사 말뚝이라고 한다. 지반이 나빠 깊게 박을 필요가 있는 경우에 1개의 말뚝으로는 길게 할 수 없어서 이음을 하여 타입하는데, 이것을 이음 말뚝이라고 한다.

(2) 푸팅 기초

구조물의 밑바닥면이 좁은 경우, 예를 들면 기둥이거나 벽인 경우 그 기초가 되는 면적은 좁아 하중이 집중하게 된다. 이러한 경우 지반의 지지력이 상당히 강하든가, 직접 암반 등에 도달되지 않으면 유지할 수 없다. 그래서 기둥이나 벽의 기초를 넓혀서 하중을 안전하게 기초 지반에 전달되도록 하는 것을 푸팅 기초라고 한다. 그리고 하나의 기둥을 지지하는 경우를 독립 푸팅이라고 하며, 벽의 경우와 같이 길게 계속되는 경우를 연속 푸팅이라고 한다.

푸팅 기초의 경우도 전면 기초의 경우와 마찬가지로 모래나 자갈을 깔아 다져서 단단하게 하는 것으로 충분한 경우와, 말뚝박기를 행해야 하는 경우가 있다.

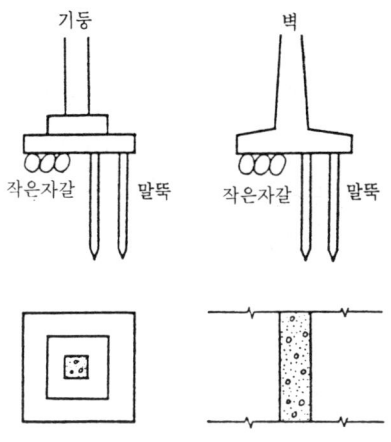

그림 7.2 푸팅 기초

(3) 우물통(웰 기초)

옛날부터 있던 우물파기와 같이 굴착하여 기초를 가라앉혀 가는 것이다. 우선 지상에 커브슈라고 부르는 받침을 고정하고, 이 받침을 칼날끝으로 하여 그 위에 철근 콘크리트의 우물통을 얹고, 우물파기와 마찬가지로 우물통의 속을 파면서 우물통을 가라앉혀 가는 것이며, 또한 우물파기와 똑같이 진행함에 따라서 우물통을 위로 이어간다. 지하수가 나오면 배수하면서 굴착하는 수중굴착으로 된다. 또한 가라앉히는 것을 촉진하기 위해 우물통의 자중 만으로는 부족한 경우가 많으므로, 우물통 위에 레일 등의 하중을 실린다. 그리고 소정의 깊이에 도달하면 우물통 속에 콘크리트를 채워 기초로 한다.

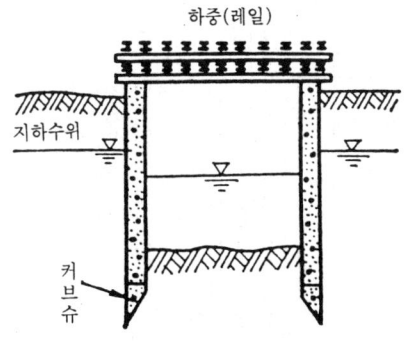

그림 7.3 우물통 기초

이 우물통 기초는 직경이 큰 말뚝으로 생각하면 된다. 원리적으로는 지지 말뚝과 같으므로 접지 면적이 큰 만큼 지지력도 크다. 그리고 단면의 형상은 원형이 많지만, 타원형이나 직사각형 등의 경우도 있다. 또 단단한 지반에 정착할 때까지 침하시키는 것을 원칙으로 하기 때문에 기초로서의 지지력이 충분해 침하도 적으며, 단면이 크기 때문에 수평력에 대해서도 강하여 중요한 구조물의 기초로 널리 사용된다.

(4) 잠함 기초(케이슨 기초)

지상 또는 수중인 경우에는 가도를 통하여 우물통이 위치하는 곳에 인공섬을 만들고 그 위에 칼날의 끝을 붙인 잠함(케이슨)을 고정하고, 잠함의 속을 파면서 무거운 자중으로 침하시켜 간다. 우물통 기초와 마찬가지로 침하의 진행에 따라서 몸체를 상부로 이어간다. 지하수가 나오지 않을 때는 우물통 기초와 같다. 지하수가 나올 때는 우물통 기초에서는 수중굴착으로 해야 하지만, 잠함기초에서는 칼끝으로부터 약간 위로 격벽을 설치해 그 아래를 작업실로 하고, 여기에 압축공기를 보내어 기압을 높여 수압에 대항하여 물을 없애므로서 육상의 보통 굴착과 같이 할 수 있다. 또한 잠함의 최저부 작업실에서는 기압을 높이게 되면 지하수 뿐만 아니라, 연약 지반속의 점토질이나 사질토 등이 부풀어 오르는 것을 막을 수 있지만, 기압이 높은 부분과 바깥 공기와의 출입으로 번잡해지므로 작업실 내에서의 작업에 제한이 있어 능률이 나쁘다는 결점이 있다.

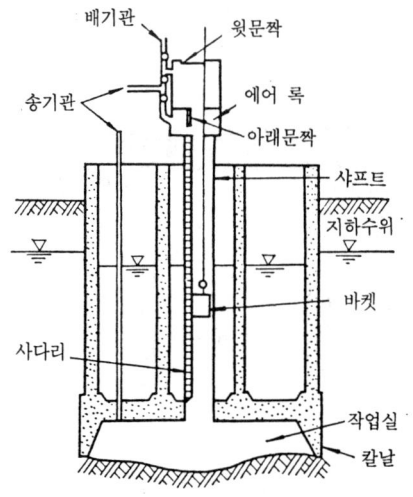

그림 7.4 케이슨 기초

7.2 지하 댐

제10장에서 설명하는 댐은 하천을 흐르는 표면수를 막아 뒤로 물을 저류하는 것이며, 지하 댐이란 지하를 흐르는 지하수를 막아 뒤로 물을 저류하는 지하의 목적댐을 말한다.

지상에 내린 비는 ① 증발, ② 하천으로 유출, ③ 지하로 침투되는 3종류로 나뉘는데, 지하로 침투되어 지하수가 된 물은 지하를 통해 바다에까지 이르는 것도 있지만, 대부분은 일단 지표에서 샘이 되어 하천으로 흐르는 것이 많다. 하천을 흐르는 물의 1/3은 지하수가 근원으로 되어 있다.

지하수는 광대한 대지 속에 저류되어 있는 것으로, 저류되어 있는 세월도 대단한 오랜 세월에 걸쳐 있는 것이며, 따라서 수량으로서는 막대한 것이다. 하천을 흐르는 표면수의 유량은 강우로 인해 크게 변동되고, 계절에 따라서도 변동되므로, 이용하는 입장에서 말하면 다루기 어려운데, 지하수의 이동은 몹시 느리고 또 유량이 안정되어 있는 동시에 수질은 양호하고 쉽게 채수가 가능하다는 특징이 있어서 물의 이용면에서는 많은 장점이 있다.

반대로 단점으로서는 지하수를 퍼 올림으로서 지하수위가 이상으로 저하하거나, 지반침하를 일으키고, 해안 부근에서는 해수가 지하수에 섞여 염수화 하는 등의 장해가 생기는 경우가 있다. 이러한 결점을 보충하여 지하수를 수자원으로서 유효하게 이용하는 것이 지하 댐이다.

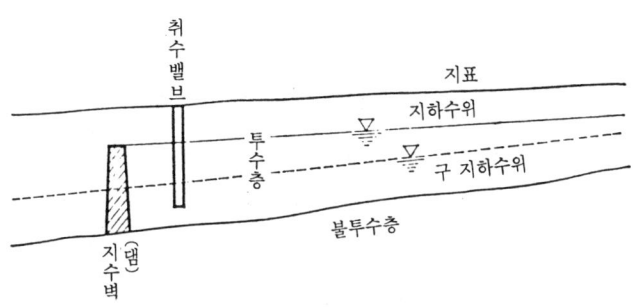

그림 7.5 지하 댐 도면

지하 댐은 어디에서나 만들 수 있는 것은 아니다. ① 지반 속의 투수층이 물을 저류하는데 적당한 지질일 것, ② 투수층의 두께가 지수벽(댐)을 만들 수 있을 정도의 두께가 있을 것, ③ 지수벽(댐)으로 막아 역류된 지하수가 횡방향으로 빠져나가지 않도록 투수층이 골짜기로 되어 있을 것, ④ 본래의 지하수위가 낮아 수위를 상승시킬 여유가 있을 것, ⑤ 퍼 올려도 상류로부터 보급이 있을 것, ⑥ 지하수의 이동이 빠른 편일 것 등의 조건이 갖추어진 곳이라야 한다. 그리고 직접 바다로 흘러가는 지하수를 이용하면 더욱 유효하다.

지수벽 즉 댐을 시공하려면 점토나 시멘트의 지하 주수공법으로 하는 경우가 많다. 시공상의 곤란함 때문에 너무 높은 댐은 무리이며, 20~30m 정도가 한도로 되어 있다.

7.3 산악 터널

경질 지반인 암석 속을 굴착하여 만들어지는 터널을 산악 터널이라고 한다. 예를 들면 세계에서 가장 긴 일본의 青函 터널과 같이 해저 터널이라도 암석을 파서 만들어지는 터널이기 때문에 산악 터널에 준한다.

(1) 터널의 필요성

터널의 굴착 역사는 멀리 기원전의 바빌로니아까지 거슬러 올라가는데, 굴착 방법은 정을 해머로 두드려 암석을 깎는 방법이 사용되었다. 화약은 14세기에 발명되었지만, 터널 굴착에 사용된 것은 17세기이었다.

터널에는 ① 광산용, ② 수로용, ③ 도로용, ④ 철도용 등이 있다. 광산용은 광물을 채굴하기 위한 것으로 옛날부터 발달했는데, 그 기술을 이용해 수로용의 터널을 굴착했다. 도로용 터널이 굴착되었는데, 옛날의 도로는 지형을 따라서 구불구불 구부려져도 통행하는 사람이나 기껏해야 마차이었기 때문에 지장이 없었으므로 터널의 필요성은 특수한 경우를 제외하고 별로 없었다.

터널의 필요성이 높아진 것은 교통의 발달이 원인이다. 특히 한국과 같이 국토의 약 70%가 산지로 되어 있는 경우에 교통망을 정비하기 위해서는 아무래도 많은 터널이 필요하게 된다. 특히 철도가 고속화 하고, 도로와 고속도로를 정비하게 되면, 조금이라도 선형을 좋게 하기 위해서 장대한 터널이 필요하게 된다. 한편, 수력 발전 때문에도 수로 터널이 필요하게 되었다.

(2) 측량 조사

터널의 특징으로서 건설 예정 루트를 직접 눈으로 확인할 수 없다는 결점이 있다. 판명되는 것은 양쪽의 출입구 뿐이며, 뒤는 측량과 조사로 예상할 뿐이다. 이것이 잘못되면 큰 일이 생기게 된다. 터널은 양쪽에서 중앙을 향해 굴착해 가는 것이지만, 약간의 오차라도 누적하면 막대한 헛수고를 일으키기 때문에 레이저 광선을 이용한 측량 기기를 사용하거나 정밀도가 높은 측량을 해야만 한다. 또 도중의 지질 조사나 단층의 유무 등을 탄성파 탐사나 보링 등으로 확실하게 실시하여 굴착 공법을 정해둘 필요가 있으며, 경우에 따라서는 노선을 변경하기도 한다.

(3) 터널의 시공

(a) 전단면 굴착 공법

원지반이 안정되어 있어 무너질 우려가 없는 경우에 착암기를 여러 대 갖춘 점보라고 하는 철제 시설등, 대형 기계를 사용해 전단면을 일시에 확보하는 공법으로, 능률이 좋은 시공이 가능하다. 굴착한 직후에 즉시 원지반의 토압을 지지해 무너지는 것을 막기 위해서 H형의 강제 지보공을 굴착면을 따라서 배치한다. 그 후 토압에 대항하기 위해 벽면에 콘크리트를 타설한다. 이것을 복공이라고 한다. 또한, 콘크리트의 타설은 이음매 이외는 중단되어서는 안 된다. 콜드 조인트가 발생하여 박리 된다.

(b) 반단면 굴착 공법

지질이 양호하여 용수가 적은 경우에 상부 반 정도의 단면을 한번에 절취하고, (a) 경우와 마찬가지로 시공하여, 상부 반 정도의 복공까지 끝나고 나서 하부 반 정도의 단면을 차례로 소정의 단면으로 절취하여 가는 것이다.

(c) 저설 도갱 선진 상부(低設導坑先進) 반단면 굴착 공법

지질에 변화가 있어 용수의 우려가 있는 경우에 하부 중앙을 먼저 파들어가 작은 단면의 도갱을 굴착하고, 계속해서 상부 반정도의 단면을 (b)의 경우와 같이 시공하고, 하부 반정도의 단면을 소정의 단면으로 절취굴착하여 가는 것이다.

(d) 측벽 도갱 선진 상부(側壁導坑先進上部) 반단면 굴착 공법

지질이 극히 나쁜 경우에 하부의 양쪽 측벽을 먼저 파들어가 작은 단면의 도갱을 굴착하고, 계속해서 천장 부분을 굴착하여 지보공을 배치하고, 벽면에 콘크리트를 타설

하여 복공을 실시한다. 무너질 우려가 없게 된후에 하부 반정도의 단면을 소정의 단면으로 절취 굴착하여 가는 것으로, 사일로드 공법이라고도 한다.

(e) 록 볼트 공법

위의 공법은 어느것이나 굴착하여 복공할 때까지 원지반의 토압을 지지하여 무너지는 것을 막기 위해 지지 구조물인 지보공을 사용하는 것인데, 이 공법은 벽면에 콘크리트 뿜어붙이기를 동시에 원지반 속으로 록 볼트를 박아 넣으므로서 원지반이 본래 지니고 있던 지지력을 유지시켜 원지반을 안정시키고, 그 위에 콘크리트를 타설해 복공하는 것이다. NATM 공법이라고도 한다.

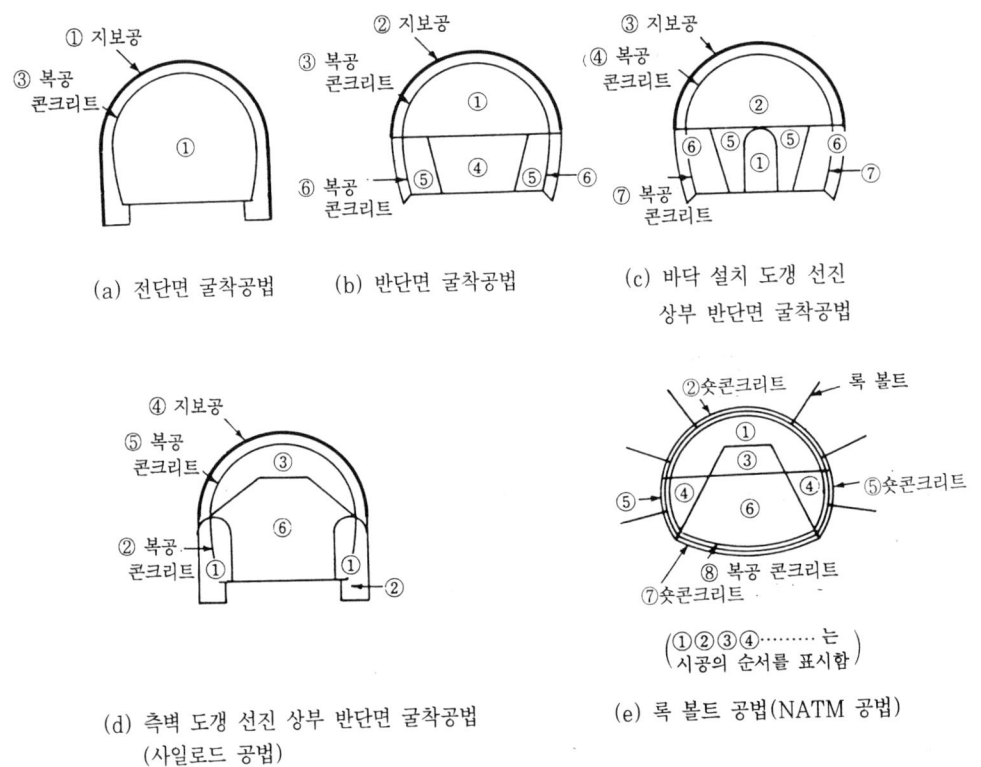

그림 7.6 터널 굴착공법

7.4 평지 터널(도시 터널)

연질지반에 있는 토사 속에 만들어지는 터널은 지반이 암석이 아니라 연약하기 때문에 산악 터널과는 전혀 다른 공법으로 만들어진다. 도시를 중심으로 평지에 만들어지기 때문에 평지 터널 또는 도시 터널이라고 한다.

(1) 개착 공법(Open Cut, V cut공법)

세계 각국의 지하철 공사에 가장 많이 사용되고 있는 공법이다. 주로 도로의 지하에 지표면으로부터 파들어가 소정의 심도의 위치에 터널을 만들고, 그 위에 되메우기를 하여 본래의 형태로 복구하는 것이다.

공사 방법으로서는 ① 강널말뚝이나 철근 콘크리트벽 등을 사용해 토류벽 혹은 파일을 땅 속에 타입하고, ② 지표면을 굴착, ③ 도로 교통을 위해서 노면에 복공판을 배치, ④ 복공판 밑에서 굴착작업, ⑤ 상수도나 하수도나 가스관 등의 지하 매설물을 매달아 보호, ⑥ 굴착하는 동시에 흙막이 목적의 파일 사이에 지보공을 설치한다. ⑦ 소정의 깊이에 도달하면 기초 바닥 콘크리트를 타설, ⑧ 터널 구조물을 구축, ⑨ 터널 위에 정상부 보호 콘크리트를 타설, ⑩ 터널의 측부 및 상부를 되메우기, ⑪ 지하 매설물을 원상으로 복구, ⑫ 복공판을 철거, ⑬ 흙막이파일을 뽑거나 상부를 절단, ⑭ 포장된 노면을 복구해 완성한다.

공사 개소는 대체로 도로 교통이 많은 곳에서 시공되는 경우가 많으므로, 낮에는 복공판으로 노면을 닫아두고 지하에서는 공사를 행하는 경우가 많다. 야간이 되면 도로 교통

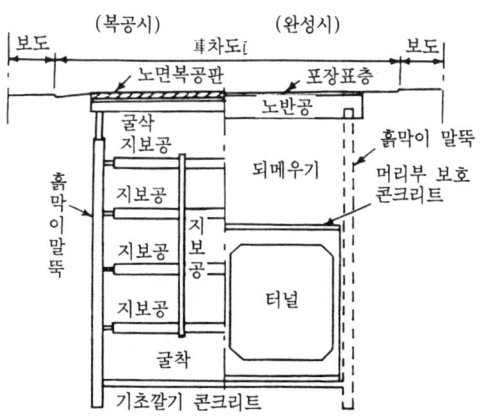

그림 7.7 개착 공법

도 적어지므로 복공판을 일부 열어 작업구의 기능으로 자재의 반입이나 토사의 반출 등을 행하는 공사를 시공한다.

(2) 쉴드(Shield)공법

개착 공법은 비교적 얕은 터널인 경우에 경제적이지만, 깊은 터널등에는 개착 공법이 적당하지 않다. 이와 같은 경우로 사용되는 것이 쉴드 공법이며, 산악 터널에서도 지반이 연약한 경우에 사용된다. 1869년 런던 테임스강의 하저터널에서 사용된 것이 최초이었으며, 일본에서는 1936년 국철 관문 해저 터널에 사용된 것이 최초이다.

이 공법은 쉴드로 불리는 강제의 통을 터널 굴착의 최선단에 배치하고, 쉴드의 내부 기압을 외부 기압 보다 높게 해 토사의 붕괴를 막으면서 앞면을 굴착하면서 계속 쉴드를 잭으로 전진시키고, 새롭게 만들어진 공간은 일시적으로 실드의 꼬리부분으로, 받히면서 신속히 콘크리트나 강재로 만들어진 세그먼트라고 하는 흙막이의 지보공을 조립하고 전진해 나간다. 그리고 마지막으로 세그먼트의 안쪽을 콘크리트로 복공한다.

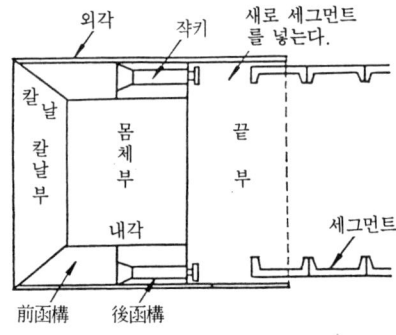

그림 7.8 실드의 구조

(3) 잠함 공법(caisson 공법)

터널을 몇 개로 분할하고, 그 하나하나의 부분을 엘레먼트(element)라고 하는데, 7.1절 (4)에서 기술한 잠함 기초와 마찬가지로 엘레먼트를 시공하여 땅속에서 전부 연결되었을 때, 각 엘레먼트의 양끝에 있는 격벽을 제거하여 1개의 터널로 하는 공법을 잠함 공법 (caisson 공법)이라고 한다.

터널의 엘레먼트 아래바닥판 밑에 작업실을 설치하고, 작업실에서 굴착한다. 굴착된 토사는 작업실에서 바켙으로 외부로 반출한다. 굴착이 진행됨에 따라서 엘레멘트의 자중으로 서서히 침하된다. 만일 작업실 안에 수압이나 토압의 영향으로 지하수나 토사가 유입되어 무너질 위험성이 있을 때는 잠함 기초와 마찬가지로 격벽에 의해 작업실 안의 기압을 높여서 방지한다. 엘레멘트를 소정의 깊이까지 가라앉히면 작업실 안에는 콘크리트를 충전한다. 엘레멘트는 1개 보충하는 동시에 여러 개를 시공하고, 후에 그 중간의 엘레멘트를 가라앉히는 공법으로 하는 경우가 많다.

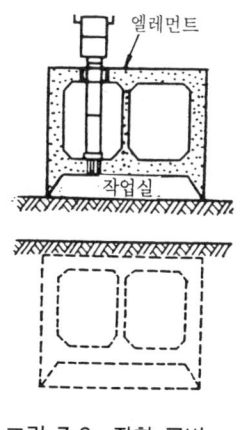

그림 7.9 잠함 공법

(4) 침매식 터널 공법(沈埋式 Tunnel공법)

줄여서 침매 공법이라고 하며, 완성된 터널을 침매 터널이라고 한다. 또 잠함 공법의 터널과 합쳐서 프리하브 터널이라고 한다. 이 공법은 선박을 제조하는 것과 같이 선대(船臺) 위 또는 도크(애차)에서 엘레멘트(어느 길이의 터널 구조물, 침매함이라고 한다)를 만들어, 선박과 같이 진수시켜 공사 위치까지 예항해 나간다. 공사 위치에서는 엘레멘트를 넣기 위해 미리 물밑에 구(溝)를 파두고 엘레멘트를 수면에서 가라앉혀 소정의 위치에 설치한다. 몇 개의 엘레멘트가 땅속으로 연결되었을 때 각 엘레멘트 양단의 격벽을 없애고 1개의 터널로 한다. 또한 터널의 측부와 상부는 토사로 되메운다.

이 침매 공법은 쉴드 공법에 비해 터널의 토피가 대단히 적게 작업이 가능하다는 장점이 있으며, 또 잠함 공법에 비해 수로를 차단하는 기간이 짧은데다가 엘레멘트 상호의 이음이 간단해서 지수효과도 좋다는 장점이 있다. 반대로 작업이 수중과 물밑바닥에서 행해지기 때문에 시공이 어려워 공사비용이 비싸지는 결점이 있다.

일본에서 최초로 만들어진 것은 1935년에 大阪시 安治천 하저 터널(도로용)이 있다. 또한 대규모로 유명한 것은 BART라고 불리우는 샌프란시스코의 지하철용 해저 터널이며, 샌프란시스코만을 횡단해 57기의 엘레먼트로 5.9km의 터널을 축조하였다.

7.5 터널의 이용

터널 속에 무엇을 운반하는 가에 의하여 이용방법이 달라지고 명칭도 다르다.

(1) 수로 터널

물을 유도하기 위한 터널이며, 유역을 변경하거나 단락(短絡)시키기 위해 만들어진다. 물은 관개용으로서 농업용수나 식수로서의 상수도용수나 공업용으로서의 공업용수를 위한 수로 터널도 있지만, 발전을 위한 수로 터널이 많다. 수로 터널내의 수위가 천장까지 달하지 않는 오픈식인 경우도 있지만, 상류쪽에서 수압을 걸어 가능한 한 다량의 물을 보내는 경우도 있다. 이 경우를 압력 터널이라고 하며, 수압이 걸리기 때문에 터널 내부의 복공은 철근콘크리트로 단단하게 만들어진다.

사진 7.1 수로 터널(중국)

(2) 철도 터널

철도의 열차를 통과시키기 위한 터널인데, 현재 일본의 철도는 전력화한 것이든지 디젤화

한 것으로 증기기관차와 같이 배연 걱정은 없다. 다만, 터널은 지하수가 누수되므로, 이 누수된 물을 터널 밖으로 자연으로 배수하기 위하여 터널의 양쪽 또는 한쪽에 배수로를 위한 경사가 설계된다. 만일 자연으로 배수할 수 없을 때는 펌프를 사용해 강제적으로 배수한다. 또 만일의 경우 터널내의 열차 화재를 대비하여 방재 설비가 장치된다.

(3) 도로 터널

자동차나 사람이 통과하기 위한 터널이므로 자동차의 배기 가스가 운전자와 탑승자와 통행인에게 지장을 주지 않도록 해야 한다. 터널의 길이가 짧고 자동차의 교통량이 적은 경우에는 자연풍의 힘으로 터널내의 배기 가스가 터널 밖으로 날아가 버리지만, 터널의 길이가 길어지고, 자동차의 교통량이 많아지면 자연의 힘으로는 충분히 배기할 수 없기 때문에 터널내에 환기 설비를 장치해 강제적으로 배기함과 동시에 신선한 공기를 바깥으로부터 터널내로 보내준다. 또한, 지하수가 누수되어 물의 배수나 만일의 경우 터널내의 자동차 화재에 대비해 방재 설비도 장치된다.

사진 7.2 프랑스와 이탈리아를 잇는 심플론(Simplon) 도로 터널

도로 터널에는 다음과 같은 부속 시설이 장치된다.

(a) 터널 조명 시설

낮에 터널의 바깥 도로에서 터널로 들어갈 때는 시각 차이로 사람의 눈은 터널안의 어두움에 순응하지 못해 모두 컴컴하게 보인다. 그래서 최소한으로 필요한 완화 조명을 입구에 설치한다. 그 후 사람의 눈이 어두움에 익숙해지면 어느 정도 밝기의 조명으로 충분하다. 출구에 가까워지면 바깥이 밝아 터널안이 보이지 않으므로 이것을 막기 위해서 출구에 완화 조명을 설치한다. 조명 기구는 천장에 나트륨 램프나 형광 램프를 설치하는 경우가 많다.

(b) 터널 환기 시설

① 종류식(從流式), ② 반횡류식(半橫流式), ③횡류식의 3종류가 있다. ①의 종류식은 천장에 송풍기를 달아 환기를 위한 바람을 종방향으로 터널 속으로 보내는 것으로, 공사비는 싸지만 장대 터널에는 바람직하지 않다. ③의 횡류식은 신선한 공기를 보내는 송기 닥트(duct)와 배기 가스를 포함한 공기를 보내는 배기 닥트(duct)가 있는데, 송기는 측벽의 하부로부터, 배기는 천장으로부터 한다. 공사비는 비싸지만 장대 터널용이다. ②의 반횡류식은 송기 또는 배기의 어느 쪽을 닥트를 사용하는 중간적인 방법이다.

(c) 터널 비상용 시설

통보 경보 설비로서 비상 전화, 누름버튼식 통보장치, 화재경보기, 비상경보장치가 있다. 소화 설비로서 소화전, 물 분무기가 설비되어 있다. 피난 유도 설비로서 U-턴로, 피난통로, 유도 표시표, 배연 설비가 있다. 정보 설비로서 라디오 재방송 설비, 확성 방송 설비, 감시 장치가 있다.

(4) 광산 터널

석탄이나 광물 등을 수송할 때는 벨트 컨베이어가 사용되는 경우가 많다. 벨트 컨베이어는 직선이 요구되므로 터널 구간이 생기는 경우가 많다. 배기의 우려나 방재 설비는 필요 없지만, 배수만은 필요하게 된다.

(5) 공동구

도로의 지하에 터널식의 구조물을 설치하여 전력이나 가스나 상수도 등의 공급 시설 외에 전화선·유선 텔레비전 등의 정보 시설이나 하수도 등의 처리 시설(이들을 총칭해 도시 시설이라고 한다)을 정리해 수용할 수 있는 것을 공동구라고 한다. 공동구의 내부에는 사람이 들어가 점검이나 보수 증설 등의 작업이 가능하게 되어 있으며, 이것에 의해 이들 도시 시설의 보수 관리가 더욱더 완전히 저렴하게 할 수 있다.

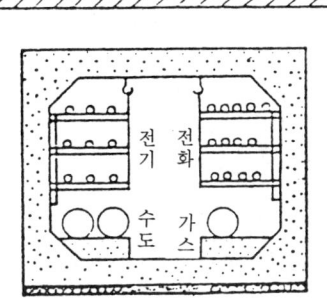

그림 7.10 공동구

(6) 석유 지하 비축 터널

한국은 석유의 전량을 해외에 의존하고 있으므로 석유 비축의 필요성이 높다. 비축 방법의 하나로서 지하 비축이 있으며, 원통형의 석유 탱크를 지하 깊숙히 묻는 방식과 지하의 암반 속에 터널을 굴착해 공동(空洞) 그대로 석유를 넣는 방식이 있다. 외국의 경우에는 후자의 방식으로서 광산의 폐갱을 이용하거나 암염층을 이용하는 예가 있는데, 어느 것이나 지하 터널에 석유를 넣어 보다 높은 지하수의 수압을 이용해 석유의 누출을 막아 안전하게 저장한다.

연구 과제

7.1 각 종류의 기초 특징을 비교 검토하시오.
7.2 지하 댐의 사례에 대해서 조사하시오.
7.3 산악 터널과 평지 터널을 비교 검토하시오.
7.4 철도 터널과 도로 터널의 특징을 비교 검토하시오.
7.5 공동구의 이점을 열거하시오.
7.6 세계적으로 유명한 터널(해저터널, 장대터널)에 대하여 조사하고 자료를 수집하시오.

제 8 장

교 량

8.1 교량의 역사

교량이란 매우 함축된 단어로서, 대개 다리라고 말한다. 아주 오랜 옛날에 인류가 정착하게 되어 주거를 중심으로서 사방을 향해 길을 정하게 되었는데, 그 길이 자연의 장애인 하천을 건너갈 수가 없는, 하천이 길의 끝이 되어 있었다. 그러던 중 강을 건너가는 기술을 습득하게 되었다. 우리 나라의 교량은 지역적으로 볼 때에도 중국문화의 영향이 크다고 봐야 할 것 같다. 옛날 일본은 말은 있어도 문자가 없었다. 길의 끝에 놓았기 때문에 "端(はし, 끝의 의미)" 이라고 불렀다. 그 후 우리 나라 한반도의 백제로부터 한자가 전해져, 수(중국)나라 당나라(중국) 문화가 한국을 통하여 일본으로 들어가게 되어 "橋"라고 하는 한자가 일본어의 "끝"에 해당하기 때문에 橋(다리)라고 불리게 되었다.

아주 옛날의 사람은 작은 강에는 통나무를 걸쳐서 다리라고 하였으며, 큰 협곡에서는 양쪽 기슭에 등나무 덩굴을 걸치고 디딤판을 매달아 다리를 놓았다. 그러나, 이와 같은 나무 등을 사용해 만들어진 다리는 부식되기 쉬워 유실하거나 소실하기도 하므로 몇 십년 마다 교체해야 했다.

다리를 제조하는 재료로서는 나무 외에 돌이 있었다. 돌로 만들어진 석교는 부식되지 않아 영구적이지만, 석판을 걸쳐놓는 형태의 다리에서는 작은 강이라야 걸칠 수 있었다. 큰 강을 걸치는 것은 석조아치교로 할 수 밖에 없었다. 이 아치의 원리를 발견한 것은 이탈리아 서부에 있었던 에토루리아인이었으며, 로마제국에 정복된 후에 로마제국의 넓은 영토에 많은 석조아치교가 만들어졌다. 이 기술이 실크 로드를 통해 고대의 중국으로 건너갔으며, 중국에서는 양질의 석재가 산출되면서 사진 1.4에 나타내었던 安濟橋를 비롯해 많은 석조아치교가 만들어졌다.

사진 8.1 로마시대의 석조아치 水道橋(로마)

한편, 로마제국의 지배이었던 포르투갈이나 스페인에서 석조아치교의 기술이 매우 발달하였다.

사진 8.2 일본 長崎의 아치형 다리(석조아치교)

나무나 돌이 아니고 철이 근대 교량의 재료로서 사용된 것은 200년 전쯤 영국에서 아치교가 가설된 것을 시작으로 한다. 이것은 주철을 사용한 30m 정도의 다리이었는데, 그 후 철이 개량되어 신뢰성이 높은 강철이 만들어졌으며, 뉴욕의 중앙 경간(지점간의 거리를 경간이라고 한다) 487m의 Brooklyn교(도로교)가 1883년에 가설되었으며, 영국의 중앙 경간 521m의 포스교(철도교)가 1889년에 가설되었다.

근대 교량으로서는 콘크리트교가 있다. 철근 콘크리트가 발명되어 다리에 사용하는 것이 생각되어 1873년에 비로소 프랑스에서 가설된 후 전세계로 파급되었다.

8.2 교량의 종류

(1) 용도에 따른 분류

1) 도로교……도로가 하천이나 바다나 호수를 건너가기 위해 가설된 다리를 말한다.
2) 철도교……철도가 하천이나 바다나 호수를 건너가기 위해 가설된 다리를 말한다.
3) 병용교……도로교와 철도교 양쪽으로 사용되는 것을 말한다.
4) 수로교……상수도가 하천이나 바다나 호수를 건너가기 위해 가설된 다리를 말한다.
5) 과선교(跨線橋)……역 구내 그밖에 철도 선로를 걸쳐서 가설된 다리를 말한다.
6) 육교……보행자를 위해서 도로를 횡단해 가설된 다리를 말한다.
7) 선차연락교……화물차 항공수송선과 육지를 연결하는 가동교를 말한다.
8) 선교……배를 여러척 나란히 늘어놓고 그 위에 판(板)을 늘어놓은 다리를 말한다.

사진 8.3 선교(이탈리아)

(2) 사용 재료에 따른 분류

(a) 목 교

저렴하고 가설도 간단하지만 수명이 짧다는 결점이 있으며, 현재에는 특별한 경우를 제외하고 임시교 외에는 사용되지 않는다

(b) 석 교

석재는 인장력에 대해서는 약해도 압축력에 대해서는 강하다는 장점을 이용하여 주로 아치교에 사용된다.

(c) 철 교

강재는 인장력에 대해서도 압축력에 대해서도 강하다는 장점을 이용해 교량에 폭넓게 사용된다.

(d) 철근 콘크리트교

인장력에 대해서는 철근에, 압축력에 대해서는 콘크리트에 대응한다는 장점이 있어서 교량에 폭넓게 사용된다.

(3) 상부 구조를 역학적으로 분류

교량의 형식을 다음과 같이 기술한다.

8.3 교량의 형식

(1) 거더교(girder bridge)

작은 교량에서는 목교로서 통나무로 가설하고 그 위에 판(板)을 깐 것으로, 통나무를 거더로 사용하기 때문에 거더교라고 한다. 임시교로서는 목재를 사용하지만, 철교로서는 I형의 강제 거더를 사용하고, 또한 박스형의 단면을 갖는 거더를 사용하면 장경간의 교량이 가능하다. 통나무 거더와 판(板)의 상판(床板)을 철근 콘크리트로서 일체화하여 만들어진 콘크리트교량도 있다. 또 거더로 강제 거더를 사용하고, 바닥판에 철근 콘크리트를 사용한 것을 합성 거더교라고 한다. 또한 교량거더는 보통 교각(하천 속에 설계된 교량거더를 얹어 놓는

하부구조물)이 끊어져 이어지지 않고 있지만 그것과 인접하여 있는 다른 교량거더도 일체구조물로 보고 전체를 1본으로 취급하는 경우를 연속 거더교라고 한다.

(2) 아치교(arch bridge)

아치란 하중에 의해 수평 방향으로 작용하는 힘을 지지하기 위해서 윗쪽을 향해 호형태로 만곡시키게 되면 교대(다리의 양쪽끝에 설치된 교량거더를 얹어 놓는 하부 구조물)에 수직 방향으로 작용하는 힘과 동시에 수평 방향으로 작용하는 힘을 시지시키는 것을 말한다. 앞에서 아치교는 돌을 재료로 하여 로마제국 시대의 오래된 시대부터 만들어졌으며, 석재는 내구성이 풍부하기 때문에 사진 1.4에 나타낸 1,200년경 당나라(중국)의 安濟橋를 비롯해 기원전 62년에 가설된 로마의 패브리치오교도 현재도 교통용으로 이용되고 있다. 중국에서

사진 8.4 중국 湘江대교(콘크리트·아치교)

사진 8.5 錦帶橋(나무 아치교)

사진 8.6 西海橋(鋼 아치교)

는 현재에도 석조아치교가 계속 가설되고 있다.

근대 교량으로서, 철이나 철근 콘크리트가 재료로서 사용되었던 시초에는 어느 것이나 아치교이었다. 원시적인 통나무다리는 별도로 하고, 인류가 교량으로 생각한 최초의 형식은 아치교이었다.

또한, 교대에는 수직 방향의 힘과 수평 방향의 힘이 작용하므로 교대는 큰 구조로 된다. 이것을 피하기 위해서 아치의 하부를 텐션재(緊材)로 연결하는 형식이 되므로, 이것을 타이드·아치교라고 한다.

(3) 트러스교(truss bridge)

직선부재를 삼각형으로 체결하고, 이 삼각형을 기본으로 하여, 옆으로 차례차례 조합해 나가는 구조로 되어 있는 것을 트러스교라고 한다. 역학적으로 합리적으로 설계할 수 있는 특징이 있지만, 통행로가 트러스 아래 부분에 있는 형식(하로식 트러스라고 한다)인 경우에, 철도교 등의 경우는 별도로 하고, 도로교의 경우 측방의 부재가 운전자에게 압박감을 준다는 결점이 있다. 또한, 하로식 트러스교는 차량이 떨어질 것 같은 인상을 준다. 트러스에는 Pratt·truss, Petit·truss, Warren·truss, Howe·truss, K truss 등의 종류와 형식이 있다.

(4) 게르버교(Gerber bridge)

거더교에서도 트러스교에서도 중간에 양쪽 거더 사이를 핀으로 고정시키는 교량을 말하며, 도로교에 많다. 예를 들면 트러스교인 경우에 게르버·트러스라고 한다.

(5) 랭거교(Langer bridge)

거더교 또는 트러스교인 경우에 보강을 위해서 아치형의 부재를 더한 교량을 말한다. 아치교와 혼동하기 쉬운 형식이므로 주의를 요한다.

사진 8.7 山口縣 大島대교(하로식 트러스교)

(6) 로제교(Lohse bridge)

랭거교와 유사한데, 격점을 단단하고 강하게 하는 교량을 말한다.

(7) 라멘교(Rigid-frame bridge)

교량의 거더와 교각이나 교대가 일체로 되어 있는 교량을 말한다.

(8) 현수교

교량거더를 케이블로 달아맨 구조로, 케이블이 하중을 지지하는 것을 현수교라고 한다. 케이블은 인장력만 걸리므로 인장력이 강한 강선을 필요로 하는데, 교량거더를 가볍게 할 수 있는 특징이 있어서 최대경간의 교량 형식으로서는 가장 적당한 것이다. 다만 유연한 구조이기 때문에 바람을 받으면 진동하기 쉬운 결점이 있으므로 바람의 대책이 필요하게 된다.

현수교로 유명한 것이 1938년에 완성된 샌프란시스코의 골든 게이트교(중앙경간 1,280m)인데, 1981년에는 중앙경간 1,410m인 영국의 한바교가 완성되었다. 일본에서는

關門橋 외에 중앙경간 1,000m급의 本四연락교인 因島대교, 大鳴門교, 南北 備讚瀨戶 대교, 明石 해협 대교 등이 있으며, 明石 해협 대교는 중앙경간 1,991m로 세계 제일이다.

사진 8.8 明石 해협 대교(本四公團 제공)

(9) 사장교

주탑으로 부터 비스듬히 길게 뻗어있는 케이블로 교량거더를 지지하는 구조의 교량을 사장교라고 한다. 주탑에는 1개 기둥, 2개 기둥, 문형탑(門形塔) 등 여러 가지 형태가 있으며, 케이블이 뻗치는 방향도 주탑으로 부터 방사상으로 분산되는 것이나, 각 케이블을 평행으로 배치한 것 등이 있으며, 이들을 조합함으로서 미관상 우수한 형상으로 할 수 있는 특징이 있다.

사장교는 제2차 세계 대전후에 독일에서 발달했던 것으로, 라인강에는 여러 가지 형식의 사장교가 가설되어 있는데 동일한 것은 하나도 없다. 그 후, 세계 각국에서 사용되고 있으며, 일본에서도 大和川 교량, 名港西대교, 橫浜 베이 브리지 등이 있다.

(10) 가동교

항로로 되어 있는 바다나 하천에 가설하는 교량으로서, 앞뒤로 설치되는 관계등으로 너무 높게 할 수 없는 경우에 선박의 항행에 지장이 없도록 상부 구조를 움직일 수 있는 구조로 하는 교량을 가동교라고 하며, 다음의 종류가 있다.

(a) 도개교(跳開橋)

상부 구조가 선박을 통과시킬 때 한쪽이 위로 올라가는 교량을 말한다(사진 8.9 참조).

사진 8.9 愛媛縣의 長浜대교(선박의 항행을 위해 다리가 위로 올라간다. 愛媛縣 長浜町 제공)

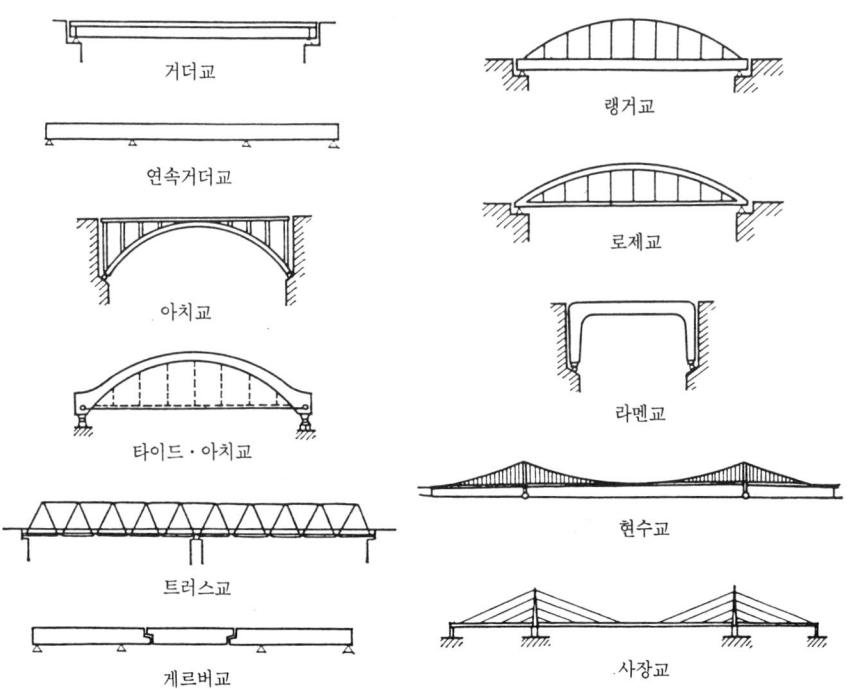

그림 8.1 교량의 형식

(b) 선개교(旋開橋)

상부 구조가 선박을 통과시킬 때 교각을 축으로 하여 수평에 직각으로 회전할 수 있는 교량을 말한다.

(c) 승개교(昇開橋)

상부 구조를 선박을 통과시킬 때 상공과 수평으로 매달아 올릴 수 있는 교량을 말한다.

8.4 하부 구조

교량의 하부 구조는 거더나 트러스 등의 상부 구조에서 전달되는 하중을 안전하게 지반에 전달하는 역할을 하는 것으로, 모든 하중에 대해 쓰러지거나 침하하거나 미끄러지지 않도록 안전한 구조라야 한다. 또 홍수가 일어날 때는 하천바닥이 깊게 패여 이동되는 경우도 있으므로 이것에 대해서도 충분히 안전하도록 밑둥깊이를 깊게 할 필요가 있다.

(1) 교대(ABUT)

교량의 양단에 설치되는 하부 구조물이므로 측면 및 뒷면은 성토를 하는 경우가 많다. 일반적으로 콘크리트 또는 철근 콘크리트로 만들어지는 경우가 많아 그 중력에 의해서도 상부 구조에서 전해지는 하중을 지지하도록 되어 있다. 또한, 다음의 교각과 같은 형식의 교대로 하는 경우도 있다.

(2) 교각(PIER)

교량의 중간에 설치되는 하부 구조물이며, 일반적으로 콘크리트 또는 철근 콘크리트로 만들어지는 경우가 많다. 그리고 하천 속에 설치할 때는 하천의 유수에 대한 저항을 적게 하기 위해서 원형이나 타원형이나 첨두형(尖頭形)으로 하는 것이 많다. 또한 과선교나 깊은 계곡 등, 하상(河床)에 설치하지 않는 경우에는 강재를 사용해 거더나 트러스 등으로 하기도 한다.

(3) 기 초

교대나 교각은 수중이나 땅속에 만들어지는 경우가 많고, 그 바탕에는 7.1절에서 설명한 기초공사가 시공된다.

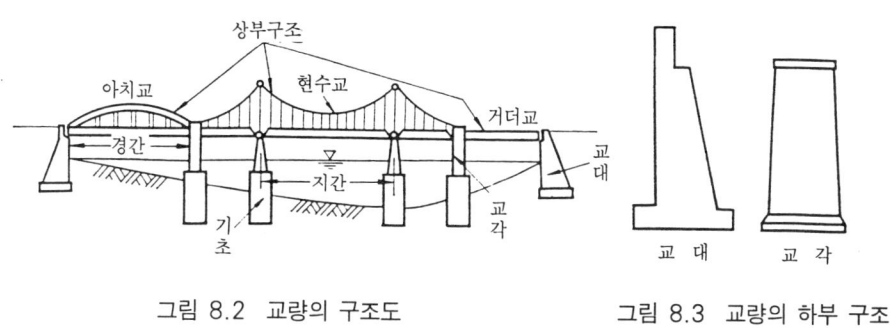

그림 8.2 교량의 구조도   그림 8.3 교량의 하부 구조

8.5 교량의 계획 설계

(1) 교량의 계획

교량을 계획할 때는 우선 하천의 어느 곳을 건너가는가를 결정한다. 하천은 아무데서나 다리를 놓아도 되는 것이 아니라 하천 쪽에서 보아 지장이 없는 장소를 선정한다. 그리고 교대나 교각의 위치 등도 하천 쪽에서 보아 지장이 없는 장소를 정한다. 이것에 따라 교대나 교각의 간격인 경간이 정해지게 되며, 경간의 대소에 따라 교량의 형식이 정해지는 경우도 많다.

교량의 넓이는 철도교의 경우에는 단선인가 복선인가에 따라 정해지지만, 도로교의 경우는 앞뒤의 도로와 같은 경우가 많다. 다만 교량의 공사비가 높아지므로, 공사비의 절약을 위해서 교량 부분만 앞뒤의 도로에 비해 중앙분리대나 보도나 갓길 등의 폭을 조금 좁게 하는 경우가 있다.

(2) 교량에 걸리는 하중

교량에 걸리는 하중에는 ① 교량 자체의 중량(자중이라고 하며, 사하중이라 한다), ② 자동차 하중 또는 열차 하중(수도교(水道橋)일 때는 물 하중, 활하중이라 한다), ③ 보도의 군집 하중, ④ 활하중에 의한 진동 등의 충격 하중, ⑤ 바람에 의한 하중, ⑥ 눈(雪)에 의한 하중, ⑦ 지진에 의한 하중 등이 있다.

교량에 대해서 영향이 큰 것은 바람이다. 영국의 타이교(철도 트러스교)가 30m/초의 바람으로 여객 열차 모두 강물에 추락한 예나, 미국의 타코마·나로즈교(도로 현수교)가 19m/초의 바람으로 바다 속에 빠진 예가 있다.

교량의 구조 설계를 할 때는 위의 하중 종류와 크기를 정해야 하는데, 편의상 과거의 경험이나 공학적 판단에 의거하여 가능한 한 현실에 맞도록 단순화 하여 고려한다. 이것을 설계 하중이라고 한다.

(3) 교량의 설계

지간이 결정되면 다음에는 교량의 형식을 어느 것으로 하는지 검토하게 되는데, 8.3절에서 기술한 형식 중 현수교나 사장교는 주요부재의 케이블을 인장재로 사용하기 때문에 재료의 강도 특성을 가장 유효하게 이용하는 장점이 있어서 경간 큰 교량에 적합하다. 아치교나 타이드·아치교는 주요부재를 아치의 축력으로 압축력에 대항하는 장점이 있으며, 현수교나 사장교 등에서도 비교적 경간이 큰 교량에 적합하다. 그 밖의 형식은 주요부재를 인장력과 압축력 양쪽으로 이용하고 있어서 경간이 가장 작다.

8.6 교량의 가설

교량은 제작하기 쉽고 수송하기 쉽도록 공장에서 분할해 제작된다. 분할된 부재는 공장에서 현지로 수송되어 교대와 교각 사이에 가설하여 완성시킨다. 콘크리트교는 재료를 현지로 가지고 가 구분해 순서를 따라 타설된다. 이러한 것을 교량의 가설이라고 하는데, 교량이란 완성된 상태에서 힘이 평형을 이루도록 설계되어 있으므로 도중의 단계에서는 반드시 힘의 평형이 이루어지지 않는다. 그래서 완성될 때까지 끊임없이 힘이 평형을 이루도록 가설할 필요가 있으며, 게다가 현지에 가장 적합하고 확실하게 안전하면서 경제적인 공법을 선정할 필요가 있다. 가설 방법에는 다음과 같은 것이 있다.

(a) 비계식 공법

강제 또는 목제의 임시 비계를 조립하여 그 위에서 가설하며, 완성 후 비계를 제거하는 공법으로, 교량 아래에 닿는 높이가 별로 높지 않은 경우에 잘 사용된다.

(b) 크레인식 공법

크레인을 사용해 부재를 소정의 장소까지 들어 올려 가설하는 것으로, 경제적으로 공사기간도 짧게 해결되지만, 어디에서나 사용할 수 있는 것은 아니다. 물위를 건너오는 교량에서는 크레인선이 사용된다.

사진 8.10 크레인선에 의한 일괄 가설

(c) 케이블식 공법

양쪽에 케이블 와이어를 걸치고 케이블 크레인으로 부재를 운반하는 것으로, 산골짜기 등에서 사용된다.

(d) 캔틸레버식 공법

캔틸레버보로서 차례로 부재를 연결해 나가는 공법인데, 임시로 연결항장재(連結抗張材)나 가설의 항압재(抗壓材) 등을 설치할 필요가 있다. 콘크리트교인 경우에 디비닥 공법으로 불린다.

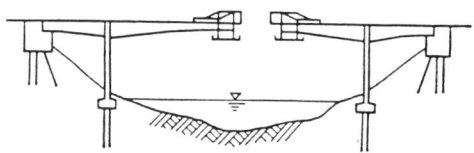

그림 8.4 디비닥 공법

(e) 인출식 공법

마무리된 교량거더에 가설 거더를 붙여서 세로로 빼내는 공법으로 철도교에 많다.

(f) 쌓기식 공법

　석조아치교를 건설할 때 사용되는 공법이며, 갈수기에 하천을 횡단해 아치의 높이까지 자갈을 쌓아올린다. 도중에 쐐기돌을 넣어둔다. 쌓아 올려진 자갈 위에 아치의 부재로서 잘게 쇄석된 석재를 소정의 위치에 배치해 나간다. 아치부 전체가 완성되었을 때 도중의 쐐기를 뽑고 가설을 위해 쌓아올린 자갈을 무너뜨린다.

사진 8.11 석조아치교의 가설(중국)

8.7 교량의 관리

　토목 구조물은 준공할 때부터 유지 관리한다는 것은 이미 기술하였는데, 교량에 대해서는 특히 필요하다. 그것은 강재를 사용한 교량인 경우, 철이 안정된 상태인 산화철로 되돌아가려 하기 때문이다. 그래서 교량에 사용된 강재가 녹이 슬게 되므로 계속 도료를 鋼面에 도포해 둘 필요가 있다. 그 밖의 부재에 대해서도 유지 보수를 게을리하지 않아야 한다.

연구 과제

8.1 자신이 거주하는 근처에 있는 교량에 대해서 그 종류와 형식에 대해서 조사하시오.

8.2 거더교의 장점·결점을 조사해 보시오.

8.3 아치교의 장점·결점을 조사해 보시오.

8.4 트러스교의 장점·결점을 조사해 보시오.

8.5 현수교의 장점·결점을 조사해 보시오.

8.6 교량의 가설 공법에는 여러 가지기 있는데, 어떤 경우에 어떤 공법이 적당한지 검토하시오.

제 9 장

하 천

9.1 물의 순환

지구상에는 13~14억 입방(立方)킬로미터의 물이 존재하는 것으로 추정되며, 그 중에 해수가 97.2%, 얼음이 2.15%, 하천이나 호수나 지하수 등의 육지물은 0.64%라고 한다. 그리고 이 거대한 바다의 표면에서 1년간 33만입방킬로미터의 물이 증발하고, 호수나 육지에서 6만입방킬로미터나 되는 물이 증발하고 있다. 이 증발한 물은 수증기가 되어 바람을 타고 육지로 바다로 흐른다. 수증기는 응축되어 비나 눈이나 싸라기눈이나 진눈깨비로 떨어진

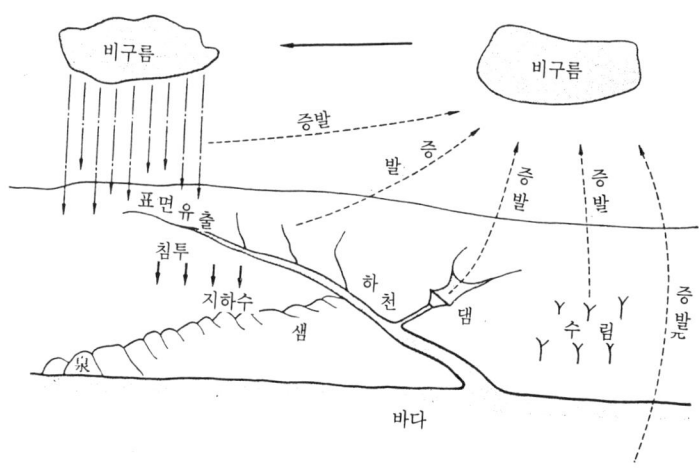

그림 9.1 물의 순환

다. 도중에 다시 증발하는 것도 있지만, 대부분은 지구상에 도달한다. 그리고 바다와 육지와의 비율로 땅에 내린다.

　육지에 내리는 물의 대부분은 지표를 흘러 하천이 되어 단기간 사이에 바다로 되돌아 온다. 일부는 직접 증발하지만, 다른 일부는 땅속으로 침투한다. 이 침투된 지하수가 바다로 되돌아가려면 오랜 기간을 요한다. 땅속깊이 도달해 바다로 흘러가 바닷물과 합류되거나 용수 되어 지표로 솟아오르는 외에 동물이나 식물에 스며들어 다시 증발하는 경우도 있다. 위에서 땅에 내린 물을 모아 바다로 유도하는 것이 하천이다.

　우리 나라의 자연자원은 풍부하지 않지만 일찍부터 강·하천수의 혜택을 비교적 크게 받아 왔으며, 강·하천수가 수자원이용의 대종을 이루어 왔다. 그러나 6, 7, 8월의 여름철 호우와 8, 9월 빈번히 내습하는 태풍은 홍수의 원인이 되어 전답과 가옥유실 및 매몰로 하천연안 주민들에게 큰 고통을 연중행사처럼 가져다 주었다. 따라서 치수와 이수는 국가의 큰 과제로 부각되었다. 이와 같은 한반도의 지리적, 자연적 특성에 따라 우리 선조들은 주어진 자연 기상여건을 극복하기 위하여 슬기로운 치수사업, 수리사업을 하여 왔다.

　우리 나라는 고대부터 인접한 중국대륙의 토목기술을 도입하여 모방하는 데 그치지 않고 독자의 토목기술을 개척하였으며 이를 인접 일본국으로까지 전파하였다.

　전답을 홍수로부터 보호하고 하천수를 관개에 이용하는 수리기술은 고대부터 매우 중요한 역할을 하였다. 우리 나라 농경지는 대체로 강·하천 중하류의 충적평야에 위치하므로 하천의 적절한 관리는 우리 나라의 자연조건에 기인하는 하천의 수문특성을 파악함이 없이는 불가능하였다. 특히 농사는 천하지대본(天下之大本)으로 국민생활의 근간이었기에 고대로부터 소류지, 저수지 및 용수로의 축조가 활발히 이루어졌음을 알 수 있다.

　B.C. 3세기 백제 다루왕(多婁王) 6년(33년)에 벼농사를 처음 시작한 이후 한발시에는 농업용수부족을 해결하기 위한 관개수리사업, 홍수시에는 가옥전답과 농작물보호를 위한 치수사업 등으로 계절 강우량의 변동을 고려한 미작농업을 위하여 역대왕조는 치정의 근본을 물의 관리에 두었다.

　벼의 담수재배를 위한 토목기술은 보, 제언, 방수제, 용수제, 저수지 등 농업토목시설물 구축으로 발전되어왔다. 최초의 치수사업은 신라 흘해왕(訖解王)(330년) 때 김제의 벽골제(碧骨堤)(제방길이 3,240m, 제방높이 4.3m, 마루폭 7.5m)축조라 할 수 있다. 이외에도 삼국시대의 저수지로서 현재까지 잔존하는 것은 영천의 청제(菁堤), 제천의 의림지(義林池), 상주의 공검지(恭儉池), 밀양의 수산제(守山堤) 등이다.

이러한 기술을 가진 우리 나라 선조는 일본으로 건너가 대규모의 저수지를 축조하였으며 이것은 고려지로서 현재까지 호칭되어 왔다. 이때에 우리 선조가 일본에 전달한 토목기술은 오랜 경험이 누적된 결과로서 고대일본 토목기술에 큰 영향을 주었다고 평가되고 있다.

또한 백제의 학자들은 측량기술을 일본에 전달하였으며, 이때 고려척이라 하여 700년까지 일본의 토지측량에 편리하게 사용되었다. 645년 이후 중국의 대륙문화는 우리 나라 고위 관료 들에 의한 일본의 불교전파와 함께 이들이 또한 여러 토목사업을 지도하여 중국의 대륙문화를 한국을 통해서 일본에 전국적으로 침투하였다.

고려조 때는 전란의 기간이 474년간이었기에 정치가 불안정하고 치수와 이수 등 토목기술이나 토목행정에 별다른 발전은 없었지만, 995년 수자원을 전담하는 우수부가 설치되었고, 1198년에는 국토개발을 관장하는 산천비보도감(山川裨補都監)이 설치되기도 하였다. 또한, 농업기상을 위하여 천문기상기구인 서운관제도(書雲觀制度)가 도입되었다.

기록에 의하면 조선말까지 약 136회의 한발과 약 123회의 홍수가 나타나고 있어 우리나라는 삼국시대, 고려, 조선에 이르는 동안 여름, 장마철 강우의 편재현상 때문에 강우에 대한 많은 관심을 가져왔다. 세종 초기에는 강우량 측정방법을 발전시켜 오다가 세종실록기록에 따르면 세종 23년(1441년)에 처음으로 측우기를 사용하게 되었으며 동시에 서울 청계천과 한강변에 목주로 된 수표를 세워 수위 측정을 실시하였다. 특히, 강우량을 수심으로 나타내고 우량급(미우, 세우, 소우, 하우, 여우, 표우, 대우, 폭우)을 분류한 것은 우리 나라 수문기상학의 출발점이 되었으며, 이는 이태리인 카스텔 리가 1639년 강우량측정을 시작한 해보다 198년 앞서는 것으로서 그 과학적인 측정방법은 자랑할 만한 수문사의 한 페이지로서 특기할 만하다.

조선시대의 치수는 국가의 중요사업으로서 조선건국 초기 태조 4년(1395년)에는 근농관제도(勤農官制度)를 두었으며, 제언수축에 태만하는 수령(군수·영감)은 변방으로 추방하기까지 하여 치수와 이수 시설의 건설과 관리에 노력하였다.

그러나 연산군 원년에서 인조 17년까지(1495~1639년)의 144년간은 임진왜란, 병자호란으로 국토가 황폐하였고 치수·이수사업은 침체하였다. 선조 35년(1602년)에 선천에 수로를 12km개착한 일도 있었지만 한편으로는 사회기강의 문란으로 세도가들이 제언을 점유하고 제언내의 토지까지 도용하는 일이 있었다.

한편, 인조 18년에서 정조 24년까지(1640~1800년) 160년간은 치수·이수사업이 다시 부흥하여 1663년(현종 3년)에 임란이후 제언사(堤堰司)를 다시 부활시켰고 영조·정조대에 실학파에 의한 토지제도의 개혁과 농업기술의 개량 등의 주장으로 정조 2년(1778년)에 제언절목(堤堰節目)이 공포되었다. 정조 6년(1782년)에 조사된 전국의 제언수는 3,378개소에 이르고 있다. 숙종조(1675~1720년)의 강화도 축제와 영·정조대의 고언수축과 낙동강의 하천수방 사업으로 축조된 달성(현재 대구시)의 방천은 유명하다.

순조 1년(1801년)부터 한일합방 해인 1910년까지는 안동 김씨의 외척 세도정치에다 정치부패, 매관매직 등으로 탐관오리의 발호와 더불어 청, 일 등 열강국에 의한 내정간섭과 한해와 수해의 빈발, 민란 등으로 치수·이수사업은 쇠퇴하였다. 이러한 혼란을 틈 탄 훼손과 사유화, 산림남벌 등으로 국토산천은 황폐화하였다. 따라서 1854년(철종 5년)의 청주 북삼면의 혜정제의 완공 이외에는 별다른 치수·이수공사기록은 없다.

조선시대의 치수 및 이수공법은 오랜 경험 누적에 의한 공법이었다. 치수공사를 위한 토목재료는 토목이란 이름 그대로 흙(土), 나무(木), 돌(石)에 한정되었으며 토목시공은 주로 현지 주민의 인력동원 아니면 축력이었다. 따라서, 예부터 제언공사는 강우에 의하여 토사가 유실되지 않도록 큰 나무를 이어서 가로막은 다음에 기둥으로 그 뒤를 지지해서 움직이지 않게 하고 바닥에는 많은 돌을 쌓고 돌이 없으면 솔나무 가지를 많이 쌓아 월류할 때 파괴되지 않도록 하는 축제 공법을 하였다.

또한 조선조 500년을 통하여 일관되어 온 저수지 공법은 1395년(태조 4년)의 정분에 의하여 시공된 오늘날의 취수탑과 같은 혈주연통공법이었다. 이 수통공법은 이후 1778년(정조 2년)에 전주의 영금제와 행광신제에도 적용하여 수통이 설치되었다 하는데 이는 삼국시대에 우리 고승이 일본에 전수한 통수(대나무로 수평으로 부는 통소) 취수관의 일종으로 추정된다. 이 밖에 1798년의 정조실록에 의하면 도수잠관공법(인수법)이 영암의 정시원에 의하여 창안되어 널리 사용되었는데 오늘날의 역싸이폰식 도수관 공법과 비슷한 것으로 전
답에서의 관개도수에 이용되었다. 간척기술도 정다산(丁茶山)의 목민심서(牧民心書)에 기록되어 있는데 거중기에 의하여 큰 돌을 운반하고 풍파에 의한 파력의 충격을 막기 위한 한조대(.潮台)의 설치방법이 기록되고 있다. 또한, 1706년에 강화도 서두포간척공사의 상계와 착공보고 등의 공사지가 있다.

고려와 조선시대의 우리 나라 교통은 주로 강운(하천 수운)과 해운이 주종을 이루었다. 주기능은 영남과 호남의 조곡을 개경(개성)이나 한양(서울)으로 운반하는 일이었다.

만기요람(萬機要覽)에는 조운로(항로 또는 수로)로서 해양사고가 발생하기 쉬운 지점에는 소위, 오늘날의 운하에 해당하는 굴포공사(가로림만과 천수만을 연결하는 길이 8km 굴포공

사)가 시도되었다. 1134년(고려 인종 12년)에서 1669년(이조 현종 10년)까지의 534년 사이 전후 10회에 걸쳐 공사가 수행되었으나 개통하지 못하였다. 또한 많은 강에는 만선장(진)을 두어 도함이라는 관리를 두었다. 수운로로서 험난지역은 손돌항, 안홍량, 관장항인데 여기서 손돌항 선로를 거치지 않고 인천외해에서 바로 한강에 연결되는 직강(첩수로) 공사도 그 당시에 수립되고 착공된 바 있다.

만기요람에 의하면 오늘날 김포평야의 관개용수로를 위한 김포굴포공사를 고려조에 최이(崔怡), 그 300년 후인 조선조 중엽에 김안로(金安老)에 의해 재차 시도에서는 물의 순환에 관한 수문개념을 엿볼 수 있다.

18세기에 서구에서 시작된 근대적인 토목공학과 토목기술은 동북아시아에서는 가장 먼저 일본이 도입하였다. 이때 일본은 부국강병 정책에다 토목기술을 대륙 침략수단으로 사용하였다. 1910년 한일합방에 의하여 일인은 파행적으로 근대화 토목공사를 우리나라에 도입하여 이때까지 선인들의 누적된 경험으로 시행된 토목기술에 큰 변혁을 가져왔다.

이래서 한반도에서는 일본이 대륙 침략지 건설을 위한 농업수리와 수력발전사업이 철도, 항만에 이어 2차적으로 주력되었으며 한편 서울, 평양, 부산을 비롯한 일부 대·중도시에 상수도 사업이 이루어졌다.

일본은 명치 초기에 서구의 고명한 토목공학자를 대대적으로 초빙하여 토목교육은 영미, 철도는 영국, 하천, 항만은 화란 학자나 기사의 지도를 받아 그 후 30년간의 수(토목)공학의 모든 기술면에서 독립으로 할 수 있는 실력을 배양함으로써 하천 개수, 축항, 댐, 및 수력발전, 도시수도 등 각 토목 사업의 설계·시공을 성공적으로 수행할 수 있었다. 이중 20세기 초엽의 수문학, 수리학에 기초를 둔 각종 토목사업중 특히, 큰 발전을 가지게 된 것은 하천개수와 수력발전사업으로 본다.

우리 나라에서 일인들 손에 의해 축조된 수풍댐은 1936년 압록강수계에 대한 수력조사를 시작으로 5년이 지난 1943년 8월에 완성되었으며 당시로서는 세계 제2위의 큰 댐이었다. 이외에 부정강, 허천강, 장진강, 한강 수계 등에도 대규모의 수력발전소를 건설하여 북한에 건설된 거대한 전력·화학 컨비나이트에 전력에너지 공급을 하였다.

1910년 한일합방 이후 일정은 만주침략을 위한 남북 종관철도로서 경부선, 경의선, 호남선, 경원선, 나원선 등의 철도 토목사업에 따라 이 때까지의 낡은 큰 강의 내륙수운 의존을 탈피하게 되었으며 치수·이수 대책도 일대전환을 맞이하게 되었다. 8·15해방까지 36년(1914~1945년) 사이에는 제1차 세계대전, 1931년의 중일전쟁 1939년~1945년의 제2

차 세계대전이 계속되었다. 이 기간에 일본은 세계의 약소국에서 갑자기 세계 강대국 대열에 들어서게 되자 세계적 규모의 대형 토목사업을 기도하고 1914년에 토목학회 창립, 토목기술자 양성 및 고등교육기관(동경대, 경도대, 구주대, 북해도대 등)을 개설하였는데 이때, 우리 나라의 총독부는 1916년에 경성공업전문(1923년 경성고공으로 개명), 1942년에 경성제국대학에 이공학부 토목공학과를 설치하였다. 이 때부터 서구의 근대화된 수리학, 수문학을 포함한 하천공학, 발전수력, 항만공학, 상하수도 등의 강좌가 개설되었다.

그 당시 하천개수 계획에 있어서도 기왕 최대유량에 여유를 취하는 방법이 사용되었고 계획홍수위에 대한 실적주의가 채택되었다. 또한 1915~1928년의 14년간에 걸쳐 14개의 하천을 대상으로 제 1기 하천조사가 시행되었다. 그 결과 총독부의 토목관리인 가지야마(梶山淺次部)는 처음으로 극대 홍수량 공식(가지야마 공식)을 발표하여 강우량과 유출량과의 관계를 수문통계적인 방법으로 정립하였다.

또한 1911년부터 1945년까지에는 수력발전을 위한 제3차에 걸친 수력조사가 있었다. 치수·이수사업에 콘크리트·말뚝, 보링에 의한 지질조사, 철근콘크리트에 의한 호안공, 수증기 쇼벨이 사용되었다.

현대적인 의미에서 하천조사의 첫 시작은 일제강점기인 1910년 초반에 와서야 이루어지게 되었다. 이 시기에 처음으로 하천개발의 기본이 되는 수문관측을 체계적으로 시행하기 위해 전국 주요하천에 수문관측시설을 설치하였다.

1915년부터 1928년까지는 전국 14개 주요하천에 대한 치수조사를 시행하고 하천개수계획을 수립하였으며 1928년에는 조사결과를 종합하여 하천조사서를 발간하였다.

당시 수립된 하천개수계획은 하천연안 토지의 이용도를 높이고 홍수방지를 목표로 한 치수 일변도의 치수공사에 치중하였으며 주로 제방축조에 의한 유로 고정방식을 채택하고 있다.

일제 말기에는 한반도를 대륙침략을 위한 병참기지화하면서 수력발전, 관개, 생공용수(生工用水) 등 이수면의 수요가 증가되었다. 이를 위하여 치수계획과는 별도로 국지적인 수요에 대처하여 포장수력조사와 용수원 개발을 위한 조사가 시행되고 이에 따라 단일목적의 수자원 개발이 시행되었다.

이 시기에 특기할 사항으로는 수력개발을 들 수 있다. 일제는 수차에 걸쳐 전국하천에 대하여 포장수력조사를 시행하였고 북한지역에는 발전수력 70만 kW의 수풍댐을 비롯한 총 12개의 수력발전 전용댐을 건설하였고 남한에는 청평댐과 화천댐을 건설하였다.

이러한 경향은 2차 세계대전, 해방과 6·25 동란을 거치는 대혼란기와 전쟁복구에 여념이 없던 1960년대초까지도 계속되었다.

1950년대의 전후 후유증과 사회적 혼란 속에서도 UNKRA, FAO 및 ICA 등 국제 원조기관의 원조 속에서 관개용댐을 중심으로 한 농업용수 개발이 활발히 진척되었고 생활용수 댐으로는 대구의 가창댐과 연천의 중리댐, 수력발전댐으로 괴산댐이 이 시기에 완공되었다.

1954년부터 1960년대 초까지에는 당시 상공부와 조선전업(현 한국전력) 주관으로 수차에 걸쳐 전국 하천에 대한 수력지점조사를 시행하였다. 당시 거론되었던 주요 댐개발계획 지점은 춘천댐, 소양강댐, 충주댐, 여주댐, 영월댐, 단양댐, 섬진강댐, 용담댐 지점 등이다.

1961년 제3공화국이 성립되면서 국가경제 발전을 위한 제1차 경제개발 5개년 계획이 수립되고 정부주도의 적극적인 경제개발 정책이 수행되게 되었다. 수자원 개발사업 부분에도 섬진강댐과 춘천댐 건설을 착수하여 계획기간내에 완공하였고, 남강댐은 1962년에 착공하여 제2차 계획기간인 1970년에 완공하게 되었다.

정부에서는 제1차 경제개발 5개년 계획이 성공적으로 진척됨에 따라 당시 정부의 경제정책의 목표였던 자립경제 달성, 식량 자급자족, 공업의 고도화 및 민생안정을 위한 기반 조성을 위해서는 효율적이고 종합적인 수자원 개발이 필요하다는 인식하에 1965년에 수자원 개발 10개년 계획을 수립하고 1966년에는 한강유역조 사사업을 필두로 낙동강, 금강, 영산강 등의 4대강 유역에 대한 전반적인 유역조사를 실시하게 되었다.

한강유역조사는 1965년 US. AID와 건설부가 공동으로 예비조사를 시행하여 지표수와 지하수를 포함하는 유역전체에 대한 종합적인 조사가 필요한 것으로 판단되었다. 이에 따라 1965년 10월 한국과 미국정부 대표간에 한강유역 조사사업에 대한 협정을 체결하고 미국정부의 특별지원을 얻어 1966년 3월 USBR 및 USGS 소속의 기술진과 한국측 기술요원들이 공동으로 조사에 착수하여 1971년 12월에 완료하게 되었다. 정부에서는 1963년 낙동강 유역조사를 위한 UNDP에 특별기금(UNSF)을 요청하였고 UNDP에서는 사업집행기구로 FAO를 선임하였다. 낙동강 유역조사는 1966년 9월 한국정부와 UNDP/FAO간에 서명한 운영계획에 의거 1967년 3월 FAO에서 선정한 세계각국의 전문가와 국내요원으로 조사단을 구성하여 조사에 착수하였으며 1972년 3월에 조사가 완료되었다.

영산강 유역조사는 1968년 7월에 한국수자원 개발공사 단독으로 상기유역조사에 참여하였던 국내 기술진만으로 착수하여 1971년 12월에 완료하였으며 1972~1973년에는 영산강 유역의 이웃에 위치한 섬진강 유역조사를 포함한 영산강 유역권 개발 지원조사를 시행하였다.

　정부에서는 유역조사에서 건의된 유역별 종합개발계획의 시안을 기초로 하여 1970년 4대강 유역종합개발계획(1970~1981년)을 하였으며 동년 8월에는 부총리를 위원장으로 한 4대강 유역종합 개발위원회를 설치하여 부처별 사업의 총괄, 조정, 통제 등으로 사업의 목표를 대부분 달성함으로써 우리 나라 경제발전의 성공적인 기틀을 마련하게 되었다.

　1972년에서 1973년 사이에는 4대강 유역조사 이후 각 하천유역권을 이웃 하천유역까지 확대하고 각 유역에 계획된 수자원 개발사업을 지원하기 위한 조사를 아래와 같이 시행하였다.

　　○ 1972~1973년 한강유역 개발지원조사 및 안성천, 삽교천 유역조사
　　○ 1972~1973년 낙동강유역 지원조사(하구언 건설을 위한 예비조사)
　　○ 1972~1973년 영산강유역 지원조사 및 섬진강유역 조사

　1974년 건설부와 산업기지 개발공사에서는 전국하천에 관한 모든 자료의 체계적인 정리와 수자원 개발의 실적과 계획을 집대성함으로써 하천에 관한 기본서로 활용하기 위해 한국하천조사서를 발간하였다. 한국하천조사서에서는 4대강 유역조사 성과를 토대로 가능한 한 기준을 통일시키고 소홀하게 다루어졌던 하천개수에 관한 계획과 상수도 및 공업용수도와 농업용수개발 등 단위사업계획을 보완하였다.

　1974년 이후 전국규모 수자원조사는 1974년 건설부와 산업기지 개발공사에서 전국 64개소 지점에 대한 포장수력조사를 시행하였으며, 1977년부터 1979년까지는 건설부 주관으로 JICA 자금으로 장기 다목적댐 개발예정지점조사를 시행하였다. 당시 조사된 댐지점으로는 한강의 밤성골, 인제, 홍천, 구절, 달천, 간현지점과 낙동강의 봉화, 임하, 함양 그리고 섬진강의 주암지점 등이 있다. 또한 1984년부터 1985년에는 건설부에서 전국 15개지점에 대한 중규모댐 예비조사를 시행한 바 있다.

　1970년대 말부터 한국수자원개발공사가 중심으로 수차에 걸쳐 각 유역에 대한 보완조사를 시행하였고 또한 다목적댐 개발을 위한 타당성 조사가 시행되었다. 유역 보완 조사에서는 당초 4대강 유역조사시와 비교할 때 용수공급원으로서 4대강의 중요성이 커짐에 따라 각 하천의 유역권이 점차 확대되는 경향이 나타나고 있었다.

　1980년대에 들어오면서 범정부적인 수자원 종합개발계획 대신에 부처별 계획에 따라 개별적인 수자원 개발사업이 추진되는 경향을 보이게 되었다. 이와 같은 결과는 1970년에 구성된 4대강 유역종합 개발위원회 기능이 유명무실화되었다. 이는 부처별 수자원 개발사업에

대한 총괄, 조정(調整), 통제가 미흡함에 따른 필연적 결과로 볼 수 있다. 이러한 경향은 1980년대의 민주화와 1995년부터 본격화된 지방자치제의 시행에 따라 일반화되고 있으며 앞으로 국내 물문제 해결을 더욱 어렵게 만드는 요인이 될 것으로 예상된다.

    1980년과 1990년에는 수자원 장기종합 개발계획(10개년 계획)이 건설부 및 한국수자원공사 주관으로 각각 수립되어 시행되고 있으나 대부분이 4대강 유역조사에서 계획되었던 다목적댐 건설과 다목적댐을 수원으로 하는 광역상수도 사업이 주가 되고 있다.

    한편, 우리 나라는 1960년대 이전에는 이수 위주의 수자원 개발로서 농업용수의 확보와 수력발전을 위주로 하는 단일 목적댐을 건설하여 왔으나, 1962년에 시작된 제1차 경제개발 5개년계획의 추진과 더불어 다목적댐 개발이 시작되었으며 1967년 11월18일 다목적댐 건설사업을 집행하고 관리할 한국수자원개발공사를 창립하게 된 때부터 본격적으로 추진되었다. 또한 다목적댐 개발은 국토종합개발계획과 수자원장기종합계획 등 정부계획에 의거 추진되었다.

    1960년대는 수자원종합개발을 위한 유역조사의 활황기였으며, 이 조사가 다목적댐 건설을 선도하였다. 1960년대 초에는 건설중 중단되었던 섬진강 다목적댐과 남강 다목적댐을 재 착공하여 우선 개발하였으며, 1960년대 후반부터 다목적댐 개발계획은 유역의 종합개발의 수단으로 유역 조사 성과를 토대로 개발 댐을 선정 건설하여 왔다. 한국수자원개발공사는 설립 직후인 1968년 1월 건설부로부터 북한강 수계의 이수 및 치수사업을 위한 소양강 다목적댐 건설사업을 수탁하여 최초로 대용량 다목적댐 건설에 착수하였으며, 1973년 준공을 보게 됨으로써 한강의 기적을 가져오는 원동력이 되었고 본격적인 다목적댐 시대를 열었다.

    1970~1980년대의 수자원개발은 주로 이수 및 치수위주의 대규모 다목적댐을 건설한다는 정부의 계획에 의해 생활·공업·농업용수의 공급 및 홍수조절과 수력발전을 목적으로 낙동강 유역에 안동 다목적댐, 금강유역에 대청 다목적댐, 남한강 유역에 충주 다목적댐을 각각 건설하였다. 이어서 낙동강유역의 황강상류에 합천 다목적댐을 건설함과 동시에 낙동강 하류의 염해방지 및 용수공급을 위한 낙동강하구둑을 건설하였으며, 섬진강지류 보성강에 주암 다목적댐 등을 지속적으로 건설해 왔다.

    1990년대에는 이수·치수·환경보전 및 중규모댐으로 전환 개발한다는 계획에 따라 직소천 유역에 부안 다목적댐, 낙동강의 밀양강 지류 단장천에 밀양 다목적댐, 금강 본류에 용담 다목적댐, 낙동강 중·상류 및 형산강 유역의 생·공용수 공급과 금호강 수질개선을 위한 하천 유지용수공급의 수자원관리 차원에서 영천댐도수로 건설사업, 남한강 지류인 섬강에 횡성 다목적댐을 착공하였다.

　이와 같이 1996년까지 한강유역의 소양강댐·충주댐, 낙동강유역의 안동댐·남강댐·합천댐·임하댐, 금강유역의 대청댐, 섬진강유역의 섬진강댐·주암댐 및 기타 유역으로서 직소천의 부암댐 등 총 10개의 댐이 특정다목적댐으로서 건설되어 관리되고 있으며, 낙동강 하구둑도 특정다목적댐법에 의해 건설되었다. 개발된 다목적댐의 총저수량은 11,123.5백만 m^3로서 홍수조절용량 1,800.3백만 m^3와 발전시설용량 1,013.1천 kW를 확보하고 있으며 연간 9,274백만 m^3의 용수를 공급하고 있다. 현재 건설중인 다목적댐으로는 용담댐·횡성댐·밀양댐·탐진댐 등이 있으며 남강댐 보강이 댐 재개발 차원에서 추진되고 있다.

　한편, 우리 나라의 치수사업은 일제시대에 와서는 한국을 공업의 전진기지로 건설하려는 의도하에 추진되었으며 하천개수공사의 필요성을 느낀 조선총독부는 1915년부터 제1기 하천조사를 14년동안 실시했다. 현대적인 하천조사기법은 이 때부터 홍수시 유량개념 표기가 막연히 수위 또는 침수가옥, 인명피해 등에서 하천개수의 기준이 되는 홍수시 단위시간당 물의 양을 표시하는 m^3/s로 바뀌었다. 1927년에는 조선하천령이 제정되어 지금과 같은 하천관리 체제가 이루어졌으며 직할하천과 지방하천의 개념 등이 도입되어 주요하천에 대한 하천개수공사가 집중되었다. 1925년부터 1945년 해방 때까지 하천개수 투자비는 약 270백만원에 이르렀다.

　8.15 해방 후 초기와 6.25 전후 복구시대에 다소 사업이 부진하다가 1960년대에 이르러 경제발전과 더불어 치수사업도 새로운 전기를 맞이하게 되었다.

　1948년 정부수립이후부터 60년대 전까지는 정치·사회·경제적으로 매우 혼란스러웠으며, 경제기반이 허약하여 재해예방대책사업에 투자할 여력이 없었던 기간이었다. 방재조직 및 법규면에서 관찰해 보면, 광복과 더불어 1948년 내무부 소속하에 건설국을 신설, 업무를 관장하면서 풍수해 분야에 관심을 보이기 시작하였다. 그러나 1960년 이전에는 풍수해 관련법령이 없는 상태에서 선례에 준하여 각 부처에서 개별적으로 지원하는 등 혼란스러운 시기였다고 볼 수 있다.

　1961년 7월 22일 경제기획원 산하에 국토건설청이 신설되고 동년 8월 21일 영주수해복구사무소를 설치하여 수해복구사업에 임함으로써 근대적 재해대책업무의 효시가 되었다. 1967년 2월 28일에는 풍수해대책법이 제정·공포됨에 따라 재해대책을 체계적으로 추진할 수 있는 발판을 마련하였다.

한편, 1972년부터 착수한 재해예방대책사업의 주요목표는 수해상습지 197개소 해소와 주요 하천 90% 개수로 홍수범람을 사전에 예방하는 것이었다. 또한 1975년 7월 25일 내무부 주관으로 민방위기본법이 제정되어 방재에 관한 계획과 방재조직에 관한 사항을 민방위체계에 맞추어 정비하게 되었다.

1960~1970년대의 고도 성장기를 거치면서 경제발전과 더불어 하천개수사업도 활발히 전개되어 1979년 말 전국의 하천개수율은 48.3%에 이르렀다.

1975년도에 내무부 주관으로 제정한 민방위기본법에 따라 1981년 12월 17일 풍수해대책법을 개정, 재해대책위원회 등의 방재조직을 국무총리 소속하에서 건설부 소속으로 변경하였으며, 방재계획의 작성절차와 시기를 민방위기본법에 맞추어 시행하게 되었다.

그러나, 1980년대 이후 급속한 경제발전으로 방재개념을 도외시한 채 무분별한 각종 대형 토지개발사업 등이 가속화되면서 재해규모가 점차 대형화되어 가는 추세에 있었으므로 1980년대에는 5개소의 다목적댐 건설, 4대강 유역의 하천개수사업과 농업기반 개발, 사방사업의 실시, 낙동강 연안개발사업, 수계치수사업, 수해 상습지 개선사업 등 재해예방대책사업을 실시하여 괄목할 만한 성과를 거두었다.

1980년대에는 치수사업 체계의 개념이 지구별 투자 우선순위에 의한 분산개수방식에서 수계별로 본류 및 주요지천을 일괄개수하는 방식으로 전환되어 낙동강 및 금강유역에 대한 수계치수사업이 시행되었으며, 국민들의 문화 수준이 높아짐에 따라 서울, 대구 등 대도시에서는 하도정비사업과 더불어 친수공간(親水空間)을 조성하는 하천종합개발사업이 하천골재채취를 주 재원으로 하여 추진하게 되었다. 이 때를 즈음하여 하천관리에 대한 개념이 치수·이수 위주에서 하천환경까지도 생각하는 개념으로 전환되었다고 볼 수 있다.

1990년대에 들어서 수계치수사업은 섬진강·영산강·한강 등 5대강에 확대되었으며 건설교통부에서는 하천개수사업과 더불어 하도정비사업을 전국적으로 실시할 계획으로 대상지구를 조사하였다. 1990년는 방재기구의 대변환기라 할 수 있다. 1991년 4월 23일 건설부에서 관장하던 방재업무가 지방조직과 민방위조직을 관장하는 내무부로 업무가 이관되었으며, 1994년 12월 23일 자연재난을 총괄하는 방재국을 신설함으로써 명실공히 방재의 전담기구가 창설되었다. 또한 재해 예방사업에서도 치수사업에 중점을 두어 직할·지방하천은 2001년까지 준용하천은 2011년까지 개수 완료하여 홍수피해를 최소화할 목표로 추진하고 있다.

1990년대 들어서 양적인 면에서의 물문제 이외에 우리의 물문제를 더욱 어렵게 하는 새로운 문제가 제기되기 시작했다. 바로 수질문제가 그것이다.

도시지역에서의 생활하수, 공장에서의 공장폐수, 농촌지역에서의 축산폐수가 제대로 처리되지 못하고 하천 및 호소로 배출됨에 따라 우리 나라의 하천 및 호소는 점점 더 오염이 심해지는 추세이다. 이러한 하천수질의 악화는 근본적으로 물 이용량의 증가에 따라 가속화될 것이다. 상기한 이유로 환경기초시설에 막대한 비용을 투자하면서도 하천 및 호소의 오염은 좀처럼 개선되어지지 못하는 실정에 있다. 또한 유역의 도시화에 따른 유출율의 증가로 도시지역의 홍수피해가 큰 문제로 야기되었으며 이를 해결하기 위한 도시수문 현상의 해석 및 도시하천의 설계·시공방법의 연구와 친수·환경을 치수와 더불어 고려한 도시하천 관리 개념이 도입되었다.

또한, 새롭게 맞이할 21세기에는 수자원의 수요가 공급에 비해 기하급수적으로 증가할 것으로 예상된다. 경제가 발전하고 생활수준이 향상됨에 따라 국민들은 물 사용에 있어 양적으로 풍부하고 질적으로 깨끗한 물을 요구하게 될 것이며 산업의 발달로 생산활동에 보다 많은 물을 필요로 하게 될 것이다.

본 장에서는 이상으로 언급한 우리 나라의 하천, 수자원개발 및 관리 등에 관련된 기술적인 노력의 자취들을 하천방재, 댐 및 수력발전, 수리·간척, 주운·운하, 수자원 종합개발 등으로 각각 구분하여 다음에 상세히 기술하였다.

9.2 하천 행정

하천은 3종류로 분류하는데 1급 하천, 2급 하천, 준용 하천으로 분류된다. 1급 하천은 정부가, 2급 하천은 시·도에서 관리하고 있다. 이 하천을 관리하는 사람을 하천 관리자라고 한다. 하천 관리자는 하천을 개수하거나 유지 관리한다. 준용 하천이란 이른바 작은강이며, 관리자는 그 지방이 된다. 이 외에 하천법의 적용을 받지 않는 보통 하천이 있다.

하천 행정 즉 하천 관리자가 행하는 행정 중에 가장 중요한 것은 하천의 개수이다. 「물을 다스리는 사람은 천하를 잘 다스린다」는 격언에서 옛날의 권력자도 하천의 개수에 정성을 기울였다. 그리고 하천의 개수는 치수가 목적이었다. 그러나, 유럽 등의 하천 행정은 해상운송을 중시하였으며, 현재도 그 사상은 그다지 변하지 않았다.

치수공사의 대상이 되는 것은 흘려 보내야 할 홍수의 유량이므로, 이것을 계획고수류량(計劃高水流量)이라고 부른다. 그런데 치수 공사가 진행됨에 따라서 지금까지 여기저기 흐르던물이 한꺼번에 하천에 모이게 되고, 또 도시화가 진행되어 물이 흐르는 지역도 좁아져 홍수의 유량도 증가되는 동시에 유출도 빨라졌기 때문에 계획고수류량도 개정해 늘리지 않을 수 없었다. 그런데 계획고수류량이 증가되었다고 해서 일단 개수한 제방이나 하도를 또 고쳐 만들기는 꽤 곤란한 점이 많고, 또 제10장에서 기술하는 것처럼 물의 유효 이용을 도모할 필요도 생기게 되었으므로 최근에는 계획고수류량의 증가분은 하도 개수만이 아니라 댐을 건설해 홍수를 막는 것으로 대응할 계획을 세우게 되었다.

9.3 수 문 학

수문학이란 것은 지구상의 물 순환 전체를 다루는 과학인데, 여기에서 말하는 수문학은 범위를 좁혀 하천을 중심으로 하고, 유역에서의 강수량과 하천 유출량과의 관계를 다루기로 한다.

(1) 강수 원인

(a) 비구름

습도가 많은 바람이 산지에서 상승 기류를 일으켜 비가 내리거나, 비구름이 드리워져 비가 내리는 원인이 된다.

(b) 태 풍

태풍은 열대 지방 해상에서 기류의 격심한 상승으로 인해 일어나는 것으로, 태풍은 7월부터 10월에 걸쳐서 많다. 태풍은 반드시 강한 비를 동반하는 것으로, 중심이 오기 2일 전부터 강하게 내리고, 중심이 올 수록 강해지고, 중심이 지나가면 그다지 강하지 않다. 태풍은 높은 산에 부딪치면 약해진다해도 그만큼 비가 내리게 된다.

(c) 장 마

6월부터 7월에 걸쳐 장마의 시기가 된다. 이 시기는 비가 부슬부슬 계속 내리는 것이 보통이지만, 태풍이나 저기압이 발생해 장마전선을 자극하면 집중호우를 내리게 된다.

(d) 융 설

비는 곧 대부분이 유출되지만, 눈은 자연히 저류되는 점에 있다. 그리고 봄이 오면 기온의 상승과 함께 눈이 녹아 하천으로 흘러간다. 그래서 눈은 자연의 댐과 같이 수자원으로서 중요시 되고 있다.

(2) 강우량

강우량은 비 외에 눈이나 싸라기눈 등을 모두 비로 환산하여 지상에 모인 물의 깊이를 mm에 표시한 값을 사용한다. 우량계라는 것은 직경 20cm 높이 60cm의 원통형으로, 이 속에 모인 빗물을 측량한다. 또한 자동적으로 기록할 수 있는 자기우량계도 있다. 강우량을 나타내는 것으로 다음과 같은 것이 있다.

(a) 시간 강우량

1시간 동안 내린 우량을 말하며, 비의 강도를 나타내는 척도로서 사용되기 때문에 우량 강도라고도 한다(표 9.1 참조). 또한, 1시간보다 짧은, 예를 들면 15분 동안의 우량 등은 유역 면적이 좁은 배수구 등을 계획할 때 사용된다.

표 9.1 비의 강도와 1일 및 1시간 강우량

비의 강도	강 우 량 (mm)	
	1시간	1일
약한 비	<1	<5
작은 비	1~5	5~20
보통 비	5~20	20~50
큰 비	10~20	50~100
호 우	>20	>100

(b) 연속 강우량

연속으로 내린 비를 날자는 관계없이 합계한 것을 연속 우량이라고 하며, 1번 내린 비의 크기를 나타내는데 사용되며, 홍수의 유량을 결정한다.

(c) 일 강우량

1일 동안의 강우량을 말한다. 통계적으로는 가장 잘 사용되는 수치인데, 시간 우량 다음으로 비의 강도를 나타내는 것에도 사용된다.

(d) 월 강우량

1달마다의 강우량을 나타내는 것으로, 그 토지의 계절적인 강우 상황을 알기 위해 잘 사용된다.

(e) 년 강우량

우리 나라는 대륙에서 돌출된 반도로 형성되어 있어 기상의 성격이 반대륙성 및 반해양성으로 계절풍과 태풍의 영향을 많이 받는 지대에 위치하고 있어 계절적으로 강우차이가 극심한 것이 특색이다.

년평균강우량은 1,274 mm로서 세계 평균의 970 mm에 비하면 1.3배로 비교적 많은 편이나 용수 이용면에서 보면 인구밀도가 조밀한 관계로 인구 1인당 년간 총강우량은 3,000 m^3로서 세계 평균 34,000m^3의 1/11밖에 되지 않으므로 매우 적은 편에 속한다.

우리 나라는 국토의 대부분이 산지가 많으며 평야는 적고 하천의 유속은 빠르고 경사는 급한편이며, 년평균 강우량의 2/3가 여름의 6,7,8월에 집중적으로 강하하는 기상특성으로 때로는 수해, 한해 등 재해를 입기 쉬우며, 강우량은 대부분 홍수로 유출되어 평상시 유출이 총수자원량의 23% 밖에 되지 않으므로 하천수 이용률이 매우 낮은 불리한 자연적 여건을 가지고 있다. 또한 지하수가의 부존량은 1조 3,240억 m^3로 추산되고 있으나 지하수가 부존하고 있는 대수층이 얇고 사전조사 및 개발에 있어서 기술적 경제적 타당성이 희박하고 또한 유역별 수자원 부존량과 용수 수요가 균형을 이루지 못하고 있기 때문에 광역상수개발이 불가피하며 관정등 소규모 이하의 지하수개발은 기대하기 어려운 실정이다.

그 이외에도 강우상태는 지역별로 그 지형의 영향을 가장 많이 받는 바, 예를 들면 강릉지방에 내리는 1,200 mm 이상의 강우량은 태백산맥의 영향이며, 남강유역에서 1,400~1,500 mm의 우리 나라 최대 강우지역을 형성하고 있는 것은 태백산맥과 소백산맥으로 둘러 쌓여 비그늘을 형성하는 지형의 영향 때문이라고 설명할 수 있다.

(3) 유출과 유량

비가 내릴 때 처음에 5~10mm는 우묵한 곳에 모이거나 초목에 흡수되거나 땅속으로 침투하거나 증발되어 유출되지 않는다. 이것을 손실 우량이라고 하고, 이후에 내리는 비는 표면으로 유출되어 시냇물 등으로 모여 하천이 되어 바다로 들어간다. 이것을 유출량이라고 하며, 하천이 있는 지점의 유출량을 유역 면적으로 나눈 값을 유출높이(단위 mm)라고 한다. 유출높이와 강우량과의 비를 유출률이라고 한다. 유출률은 하천마다 유역의 지질 지형이나 산림 등이 차이가 있어 다르므로 과거의 통계에서 산출된다.

강우량 강도(시간 강우량)와 유역 면적과 유출률로부터 하천의 임의의 지점에서의 유출량을 계산할 수 있다. 이 하천을 흐르는 유출량을 유량이라고 하며, 그 하천의 단면을 1초 동안에 흐르는 수량을 가지고 나타낸다. 이 유량을 측정하는 것은 힘들기 때문에 유량과 하천의 단면에서 수위가 일정 관계에 있는 것을 이용하여 하천의 수위를 측정하기 위한 양수표를 설치하여 수위를 측정하면 유량을 측정할 수 있다. 그리고 유량을 매일 측정하여 1년분을 작은 순서부터 늘어놓고, 1년 중 10일 이하의 유량을 갈수량이라고 하고, 90일째의 유량을 저수량이라고 하고, 반년째의 유량을 평수량이라고 한다. 1년의 최고 유량은 반드시 홍수 유량뿐만 아니라 100년이든지 200년의 확률로 발생하는 최고의 유량을 홍수 유량이라고 한다.

9.4 물의 흐름과 하천

하천이란 증발하든가 침투하는 것을 제외하고, 내린 빗물이 지표면을 유하하는 자연의 배수로이며, 인근 하천과의 사이에 산이 분수령이 되며, 분수령으로 포위된 지역을 유역이라고 한다.

하천이 수원지에 가까운 상류부일수록 하상 경사가 급하고, 그것에 따라 하상의 모래와 자갈의 크기가 굵다. 그리고 물의 흐름은 하안이나 하상을 물의 힘으로 침식시키며, 침식된 토사 등은 물의 힘으로 중류부로 운반된다. 운반될 때 비교적 무거운 사력은 물의 쓸려내려가는 힘에 의해 하상 근처로 굴러가고, 비교적 가벼운 토사립은 하상에서 흐르는 물 속으로 퍼져서 운반된다. 하류부에서는 하상 경사가 완만하며, 그에 따라 하상의 토사 입경은 작다. 물의 흐름은 약하기 때문에 운반중의 토사 등은 침하되어 퇴적한다. 이상의 침식·운반·퇴적을 유수의 3작용이라고 한다.

물이 흘러가 하구에 도달하면 더욱 느려지기 때문에 토사의 퇴적이 현저해지는데, 하구의 해저 경사가 완만할 때는 퇴적하는 토사 때문에 삼각주(三角洲)나 돌출주(突出洲)가 발달하는 경우가 많다.또 하구 부근에서는 조수 간만의 영향을 받아 조수가 상류로 역류하는 경우가 있는데, 이 때는 바닷물은 아래로 담수는 위로 올라간다. 이 구간을 감조구간(感潮區間)

또는 감조하천이라고 한다.

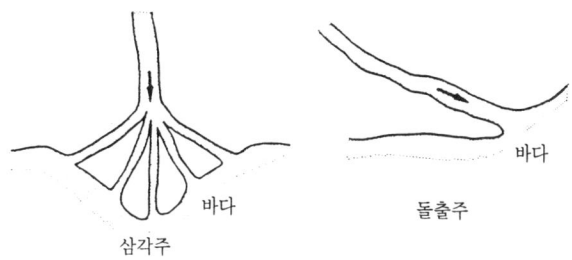

그림 9.2 삼각주와 돌출주

9.5 치 수

(1) 홍수 대책

홍수 대책으로서는 계획고 수류량을 안전하게 흐르게 하는 것이다. 그 대책으로서

(a) 홍수 유량의 조절

산간부에 댐을 건설하여 홍수가 날 때 물을 저류해 홍수를 조절한다. 또 도중의 하천 연안의 황폐한 땅이나 저습지를 이용하여 유수지를 만들어 홍수의 일부의 물을 정체시키고, 홍수가 지나가면 유출하도록 한다.

(b) 유출 토사의 억제

홍수가 날 때 수원지대(水源地帶)의 토사를 대량으로 흘러가게 하면 홍수 유량이 증가되는 것이며, 또 유출 토사 때문에 하상이 올라가게 된다. 그래서 나중에 설명하는 사방 공사(砂防工事)를 실시하는 동시에 하상을 준설한다.

(c) 범람의 방지

하천폭을 넓히거나 제방을 쌓거나 새로 방수로를 설치하여 홍수를 빨리 바다로 나가게 한다.

이상의 홍수 대책으로서 여러 가지 구축물이 만들어지는데, 이들을 하천 관리 시설이라고 한다.

(2) 제 방

제방은 하천 관리 시설의 대표적인 것으로, 하천의 양쪽 기슭에 축조되어 하천의 유수가 널리 범람하는 것을 억제하고, 빨리 안전하게 바다로 방류하는 것을 목적이라고 한다. 이 제방의 단면은 그림 9.3에 나타내었는데, 제방을 축조하는 데는 대량의 흙이 필요하며, 그 흙은 부근의 하천부지를 굴착해서 얻는 경우가 많다. 제방을 중심으로 하천쪽을 제외지라고 하며, 반대쪽을 제내지라 하고, 평상시 물이 흐르는 곳을 저수로(低水路) 또는 저수부(低水敷)라 하며, 홍수시 물이 흐르는 곳을 고수부라고 한다. 그밖에 대해서는 그림 9.3에 나타낸다.

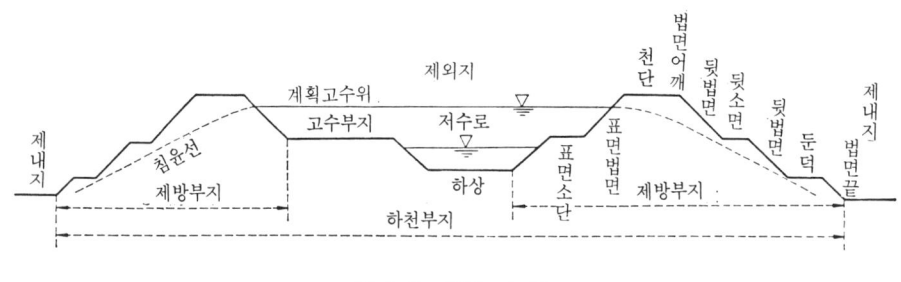

그림 9.3 제방 단면도

홍수시에는 계획고 수위까지 수위가 상승하는데, 만일 수위가 제방을 넘을 때는 제방이 터져 무너지기 때문에 제방의 높이는 계획높이수위 보다 2~3m 여유가 있도록 높게 하고 있다. 이것을 여유고라고 한다. 또 제방은 흙으로 축조되는 것이 대부분으로, 계획고 수위까지 달하면 그림 9.3과 같이 침투선을 따라서 제방에 누수될 위험성이 생긴다. 이때문에 제방은 침투선 보다 넓은 것이 필요하게 된다. 그러기 위해서는 토지가 넓은 것이 필요하게 되지만, 도시의 시가지 등에서 토지를 넓게 잡을 수 없는 경우에는 법면을 돌로 쌓아 덮고 콘크리트로 흉벽을 설치해 좁은 토지에서 제방을 설치한다. 이것을 특수제방이라고 한다.

제방의 위치나 형상에 따라 목적이나 성능이 달라진다. 그림 9.4에서 나타내면,

1) 본제방(本堤)……하천의 양쪽에 연속시켜 만들어지는 주제방
2) 부제방(副堤)……보조제방이라고도 말하며, 본 제방의 뒷쪽에 만일의 경우를 위해서 만들어진다.
3) 하제방(霞堤)……연속되어 있지 않는 제방에서, 홍수가 날 때는 그 트인 곳으로 물을 역류시켜 제방내지에 일시 저류시키는 것이며, 하류부의 결괴를 막는 제방.
4) 연속제방(連續堤)……하제방에 대해 본제방과 같이 연속되어 있는 제방.

5) 산부착제방(山付堤)……암산이 있을 때에는 상류를 이용해 설치하는 제방.
6) 월류제방(越流堤)……보통 제방의 일부를 낮게 하여, 홍수가 날 때는 월류시키는 물을 제내지에서 일지 저류시키는 것에 의하여, 하류부의 결괴를 막는 제방을 말한다. 이 제방은 월류되어도 지장이 없도록 돌을 붙이는 등 단단하게 한다.
7) 윤중제방(輪中堤)……토지를 보호하기 위해 주위를 둘러싸이게 설치하는 제방.
8) 도류제방(導流堤)…… 2곳 이상의 하천이 합류할 때, 흐름을 유도하기 위한 제방.
9) 물막이제방(締切堤)……새로 강을 고칠 때 옛날강의 물을 막기 위한 제방.

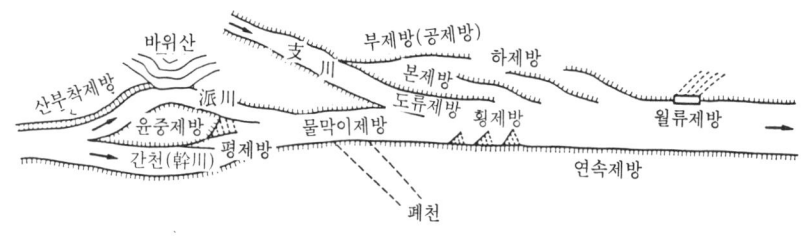

그림 9.4 제방의 종류

(3) 그밖의 하천 관리 시설

하천에는 홍수를 막는 목적 등으로 여러 가지 공작물이 설치된다.

(a) 호 안

사진 9.1 호 안

제방의 법면이나 저수로의 하안(河岸)이 물의 흐르는 힘에 흙이 떨어져나가는 것을 막기 위해서 설치되는 것으로, 가장 간단한 것은 잔디를 입히는 것인데, 이것으로는 약하기 때문에 필요한 장소에서는 돌을 쌓거나 돌을 붙이거나 콘크리트를 타설하거나 돌망태 등을 단단한 것으로 사용된다.

(b) 수제(水制)

하천의 중류부(中流部)보다 하류에서는 강의 흐름 상태를 안정시키기 위해 저수로의 위치를 고정할 필요가 있다. 내버려 두면 저수로가 이쪽 저쪽으로 갈 수 있으므로 양쪽 기슭에서 흘러가는 것을 저지하는 공작물을 설치해서 물의 흐름을 소정의 유심부(流心部)로 모이게 한다. 이 공작물을 수제라고 한다.

(c) 하상 고정(河床止)

하천은 지형을 따라서 바다쪽으로 흐르게 되는데, 지형이 필요 이상으로 급경사이면 물의 흐름이 너무 빨라져 제방이나 하상 등이 씻겨 손상되므로, 이것을 완화시켜 하도의 경사나 횡단 형상 등을 안정시키기 위해 하천을 횡단하여 낮은 댐을 만든 것을 말한다.

(d) 통문(樋門)·수문(水門)

제방을 가로질러 하천과 배수로를 연결하기 위해 설치되는 것으로, 제방에 터널처럼 설치되는 것을 통문이라고 하고, 제방의 상부까지 전부 열리는 것을 수문이라고 한다. 어느 쪽의 경우에도 홍수가 날 때 제방의 기능을 가지고 배수로쪽으로 물이 흐르지 않도록 문이 설치된다.

(e) 둑(堰)

둑이란 하천의 물 흐름을 제어하기 위해 하천을 횡단해 설치되는 댐 이외의 시설을 말하며, 제방의 기능은 없다. 하천이 갈라지는 부근에 설치해 수위를 조절 또는 제한하고, 홍수일 때나 낮은 물을 계획적으로 분류시키는 것을 분류둑 또는 분수(分水)둑이라고 하고, 감조구간에 설치해 염분이 거슬러 올라오지 않도록 하는 것을 조수 방지둑이라 하며, 농업용수나 발전용수 등 취수를 위해서 설치하는 것을 취수(取水)둑이라고 한

사진 9.2 농업용을 위한 취수둑(스페인)

(f) 댐

제10장에서 상세하게 설명한다.

(g) 첩수로(捷水路)

하도가 많이 구불구불할 때는 이것을 직선으로 짧게 하는 것으로 하천의 경사를 급하게 하여 물의 통과 능력을 높인다. 이것을 첩수로라고 한다.

(h) 분수로(分水路)

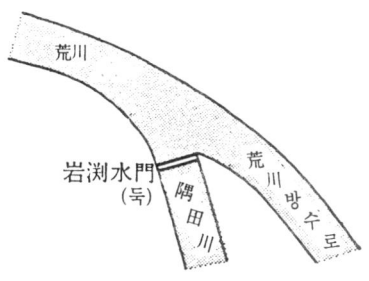

그림 9.5 분수로의 실례

하천이 도시 등을 통과하는 경우에 하천폭을 확장할 수 없는 경우가 많다. 이 때 홍수 유량의 전부 또는 일부를 방류하기 위해 도시를 피해 설치되는 새로운 하천을 분수로(分水路) 또는 방수로(放水路)라고 한다. 분파점(分派點)에는 앞에서 말한 둑을 설치하는 동시에 수문까지 설치해 수량을 조정하는 경우가 많다.

(i) 조절지(調節池)

고수부지가 넓은 경우에 이것을 이용해 조절지를 설치하고, 홍수 조절과 이수(利水)에 사용한다.

9.6 하천 이용

하천은 치수를 위해서만 아니라 널리 여러 가지로 이용된다.

(a) 수리권(水利權)

10.2절에서도 설명하는데 하천 행정 중에서 가장 큰 것으로, 농업의 관행수리권 외에 상수도와 공업용 수도를 위한 수리권도 설정되며, 또 낙차의 이용을 의한 발전수리권도 있다. 또한 이러한 취수를 위한 시설로서는 9.5절 (3) (e)에서 설명한 둑을 설치한다. 이것을 취수둑이라 하며, 취수된 용수가 제방을 횡단하기 위해 같은 (d)에서 설명한 홈통문이나 수문을 설치한다. 이러한 둑이나 홈통문이나 수문은 치수를 위한 하천 관리 시설뿐만 아니라 하천 관리자의 허가를 얻어 설치되므로 허가 공작물이라고 한다.

(b) 내륙 해상운송

하천의 수심을 깊게 하고, 유속을 느리게 하여 하천의 운하화를 꾀하는 것으로, 하천의 내륙 해상운송의 편의를 도모한다. 또한 유속을 느리게 하기 위해서 하천의 물흐름 고저차를 작게 할 필요가 있으며, 둑을 여러 개 만들어 수면을 계단상으로 역류시켜야 한다. 여기에서 상하류 수면 사이에 수위차가 생기기 때문에 갑문을 설치해 선박이 항행할 수 있도록 한다.

(c) 하천 공원

하천의 고수부지는 홍수가 날 때 이외는 물이 흐르지 않는다. 평상시는 전혀 사용되지 않는다. 토지 이용상 아깝다는 말도 있으므로 하천 관리상에 지장이 없는 한 다른 목적에 하천 관리자의 허가를 얻어 사용된다. 골프장이나 운동장 등 스포츠 관계가 많지만, 도시나 그 근교에서는 도시 공간의 부족을 보충하기 위해서 공원을 만들어 하천 환경 정비에도 유용하게 사용한다. 이것을 하천 공원이라고 한다.

(d) 자유 사용

하천은 공공 용지이므로 공공 시설이다. 국민이 똑 같이 이용할 수 있는 곳이기도 하다. 하천 관리상에 지장이 없는 정도로 이용하는 것을 자유 사용이라고 한다. 제방이나 고수부지를 산책하거나, 물가에서 물놀이 등이 포함된다.

9.7 사 방(砂防)

(1) 사방의 필요성

급류의 계곡에서는 하저나 산기슭이 침식 세굴되어 산중턱의 붕괴를 초래하고, 호우나 지진이 많은 곳도 있어서 산사태를 일으키기 쉽고, 눈사태가 발생할 때는 산중턱이 드러난다. 이 대규모의 산사태는 지하수 등으로 인해 비교적 완만한 사면이 서서히 이동하는데 이것을 사태라고 한다. 이 외에 호우일 때 발생하는 산사태도 있다.

이상과 같이 만들어진 모래와 자갈이나 토사는 하천의 물 흐름에 따라 하류에 침전되는 동시에 바다 속으로 흘러간다. 산사태 등으로 산이 황폐해지면, 비가 올 때의 유출률도 높아져서 홍수의 위험률이 높아질 뿐만 아니라 하류에 침전된 토사 등에 의해 하상이 높아져 천정천(天井川)(하저가 주위의 토지보다 높은 강)이 될 가능성도 생긴다.

하천을 홍수로부터 막기 위해서는 하천 공사를 하는 것 뿐만 아니라, 수원지인 벌거벗은 산이나 황폐해 진 시냇물 등에서 흘러 나가는 사력이나 토사를 방지함과 동시에, 이러한 산을 녹화하여 갈수량을 늘리는 것이 필요하다. 이것을 산을 다스리기 때문에 치산이라고도 하는데, 일반적으로는 사방이라고 부른다.

(2) 사방 공법

벌거벗은 산이나 붕괴된 산중턱을 그대로 내버려두면 차례차례 무너지는 것은 명백한 일이므로 불규칙적으로 이루어진 산중턱의 경사를 토질에 따라 비탈구배로 하기 위해 돌출부를 잘라내거나 바로잡아 정정한다. 지형으로 보아 급경사일 수밖에 없을 때는 잔디를 입히거나 돌쌓기를 실시한다. 또 계단을 설치해 나무를 심는다. 또한, 사방을 필요로 하는 산은 지표수에 의해 침식되기 쉬워 서릿발 등으로 무너지는 경우도 많고, 또 수분의 증발도 많기 때문에 지면을 짚이나 멍석으로 덮는 공법도 취해진다. 이상의 공사를 산복공(山腹工, 산중턱공)이라고 한다.

　산중턱공을 실시해도 토사의 유출을 막는 것은 불가능에 가깝다. 그래서 시냇물에 작은 댐을 연속되게 많이 만들어 토사를 저류시켜 하류로 흘러가지 않도록 한다. 이것을 댐공이라 하며, 골짜기를 막는다고도 한다. 이 사방 댐을 만들면 토사의 저류 외에 시냇물의 하상이나 하안의 침식을 막을 수 있고, 댐에 의해 상류쪽의 하상 경사가 완만하게 되어 홍수 흐름의 파괴력을 완화시킬 수 있어서 댐의 상류는 하천폭이 넓어져 산중턱 붕괴가 적어지는 효과가 생긴다.

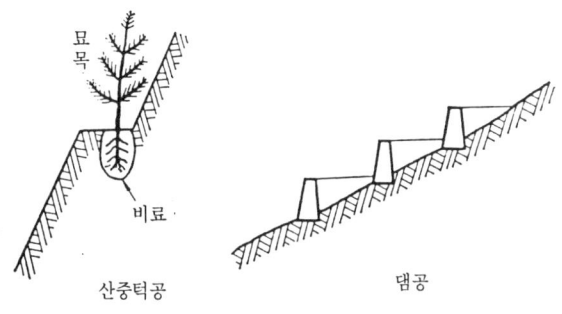

그림 9.6 사방 공법

사진 9.3 시냇물에 설치되는 사방 댐

연구 과제

9.1 자신이 거주하는 근처의 하천 관리자는 누구인가를 조사하시오.
9.2 그 하천에 어떤 종류의 제방이 설치되어 있는지를 조사하시오.
9.3 또 하천 이용으로서 어떻게 사용되고 있는지를 조사하시오.
9.4 또 현재 어떠한 하천 공사가 실시되고 있는지를 조사하시오.
9.5 상류는 어떠한 사방 공법이 실시되었는지를 조사하시오.
9.6 자신이 거주하는 지역에서의 년 강우량을 조사하시오.
9.7 같은 하천의 상류와 하류에서 사력을 채취해 체로 분류 비교해 보시오.

제 10 장

댐과 발전

10.1 수자원 개발과 하천 종합개발

 한국은 조국의 근대화작업이 본격적으로 시작되기 전까지는 농업분야에서 가뭄에 의하여 큰 피해를 보는 경우가 많았으나, 1970년대부터의 본격적인 경제개발 및 사회간접자본 시설투자로 어느 정도 물에 대한 애로사항은 없었으나, 1980년대부터의 폭발적인 경제발전은 도시 및 농촌의 급격한 팽창을 불러왔으며, 특히 서울을 비롯한 대도시는 거대도시로 비대화되는 현상으로 물에 대한 수요가 증대하여 하천의 자연유량으로는 전국에 물을 공급할 수 없게 되었다. 그래서 광역적인 용수 대책이 필요하게 되었으며, 물의 고도 이용을 도모하게 되었다. 이것을 수자원 개발이라고 한다.
 앞장에서 설명한 것처럼 한국은 비가 많고, 장마시기나 태풍시기나 융설시기에는 하천의 유량이 늘어 홍수까지 일어날 정도지만, 지형상의 이유로 다른 시기에는 유량이 격감된다. 이 때문에 하천의 물을 이용하고자 할 때는 연간을 통해 이용할 수 있는 수량은 최소 유량으로 결정되고 만다. 하천의 유출 총유량에 대한 이용률은 대단히 적어지게 된다. 즉, 한국은 비가 많이 내리는데 비해 이용할 수 있는 수량은 적은 형편이다. 그리고 그림 10.1에 나타낸 것처럼 한국은 외국에 비해 단위 면적당의 강우량은 많지만, 인구 1인당의 강우량은 많은 편이라고 할 수 없다. 그래서 수자원 개발을 하여 물의 유효 이용을 도모하는 것이다. 수자원 개발에는 다음과 같은 것이 있다.

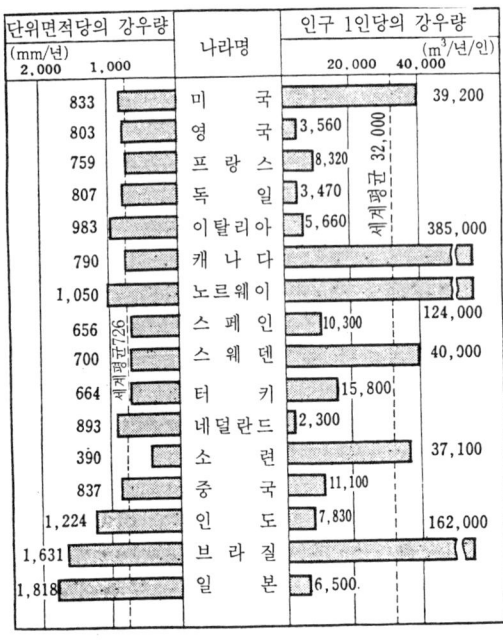

그림 10.1 세계 주요국의 강우량 비교

(1) 치산 사업

9.7절에서 설명한 사방 사업 즉 치산 사업은 수원지 대책 사업이며, 홍수일 때 유출을 지연시키는 것은 그만큼 갈수시의 유량을 늘리는 것이 되므로 산지의 황폐 방지 기능뿐만은 아니다.

(2) 댐 건설사업

장마시기나 태풍시기나 융설기 등에 쓸데없이 바다로 흘려 보내는 물을 댐을 만들어 인공호수에서 일시 저류시켜 필요할 때 사용하는 것이다. 이 하천의 물을 이용하고 있는 것은 농업수리를 비롯해 식수 등을 위한 상수도, 공업용수를 위한 공업용수도 있으며, 낙차를 이용하는 수력 발전도 있다. 이 외에 하천 관리자가 홍수를 막는 치수 목적으로 댐을 건설하는 경우가 있어서 각각 제멋대로 댐을 만들게 되면 비경제적으로 될 뿐만 아니라, 댐을 건설할 수 있는 지점도 제한되어 있기 때문에 공동으로 댐을 만들어 종합적으로 운용하는 경우가 많다. 이것을 다목적 댐이라고 하며, 사업을 하천 종합개발사업이라고 한다.

다목적 댐의 운용 예를 들면, 우선 3월부터 4월에 걸쳐 눈이 녹은 물을 저수하고, 5월부터 10월에 걸쳐 농업의 관개시기에 사용한다. 6월부터 10월에 걸쳐 장마시기나 태풍시기에는 홍수를 대비해 저수지의 수위를 내려 두고, 언제 큰 비가 내려도 홍수를 조절할 수 있도록 용량을 비워 둔다. 더욱이 태풍이 가까워졌을 때는 예비 방류까지 해서 수위를 내려 태풍을 대비한다. 공업용수는 연간을 통해 일정하게 되지만, 상수도 용수는 여름의 피크일 때 20~30% 증가한다. 또한, 이러한 물이 이용되기 전에 저수지의 수위 낙차를 이용해 수력 발전을 실시한다. 그리고 홍수기간이 지나면, 저수지에 저수시켜 겨울철의 갈수기에 대비한다.

하천 종합개발 사업으로서 건설되는 수자원 개발 시설로서는 댐이 가장 주된 시설이지만, 댐을 설치하기에 적당한 지점이 적어졌기 때문에 댐의 건설에는 막대한 비용과 시간이 필요하게 되었으며, 게다가 하류의 수익으로 도시가 부담해야 할 댐 건설에 따르는 비용으로서, 수원지역의 생활안정까지 강구하게 되어 더욱 사업에 필요한 비용이 증대하게 되었다

(3) 호수와 늪 개발 사업

산간부의 자연 호수와 늪에 대해서 호수 수위 조정 시설 즉 둑과 수문을 설치하여 댐과 마찬가지로 저류와 방류를 인공적으로 행하는 것으로서 자연의 저류능력을 활용해 호수의 유효 이용을 꾀하는 것을 호소개발 사업이라고 한다. 평지부의 자연 호수와 늪은 유수지(留水池)로서의 기능이 크므로, 하천부지에서 넓은 고수부지가 있는 경우에는 이것을 이용해 조절지(調節池)를 만들어 홍수조절과 함께 도시 용수를 확보하고 있다. 역시 이런 호수와 늪 개발이나 조절지도 하천 종합개발 사업의 하나이다. 앞의 9.5절 (3) (i) 참조.

(4) 하구호수 건설 사업

하천 종합개발 사업의 하나로서 하천의 가장 밑부분인 하구에서 하구둑에 의한 하구호수를 만들어 종래 염수와 섞여 이용할 수 없었던 하천의 물을 담수로 유효하게 이용하려는 것이다. 또한, 하구둑을 설치하면 하천의 물흐름이 정상적인 기능도 유지할 수 있어서 하천 환경의 개선에도 도움이 될 수 있다.

10.2 물의 수요

물의 이용 형태로서는 물을 취수 이용으로 대부분 환원할 수 없는 경우와, 그대로 환원할

수 있는 경우가 있다. 전자는 농업용수·상수도용수·공업용 수도용수이고, 후자에는 발전 수력·내륙 해상운송 등이 있다. 또한, 전자와 후자의 발전 수력에 대해서는 하천 관리자의 유수 점용 허가를 필요로 하므로 이것을 수리권이라고 한다.

(a) 농업용수

농업 용수의 대부분은 논에 관개시키는 벼 농사에 이용되는데, 필요한 시기는 5월부터 10월에 걸친 관개시기로 한정되어 있다. 한편, 밭농사에 대해서는 본래는 비에 의지하고 있었지만, 수확량의 증가를 꾀하기 위해서 밭농사에 농업용수로 물을 대고 있다. 수리권 중에 농업용수가 차지하는 비율이 가장 크다.

(b) 상수도용수

경제 발전에 따라 상수도용수나 공업용수의 수요가 증대하고 있지만, 농업용수의 기득권이 큰 편이다. 최근에는 도시 근교에서 농지가 택지로 전용되는 경우가 많으므로, 이것을 도시의 상수도 등으로 돌릴 수 있도록 수리권 조정이 행해지게 되었다. 상세한 것은 제12장에서 기술하기로 한다.

(c) 공업용수

공업용수는 상수도에 비해 수질 문제가 적어 보일러용수·원료용수·냉각용수·세정용수 등으로 사용되고 있다. 수원은 상수도용수와 거의 같지만, 하수의 처리수를 사용하고 있기 때문에 정수는 행하지 않는다. 또한, 재래 공업용수는 지하수를 퍼올리는 경우가 많기 때문에 최근에는 지반침하 등의 공해를 초래하게 되어 하천 등에서 취수하는 공업용 수도를 이용하는 것이 많아지고 있다(12.4절 참조).

(d) 발전용수

이용된 후에도 그대로 방류되므로 유역이 변경되는 경우를 제외하면 문제가 적다.

(e) 내륙 해상운송

선박의 항행에 필요한 수심을 유지하기위해 댐 등으로부터 방류되는 것인데, 우리 나라에는 내륙 해상운송편이 적기 때문에 예도 적다.

(f) 하천 유지 용수

수산 양식업을 위한 담수 보급, 염분의 역류 방지, 관광 자원의 유지, 하천 세정용 등을 목적으로 평상시 댐으로부터 방류된다.

10.3 댐

댐이란 하천이나 골짜기나 오목(凹)한 곳을 가로질러서 오로지 흐르는 물을 저류할 목적으로 축조된 구조물을 말한다. 9.5절 (3) (e)에서 설명한 둑은 댐과 달리 흐르는 물의 저류는 하지 않는다. 또 9.7절 (2)에서 설명한 사방 댐도 토사를 저류하는 것이지 흐르는 물을 저류 하는 것은 아니다. 댐에는 다음과 같은 종류가 있다.

(a) 중력 댐

댐 중에 가장 보통 형식의 댐으로, 콘크리트로 만들어지며, 댐 자체의 중력에 의해 수압이나 지진 등의 외력에 저항하도록 설계된다. 이 중력 댐은 콘크리트의 양이 방대하기 때문에 콘크리트의 경화중에 시멘트의 수화열이 일어나므로 이것의 대책을 강구해야 하는 결점이 있다. 그리고 댐 자체의 자중이 크기 때문에 암반이 좋은 지점이 아니면 불가능하다.

(b) 아치 댐

사진 10.1 아치 댐(黑四 댐)

아치의 작용 및 캔틸레버보의 작용에 의해 수압이나 지진 등의 외력에 저항하도록 설계된다. 콘크리트로 만들어지는데, 아치 작용을 이용하기 때문에 댐의 단면은 비교적 작게 되며, 댐의 체적도 적어지므로 경제적인 댐이 된다. 다만 암반이나 양쪽 기슭에 전달되는 응력도는 아치 작용에 의해 커지기 때문에 암반은 중력 댐에 비해 더욱 좋은 지점이 아니면 불가능하다.

(c) 중공 중력(中空 重力)댐

중력 댐의 내부가 비어 있는 형식의 댐으로, 철근 콘크리트로 만들어진다. 재료가 적게 드는 장점도 있지만 결점도 있어 사례가 적다.

(d) 부벽 댐(buttress dam)

부벽 댐의 상부 형태는 중공 중력 댐과 유사하며, 같은 철근 콘크리트로 만들어지는데, 수압 하중을 바닥판 또는 연속 아치로 받치고, 또 이 힘을 부벽에 의해 기초 지반에 전달시키는 댐이다. 재료가 가장 적은 형식이긴 하지만 시공이 번잡하다는 결점이 있다. 또한, 이 부벽댐과 중공 중력 댐을 모두 할로 댐(hollow dam)이라고 한다.

(e) 어스 댐(earth dam)

댐의 시작은 어스 댐으로, 농업을 기본으로 하여 옛날부터 관개용 저수지가 어스 댐으로 많이 만들졌다. 재료는 흙이 있는 곳에 존재하는 것이며, 기초 지반도 그렇게 단단하지 않아도 되는 이점이 있지만, 누수 위험이 있기 때문에 전체적으로 수밀성이 균일한 양질의 땅을 사용한다든지, 중심에 수밀성이 높은 재료를 두어 차수벽으로 한다든지, 시공에 충분한 주의를 해야 하는 동시에 너무 높이가 높은 댐은 불가능하다는 결점도 있다.

(f) 사력 댐(rock fill dam)

흙 대신 돌덩어리를 쌓아올려 축조되는 댐으로, 기초 지반이 견고한 암반이 아니라도 되는 좋은 점은 같지만, 높이가 100m를 넘는 높은 댐도 가능하다는 장점이 있다. 어스 댐보다 누수를 막는 대책이 필요하므로 단면에 차수벽을 설치하는데, 차수벽으로서는 철근 콘크리트 또는 수밀성이 있는 흙을 다져서 사용한다. 어스 댐과 사력 댐은 fill 타입 댐으로 부르며, 재료는 달라도 중력 댐과 같이 댐 자체의 중력으로 수압이나 지진 등의 외력에 저항하는 것이다.

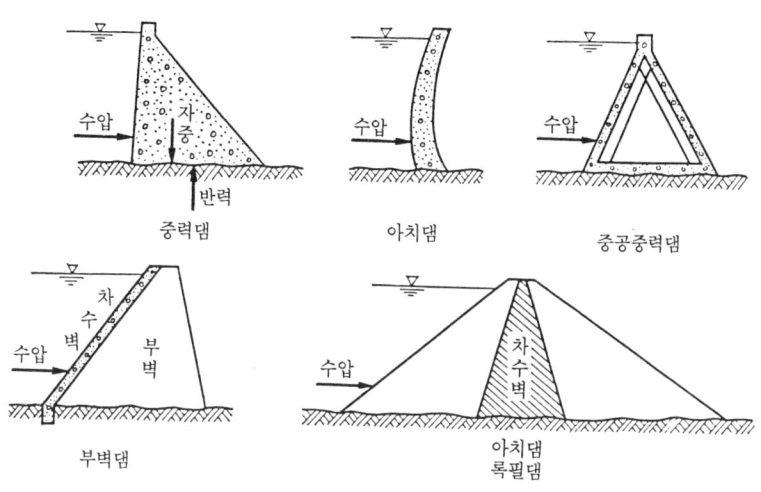

그림 10.2 댐의 종류

10.4 수력 발전

수력 발전이란 하천이나 호수와 늪 등의 물을 취수하고, 하천으로 되돌릴 때 낙차를 이용해 발전하는 것이다. 발전 방식은 크게 4가지로 분류된다.

(1) 수로식 발전

급류이면서 꾸부러진 하천의 경우에 그림 10.3과 같이 강 위에서 취수해 길고 완만한 수로에서 하류로 유도하여 얻어진 낙차를 이용해 발전시키고 본래의 하천에 방류하는 방식이다.

취수에는 취수둑이 설치되는데, 취수둑은 고정둑과 가동둑으로 나뉜다. 고정둑은 취수구에 필요한 유량을 보내는 만큼의 수위를 유지하는 데 필요한 높이로 하고, 가동둑은 수문을 설치해 평상시에는 닫아두고, 홍수일 때는 열어놓아 홍수 유량을 안전하게 하류로 흘러갈 수 있게 한다. 가동둑의 일부는 토사 토출문(배사문)이 된다. 취수둑의 상류 하안에 취수구가 설치되는데 입구를 격자로 설치해 수면에 떠다니는 나뭇잎 등을 제거한다. 격자로 계속 취수 유량을 조절하기 때문에 제어수문을 설치한다. 제어수문을 통과한 물은 침사지로 유도

되며, 여기서 모래는 유속이 느려져 바닥에 가라앉고, 바닥에 모인 모래는 하천으로 토출된다.

사진 10.2 발전을 위한 취수둑

수로는 개수로를 원칙으로 하고 있지만, 산을 관통할 때는 터널로 되고, 골짜기를 가로지를 때는 수로교 또는 사이펀이 된다. 수로 끝은 수조로 되어 있는데, 그 앞에 조정지(調整池)가 설치된다. 조정지란 발전기의 부하가 갑자기 증감될 때 취수구에서 갑자기 조정할 수 없으므로 조정지의 용량으로 조정하기 위해 설치된다.

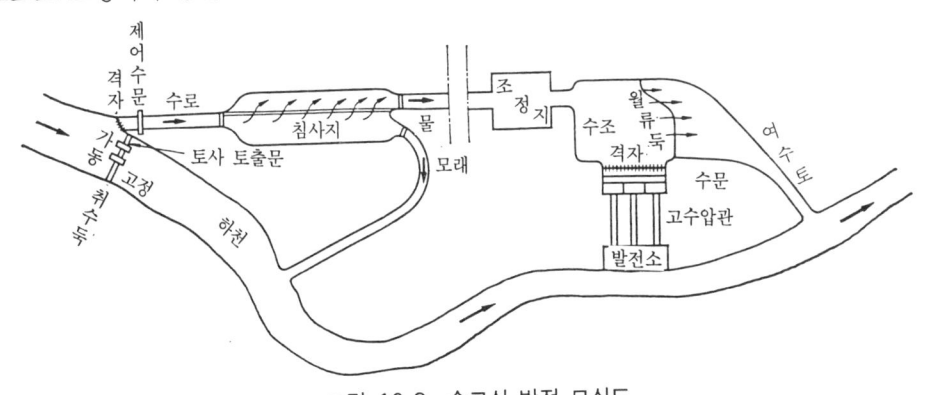

그림 10.3 수로식 발전 모식도

수조는 수로 끝에 있어서 물속의 쓰레기를 제거하고, 최후의 유량조절을 수문에서 하며, 수문에서 마지막 유량 조절된 물은 고수압관을 통과하여 낙차를 이용해 발전소의 수차 아래를 돌면서 발전기를 회전시킨다. 이 때 발전기의 부하가 급격하게 변화되는데, 예를 들면 부하가 갑자기 증가할 때는 물의 수량의 보급이 부족하지 않도록 수조의 용량을 크게 해 공기가 수차에 흡입되지 않게 하며, 부하가 갑자기 줄어 발전기가 정지되는 경우가 있으므로 수차가 멈춰도 전체유량이 월류둑을 통해 여수토로부터 하천으로 방류되도록 한다.

또한, 발전소에서 나온 물의 유량을 고르게 할 필요가 있는 경우에는 직접 하천으로 방류되지 않는 역조정지(逆調整池)를 통과시켜 하천으로 방류한다.

(2) 댐식 발전

하천에 댐을 설치하여 물을 저류할 수 있는 점 이외에 수면이 상승되어 낙차가 얻어진다. 취수구 또는 취수탑에서 취수된 물은 댐을 관통하든가 옆으로 우회하여 고수압관에 의해 댐 밑의 발전소 수차를 돌려 발전한다. 댐의 꼭대기는 일부 또는 전부 월류가 가능하므로 평상시는 수문을 닫아 수위를 올려 댐의 저수량을 크게 하는 동시에 발전을 위한 낙차도 크게 하고 있지만, 홍수일 때는 수문을 열어 방류한다. 또한 다목적 댐으로 홍수도 조절하는 댐일 때는 꼭대기 이외에 댐의 중앙에 구멍을 뚫어두고 평상시에는 밸브를 닫아두지만, 홍수 전에 미리 방류하여 꼭대기부터 아래로 수위를 내려가게 하므로서 보다 많은 홍수 조절을 할 수 있게 되어 있다.

이 댐식 발전은 취수둑도 수로도 침사지도 조정지도 수조도 불필요하며, 게다가 저수 작용에 의해 부하에 따라 발전할 수 있다는 장점이 있으며, 전압도 안정되어 주파수의 변화가 없는 양질의 전기가 얻어진다.

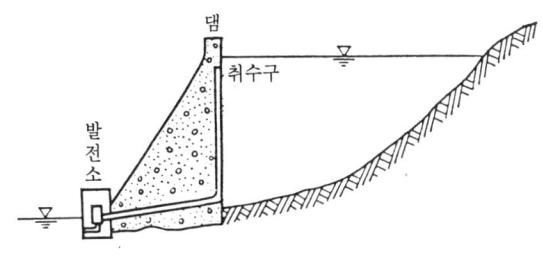

그림 10.4 댐식 발전

(3) 댐 수로식 발전

수로식 발전과 댐식 발전을 합한 방식으로, 댐에 의해 저수지를 만들고, 그 물을 수로의 길이만큼 유도한 후 발전소에 떨어뜨려 발전하는 것도 있다. 댐식과 마찬가지로 취수구 또는 취수탑에서 취수된 물은 수로를 통과해 수조에 이르는데, 댐 수로식인 경우에 수로는 터널이 되기 때문에 만수가 되어 압력 터널이 되고, 수조는 조압수조가 된다. 또한, 댐에서 취수하기 때문에 수로식과 같은 취수둑도 침사지도 조정지도 필요 없다.

댐 수로식 발전에서 부하가 갑자기 줄어 발전기가 정지되는 경우가 있어서 수차가 멈추면, 끝부분의 밸브를 급히 조이게 된다. 이 경우에 물이 갖는 운동 에너지는 압력 에너지로 변화되어 관로 속에 강한 종파(물의 밀도 변화에 따라 생기는 파)가 생기고, 이 종파는 밸브의 위치와 취수구의 위치 사이를 왕복하여 밸브나 관로에 충격을 준다. 이것을 수격작용(水擊作用)(WATER HAMMER)이라고 하며, 밸브를 급히 조이지 않아도 밸브의 개폐에 따라 약간 발생한다. 밸브나 고수압관은 이들에 견딜 수 있도록 설계되었다 해도 압력 터널 내는 콘크리트로 복공한 것인 만큼 압력 터널은 파괴되어 버린다.

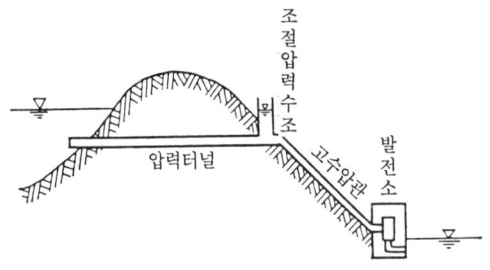

그림 10.5 댐 수로식 발전

이상으로부터 압력 터널 끝에 고수압관의 시점에 설치되는 수조는 유량의 변화에 대응할 뿐만 아니라, 부하 변동에 의한 종파의 수격작용을 압력 터널 내에 미치지 않도록 설치되는 것으로 조압수조(調壓水槽)라고 한다. 조압수조는 종파의 에너지에 의해 수위가 오르거나 내려간다.

(4) 양수식 발전

후술하는 화력 발전이나 원자력 발전은 그 구조가 정상적으로 쉬지 않고 작용하는 것으로 보다 최대한의 효율을 올릴 수 있는 것이다. 한편, 전력의 수요는 1일 중에도 낮에는 많지만 심야는 적다는 등의 흐름으로 똑같지 않다. 그래서 화력 발전이나 원자력 발전을 정상적으로 가동하면 수력 발전은 피크시에만 실시해도 되는데, 그래도 심야에는 전력이 남는다. 그래서 남는 전력을 반대로 수력 발전소로 보내어 발전기를 모터로 교환하여 하류의 저수지 물을 상류의 저수지로 양수해 저류하고, 수요의 큰 피크시에 발전기로 되돌려 발전한다. 이러한 것을 양수식 발전이라고 한다.

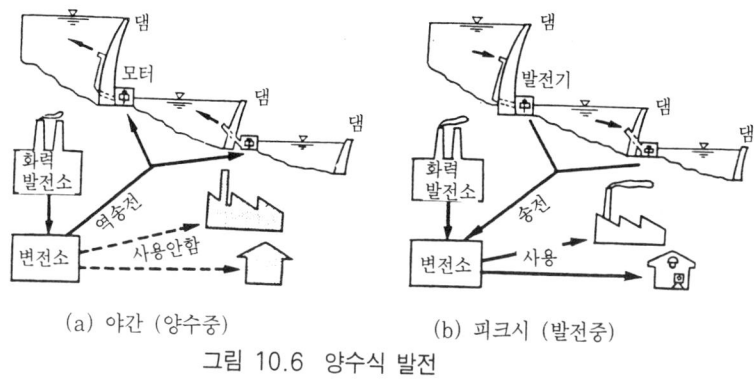

(a) 야간 (양수중)   (b) 피크시 (발전중)

그림 10.6 양수식 발전

10.5 한국에서의 수력 개발

1910년 즉 한일합병에서 1945년의 8·15 광복에 이르는 36년간의 일제하의 우리 나라 전원개발은 주로 수력 개발로 충당되었다. 그러나 그 개발추이를 돌아보면 1910년에서 1929년에 이르는 전반기와 1930년에서 1945년에 이르는 후반기로 구분할 수 있으며 후반기의 수력개발은 세계적 시야에서 보아도 괄목할 만하다.

(1) 전반기(1910~1929년)

1910년의 한일합병 이후 1929년까지의 일제하 전반에 해당되는 전반기와 8·15 광복까지의 후반기를 비교할 때 전반기 20년간은 이렇다 할 전원개발을 찾아 볼 수 없다.

1910년 한일합병 당시 우리나라 발전설비 총 출력은 1,065kw로서 서울, 인천 및 부산에서만 전등용 전기가 공급되고 있었다. 그리고 1914년에야 평양, 대구, 원산 및 기타 지방도시 등 14개 사업지구에서 전등용 전기공급이 이루어졌다.

그 후 1921년에서 1929년 사이 각 지방에 소규모의 수많은 디이젤 발전설비를 가지고 전력수요에 대응하는 실정이었다. 이 무렵에 금강산전기철도(주)가 북한강 상류 지천 화천하(化川河)에서 지역 변경식으로 1923년과 1925년에 최대출력 7,000 kW의 중대리(中台里) 발전소를, 1927년에 최대출력 720 kW의 판유리(板蹂里) 발전소를 그리고 1928년에 최대출력 3,250 kW의 향천리(香泉里) 발전소를 준공하고 발전을 개시했다는 사실은 특기할 만하다. 금강산전기철도(주)는 1919년 12월에 설립하여 1923년 12월에 영업을 개시하였다.

(2) 후반기(1930~1945년)

　1926년 압록강 지류인 부전강의 수력개발을 위하여 자본금 2,000만엔으로 설립된 조선수전(주)는 일본질소비료(주)의 계열회사로서 1926년 4월에 부전강 유역 변경식 수력개발에 착공하였다. 1929년 9월에는 부분 발전을 개시하였고, 발생전력을 전량 자가소비하기 위하여 흥남에 대규모 질소비료 생산공장이 출현하게 되었다. 부전강 계통 4개 발전소의 발전출력은 200,700 kW,

　연간 발전량 12억 kWh로 총공사비는 5,500만엔이었다. 따라서 kW당 건설비 270엔, kWh당 건설비 4.6전(錢)이라는 파격적인 저렴한 가격으로 대량전력을 공급받을 수 있게 되었다.

　뒤이어 부전강에 인접한 압록강 지류 장진강 수계 개발을 위하여 일본질소비료(주)계통의 장진강 수전(주)가 자본금 2,000만엔으로 1933년에 설립되었다. 장진강 유역변경식 수력개발은 4개 발전소가 1936년에서 1938년 사이에 각각 준공되었다. 총공사비 6,500만엔, 총 발전출력 334,000 kW, 연간 발전량 24억 kWh로서 kW당 건설비 200엔, kWh당 3전으로 부전강 수력원가의 70% 수준으로 대단히 저렴한 전력원가를 기록하였다. 이 대량전력은 새로 설립한 조선송전(주)에 의하여 1935년 10월에 장진강 발전소에서 조선을 횡단하여 평양방면으로 154 kV로 송전개시되었다. 계속하여 장진강수전(주)는 압록강지류 허천강(虛川江)계통 유역변경식 수력개발을 1937년 5월에 착공하고 자본금도 7,000만엔으로 증자하여 회사명도 조선수력전기(주)로 개명하였다. 허천강계통의 총 발전출력은 4개 발전소를 합하여 338,800 kW, 연간 발전량 22억 kWh로서 kW당 건설비 330엔, kWh당 건설비 5전이었다. 허천강에서 흥남(興南)까지 135km는 당시 동아시아 최고전압인 220 kV로 송전되었다.

　이상과 같이 부전강수계, 장진강수계 및 허천강수계 등 3개 수계의 유역면적 합계는 약 5,000 km^{2}로서 압록강 전유역의 8%에 해당된다. 3개 수계의 하천유량 합계 초당 약 100m^{3}를 터널로 동해쪽으로 도수하여 동해쪽으로 형성되는 낙차 약 1,000m를 이용하여 3개 수계 합계 약 90만 kW, 연간 발전량 약 60억 kWh의 저렴한 에너지를 얻게 되었다. 3개 수계 저수지의 유효저수량은 약 23억 m^{3}로서 연간유하량의 80%이상을 저수할 수 있는 용량이었다.

　위 3개 수계 수력개발과 병행하여 1940년에는 두만강지류 성천수(城川水)계통 유역변경에 의한 부령수력(富寧水力) 3개 발전소가 총 발전출력 28,000kW로 부령수전(주)에 의하

표 10.1 일제하 완공된 발전소

완공년	발전소명	발전소 출력 (kW)	비 고
1925	중대리(中台里)	7,000	북한강지류 화천하에서 유역변경식 발전(동해)
1927	판유리(板踰里)	720	
1928	향천리(香泉里)	3,250	
1936	신일리(新日里)	2,600	
	금강산전철 합계	13,570	
1929	부전강 제 1	일부발전	압록강지류 부전강에서 유역변경식 발전(동해)
1930	〃 〃	129,600	
1930	〃 제 2	41,400	
1930	〃 제 3	18,000	
1932	〃 제 4	11,700	
	부전강계 합계	200,700	
1931	운암	5,120	섬진강지류 유역변경식 발전(서해)
1935	장진강 제 1	일부발전	압록강지류 장진강에서 유역변경식 발전(동해)
1936	〃 〃	144,000	
1936	〃 제 2	112,000	
1937	〃 제 3	42,000	
1938	〃 제 4	36,000	
	장진강계 합계	334,000	
1937	보성강수력	3,120	섬진강지류 보성강에서 유역변경식 발전(남해)
1937	영월화력	107,000	
1940	부령수력 제 1	13,400	두만강지류 성천수에서 유역변경식 발전(동해)
1940	〃 제 2	9,400	
1940	〃 제 3	5,200	
	부령수력합계	28,000	
1940	허천강 제 1	145,000	압록강지류 허천강에서 유역변경식 발전(동해)
1940	〃 제 2	69,800	
1943	〃 제 3	58,000	
1943	〃 제 4	66,000	
	허천강계 합계	338,800	
1941	수풍 제 1	100,000	8월 26일 조선측송전
1941	〃 제 2	100,000	9월 1일 만주측송전
			9월 28일 발전식
1942	〃 제 3	100,000	4월 8일
1943	〃 제 4	100,000	2월 6일
1944	〃 제 5	100,000	1월 25일
1944	〃 제 6	100,000	2월 7일
	〃 제 7		5호기 100,000kW 미완
	수풍 합계	600,000	
1944	화천	54,000	3호기 27,000kW 미완. 북한강 본류
1944	청평	39,600	
	한강수계 합계	93,600	
합계	25개 지점	1,723,910	수력 24개지점 1,616,910kW 화력 1개지점 107,000kW

여 준공되었다.

또한 한강수계에서는 화천 및 청평수력발전소가 한강수전(주)에 의하여 총 발전출력 120,600 kW로 1944년에 준공되었다.

강계수전(주)에 의하여 장진강 하류에서 강계(江界)쪽으로 유역변경에 의한 3개 발전소 총 발전출력 218,900 kW와 압록강지류 독로강 댐식수력발전소 86,100 kW 합계 305,000 kW는 1945년 8·15광복 당시 공사중으로 미완성 상태였다.

두만강지류 서두수(西頭水) 유역변경에 의한 총 출력 308,400kW의 3개 발전소 건설공사도 조선수력전기(주)의 자회사인 북선수력전기(주)에 의하여 1942년 10월에 착공되었으나 공사도중 미완성상태로 1945년 8·15 광복을 맞게 되었다.

또한 압록강 본류의 수풍수력은 1937년 9월에 착공하여 1941년 8월에 일부 발전 개시하고 1945년 8월까지 60만 kW를 완성하였다. 그리고 1942년 7월에는 수풍댐 상류에 50만kW의 운봉수력을 착공하고, 1942년 6월에는 하류에 20만kW의 의주수력(義州水力)에 착공하였으나 역시 각각 공사도중에 8·15 광복을 맞게 되었다.

한편 화력발전소로서는 영월의 무연탄을 사용하는 영월화력발전소가 107,000 kW의 출력으로 1937년 가을에 조선전력(주)에 의하여 준공되었다. 그러나 이 영월화력은 영월 탄질의 불량으로 전출력 발전을 못하고 부분발전에 그치고 말았다.

이상과 같이 일제때에 개발된 조선의 전력 관리를 1943년 10월부터 국가가 관리하게 되어 조선전업(주)를설립하여 조선의 전 발송전시설의 건설과 운영을 관장토록 함에 따라 기존에 있던 조선의 발송전회사들은 모두 신설 조선전업(주)로 통합되었다.

표 10.1에서 일제하 즉 한일합병 이후 1945년까지 완공된 발전소를 알아 볼 수 있다. 이것을 요약하면 수력발전소는 24개 지점으로 총 출력 1,616,910kW이며, 화력발전소는 1개 지점으로 107,000kW로서, 일제하의 전원개발은 총계 25개 지점으로 총 출력은 1,723,910kW로 집계된다.

10.6 기타의 발전(發電)

(a) 석탄 화력 발전

석탄을 연소시켰을 때 얻어지는 수증기의 힘으로 발전기를 돌려 전력을 얻는 것으로, 저탄(貯炭) 및 운반, 그리고 재(灾)의 처리가 편리해 해안에 설치되는 경우가 많다. 그리고 냉각용수가 대량으로 필요하기 때문에 해수 등을 사용한다. 또한, 재의 처리 및 냉각에 사용해 온도가 상승된 물을 바다에 방류하게 되면 공해 등의 문제가 생긴다.

(b) 석유 화력 발전

석탄 화력 발전에 비해 석유를 연소시켜 발전하기 때문에 연료 효율도 좋고, 취급도 용이하고 재의 처리 등도 필요없기 때문에 고도 성장기에는 석탄 화력 발전소 대신 석유 화력 발전소가 대규모로 건설되었다.

(c) 원자력 발전

화력 발전소의 보일러 부분이 핵분열 반응의 이용으로 원자력을 에너지화 하는 원자로 및 수증기 발생 설비로 바뀐 것으로, 얻어진 수증기에 의해 발전기를 돌리는 것은 화력 발전의 경우와 마찬가지이다. 다만, 원자력 발전소의 경우 방사선 장해 방지 설비가 극히 중요하게 되고 있다. 또한, 프랑스를 비롯하여 선진 제국에서는 원자력 발전이 중심으로 되어 있는 나라가 많다.

(d) 지열 발전(地熱 發展)

땅속의 마그마에서 분출하는 수증기를 이용해 발전기를 돌려서 발전하는 것으로, 화산국이 아니면 지열 발전은 불가능하다. 이탈리아에서 처음 개발에 성공하였으며, 일본에서도 소규모의 지열 발전소가 설치되어 있다.

(e) 풍력 발전(風力 發電)

풍차 왕국인 덴마크에서 1898년에 개발된 것으로, 일본에서는 山形 縣立川町에서 연간 약 120만kW/시(약 400세대분)을 발전하고 있으며, 三重縣 久居市에서도 750kW의 풍차 4기(약 2,300세대분)이 가동되고 있다(사진 10.3 참조).

(f) 파력 발전(波力 發電)

파도가 있는 해면은 고저가 있다. 이 해면의 고저 차이의 힘을 이용해 발전기를 돌리는 것인데, 낙도 등 특별한 경우에만 이용되고 있다.

사진 10.3 풍력 발전소(立川町 제공)

(g) 조수력 발전

조수 간만의 차이로 생긴 수위의 차이를 이용해 발전하는 것으로, 조수 간만의 차이가 큰 만 안쪽이라든지, 좁은 지역에서 양쪽 바다의 해면에 간만의 차이가 큰 경우 등에 가능한 것이다. 다만, 조수력 발전의 단점은 낙차가 적은 것으로, 프랑스에는 실현되고 있다.

(h) 태양열 발전

지구에 내려쪼이는 풍부하고 무한한 에너지를 이용하려는 것이다. 지붕재와 일체화 한 어모퍼스(amorphous) 태양전지가 개발되고 있으며, 만일 단층주택의 80%가 솔라 하우스로 되는 경우, 총전력 수요의 약 40%를 조달할 수 있게 된다.

(i) 고온 암체 발전

지구 내부에는 뜨거운 마그마가 있는데, 그 가까이에 물이 있다면 뜨거워져 고온 수증기가 되며, 이것을 이용하여 (d)에서 설명한 것처럼 지열 발전이 이루어진다. 이것에 대해서 가까이에 물이 없을 때에는 지표에서 파이프를 통해 물을 강제적으로 주입하고, 주입된 물이 바위의 균열을 도는 사이에 뜨거워지며, 다른 파이프를 통해 지표로 나오는 고온 수증기가 되어 지열 발전과 마찬가지로 터빈을 돌려 발전기를 돌린다.

연구 과제

10.1 다목적 댐을 만드는 하천 종합개발 사업이 왜 유리한 것인가, 그 이점을 생각해 보시오.

10.2 물의 수요 중 왜 농업용수가 차지하는 비율이 많은지 이유를 생각해 보시오.

10.3 댐의 종류는 몇 가지가 있는데, 그 장점·단점을 비교 검토하시오.

10.4 댐 수로식 발전에 대해서 모식도를 그려보시오.

제 11 장

항 만

11.1 선 박

선박을 분류함에 있어서 적하(積荷)나 목적에 따라 선박을 분류하는 경우가 많은데 ① 화물선, ② 여객선, ③ 객선, ④ 전용선, ⑤ 도선(ferry), ⑥ 컨테이너선, ⑦ 빠지 운반선, ⑧ 소형 철선, ⑨ 유람선, ⑩ 특수선으로 분류한다. 특수선에는 수중익선, 호버크래프트(Hovercraft), 고속정, 제트포일(jetfoil) 등이 있다. 이 외에 어선, 예인선, 터그보트(tugboat), 거룻배 등 종류가 많다.

항만이란 이상 복잡한 종류의 선박이 안전하게 출입할 수 있으며, 또한 정박된 여객의 승강이나 화물의 내림이 편리해야만 한다. 그래서 이러한 선박이 어떤 배인지는 항만의 계획상 중요하게 된다.

우선, 선박의 크기를 나타내는 것에는 선박 톤수와 적재화(積載貨) 톤수가 있다. 선박 톤수에는 선박의 내용적(內容積) $100\,\text{ft}^3$을 1톤으로 계산한 총(總)톤수, 총톤수에서 법규에 따라 선원의 상용실이나 기관실 등의 톤수를 제외한 순(純)톤수, 선박의 중량을 표시하는 배수(排水) 톤수의 3종류가 있는데, 총톤수는 항구의 계획에 필요한 톤수이며, 순톤수는 톤세(稅) 외에 필요한 것이며, 다른 것은 적재화 톤수를 포함해 항만의 계획 등에는 관계가 없다.

선박의 톤수와 치수와의 관계는 각 선박마다 약간 차이가 있어 일률적으로는 말할 수 없지만, 대체로 각 배의 종류마다 표준 치수가 정해져 있으므로, 예를 들면, 총톤수,가 1만톤급의 배를 댈 수 있는 안벽은 흘수(물에 잠기는 깊이)가 9 m, 배길이 150 m, 배폭 20 m로 계획된다. 다만, 10만톤을 넘는 맘모스·탱커나 컨테이너선 등의 출현으로 일률적으로는 할 수 없으므로 특별한 목적을 위해서 항만 시설이 만들어지는 경우도 있다.

11.2 항만의 종류

항만은 여러 가지 분류의 방법이 있다. 우선 사용목적으로 분류하면, ① 상업항, ② 공업항, ③ 어업항, ④ 대피항, ⑤ 관광항, ⑥ 군사항으로 나뉘지만, 하나의 항만이 산업이나 교통 등 다방면으로 이용되는 경우가 많아 이것을 상업항이라든가 공업항이라는 단일적으로 구별하는 것이 곤란한 경우가 많다. 그래서 다방면으로 이용되는 항만에서는 하나의 항만수역을 이용 목적에 따라 상업항구·공업항구·어업항구 등으로 지구적(地區的)으로 구분해 이용상의 혼란을 피하도록 하고 있다.

항만이 위치하는 장소에 따라 분류하면 ① 연안항, ② 하구항, ③ 하천항, ④ 호소항(湖沼港), ⑤ 운하항으로 나뉜다. 연안항은 해안에 있는 항으로 바다항구라고도 하지만, 그밖의 항은 해안으로부터 들어가 있기 때문에 총칭해 내륙항으로 불리운다. 이 중에서 하구항은 해안선을 따라 섬이 발달되어 하구가 자연이 좋은 항구가 되는 것을 이용하여 옛날의 통나무배 시대부터 전통적으로 발전된 항구가 많다.

외국에는 하구로부터 하천을 약간 거슬러 올라가는 곳에 하천항 즉 하항으로 유명한 항구가 많아 런던, 함부르크, 뉴욕, 로테르담이 그 예이다.

연안항에는 2종류 있는데, 하나는 해안을 매립하여 그 위에 항만 시설을 설치한 것이 있

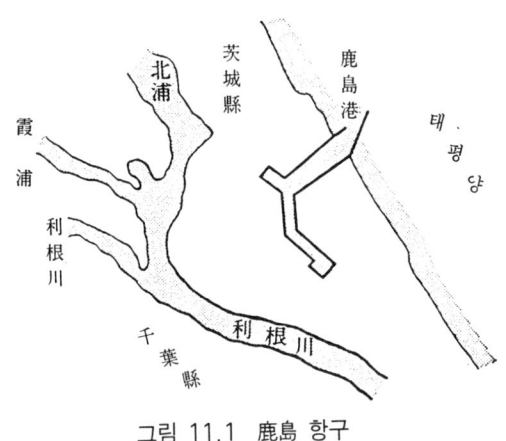

그림 11.1 鹿島 항구

으며, 다른 하나는 해안에서 내륙으로 수로를 내고, 그 수로 주위에 항만 시설을 설치하는 것이다. 보통의 항구는 전자의 경우로 숫자도 많지만, 후자의 경우는 해안의 지형이 항만으로 적합하지 않은 경우에 만들어진 것으로 굴입항만으로도 부른다.

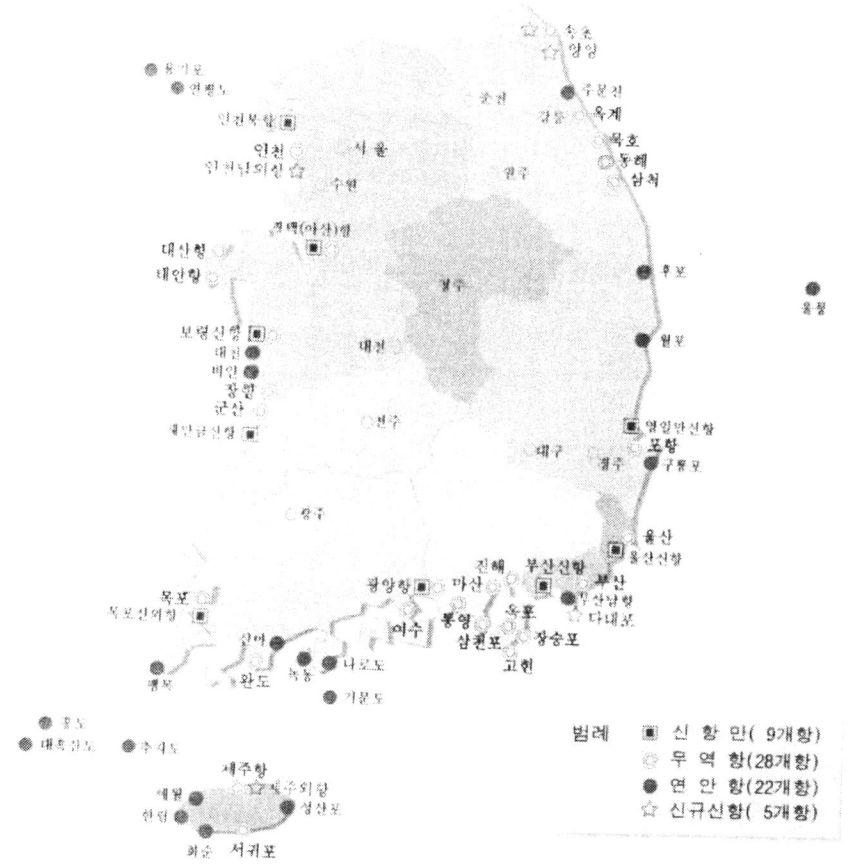

그림 11.2 전국 지정항만 위치도

다음에 항만의 구조 형식상으로 분류하면 ① 개구항과 ② 폐구항이 있다. 후자의 폐구항이란 바다의 간만의 차가 커서 조위의 높이의 변동이 심한 항만에서는 선박의 접안 하역이 불편하기 때문에 항의 입구에 갑문을 설치해 내부의 조위 높이를 일정하게 유지하는 항만을 말한다. 영국은 간만의 차가 큰 해안이 많기 때문에 사례가 많으며, 우리 나라의 인천항도 그 사례이며, 일본에는 九州 有名海의 三池港에 보일 뿐이다. 또한, 전자의 개구항이란 조위의 조절이 필요없이 자유롭게 출입할 수 있는 항을 말한다.

다음에 항만을 법률상으로 분류하면 항만법에서는 ① 특정 중요 항만, ② 중요 항만, ③

지방 항만, ④ 피난항으로 나뉘고, 어항법에서는 ① 이용 범위가 그 고장의 어업을 주로 하는 제1종 어항, ② 이용 범위가 약간 넓은 제2종 어항, ③ 이용 범위가 전국적인 제3종 어항, ④ 낙도 기타 벽지에서 어업의 개발이나 어선의 피난상 특히 필요한 제4종 어항으로 나뉜다.

11.3 준설과 매립

(1) 준 설

물속에서 토사를 굴착하는 것을 준설이라 한다. 준설에는 대개 준설선이 사용되고, 항이나 하천이나 운하 등 수로의 준설뿐만 아니라 물속에서 시공되는 기초공사 등에도 사용된다. 또한 준설선에는 다음과 같은 것이 있다.

(a) 바켈선

밑이 없는 물통을 연속되게 배에 장치하고, 바켈 라이더가 회전하면서 물속의 토사를 즉시 위로 올리는 방식.

(b) 디퍼선

배의 앞에 있는 커다란 강철 디퍼로 물속의 토사를 들어 올리는 방식. 토사뿐만 아니라 암석도 들어 올릴 수 있다.

(c) 펌프선

흡수관 끝에 커터를 장치하고, 커터로 물속의 토사를 절단시키면서 펌프로 퍼올리는 방식. 동시에 매립도 할 수 있다.

(d) 그래브선

그래브 바켈을 배의 앞에 장치하여 물속의 토사를 집어올리는 방식.

(e) 토운선(土運船)(barge)

바지라고 부르며, 굴착 토사를 운반하는 배이며, 토사를 배출할 때 배밑이나 측면을 열어 한번에 배출할 수 있는 특징이 있다.

(2) 매 립

한국은 국토가 좁기 때문에 가능한 한 해면이나 호소(湖沼)를 매립해 국토를 유효 이용하는 정책이 취해진다. 항만을 건설할 때는 굴입(掘込) 항만과 같은 특별한 경우는 제외하고 매립이 가능하여 매립지에 각종의 항만 시설을 설치한다. 또한 매립은 항만뿐만 아니라 농업용지나 공업용지 등을 조성하는 경우에도 행해진다.

매립 공사에는 다음과 같은 종류가 있다.

(a) 펌프식

펌프선으로 해저의 토사를 퍼올리고, 파이프를 통해 소정의 매립지로 배송하는 방식.

(b) 토운선식

펌프선 이외의 방법으로 준설된 해저의 토사를 토운선으로 소정의 매립지까지 운반하여 토운선의 배밑이나 측면을 열어 매립하는 방식.

(c) 육상식

육지의 산에서 흙을 굴착하여 벨트 컨베이어나 덤프 트럭 등을 사용해 운반하고, 해안을 차례로 매립해 가는 방식. 또한 토사를 운반하는 방법으로서 물과 함께 파이프에 의해 매립지로 배송하는 방법도 있다.

11.4 항만 시설

(1) 방파제

방파제란 외해(外海)의 파랑을 차단하여 항내(港內)의 수면을 평온하게 하는 목적으로 설치되는 것인데, 한편으로는 선박의 항행(船行)을 제한하는 것이기도 하므로, 그 위치나 배치에 대해서는 항구의 지형, 물결의 방향, 조류 등 여러 조건에 따라 결정된다. 그 배치 양식을 그림 11·3에 나타낸다.

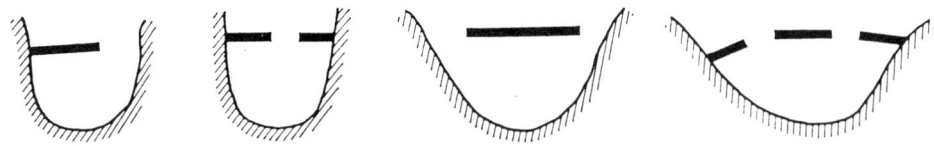

그림 11.3 방파제의 배치양식

방파제를 구조상으로 분류하면 그림 11.4와 같은 종류가 있다.

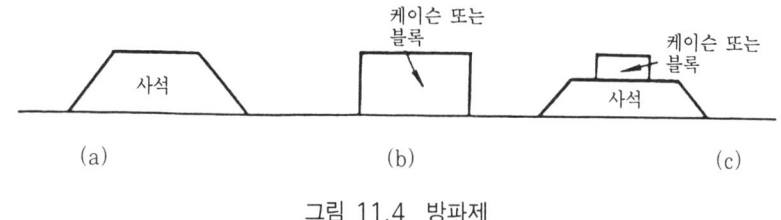

그림 11.4 방파제

(a) 사석 방파제

석괴 또는 콘크리트·블록을 바닷속에 내버리듯이 쌓아 올린 것으로, 연약 지반에 적합하여 시공이 용이하지만. 대량의 석재나 블록을 필요로 하는 결점이 있다.

(b) 직립 방파제

기초가 단단해 부등 침하를 일으키지 않는 장소에 적합한 것으로, 철근 콘크리트로 만들어진 케이슨 또는 콘크리트·블록을 쌓아올려 시공한다.

(c) 혼성 방파제

사석제방 위에 직립제방을 설치하는 것으로 양쪽의 장점이 있다.

(2) 부 두(埠頭)

부두란 선박이 접안해 여객의 승강과 화물의 내림을 행하고, 또한 화물의 저장 및 후방에의 연락 수송 등을 편리하게 하기 위해 설치되는 것이다. 이러한 부두 시설로서는 계류시설, 대기소, 하역 시설, 창고, 지붕이 있는 가건물, 야적장 외에 도로나 철도 등의 육상 교통 시설이 설치된다. 부두의 배치 양식으로서는 그림 11.5와 같이 ① 돌출제(突出堤)방식, ② 끼

어넣기식, ③ 평행식, ④ 섬식, ⑤ 쌍동이식이 있다.

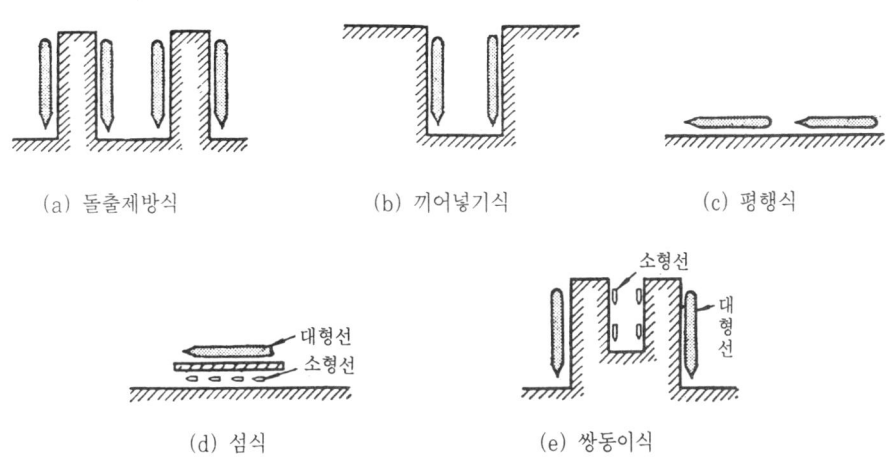

그림 11.5 부 두

부두의 접안 설비를 구조상으로 분류하면 다음과 같은 종류가 있다.
 (a) 안 벽(岸壁)
  배를 대는 쪽은 벽면을 두지 않고 보통 선박이 접안해 계류하거나 하역하는 것을 말한다.

 (b) 물양장(物揚場)
  안벽에서 수심이 4.5m 보다 얕은 소형선박용을 물양장이라고 한다. 거룻배 등에 사용된다.

 (c) 잔 교(棧橋)
  배를 대는 쪽은 벽면이 아니고, 물속에 세워진 고정된 지주(支柱)의 경우를 말한다. 또한 지주위에는 상판(床版)이 부설된다.

 (d) 부잔교(浮棧橋)
  육안(陸岸)으로부터 어느 정도 거리를 두고 폰툰을 띄우고, 폰툰과 육안(陸岸)과의 사이에 가동교(可動橋)를 놓아 연락하고, 선박은 폰툰 옆으로 대는 것이다. 하역 능력이 작아 소형선박 이외는 사용하지 않는다. 또한 부잔교에는 그림 11.6과 같이 돌출식과 평행식이 있다.

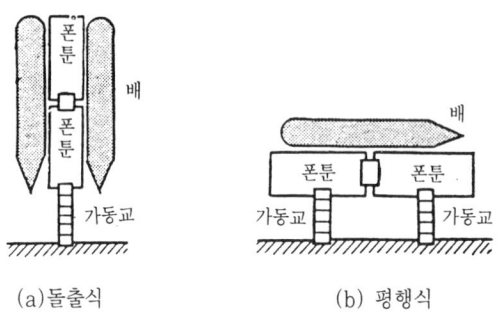

그림 11.6 부잔교[1]

(3) 계선 시설(繫船施設)

선박을 전부 부두에 접안시키려면 부두의 시설이 많이 필요하게 되고, 또 선박에는 부두에 접안할 필요가 없는 것도 있다. 또 최근에는 대형선박이 출현하여 안벽 등으로의 접안이 수심 관계로 불가능한 경우도 많다. 그래서 선박을 접안하지 않고 정박시키기 위한 구역, 즉 정박지를 설치하고, 여기에 계선시설을 설비한다. 계선시설에는 다음과 같은 것이 있다.

(a) 계선부표

부이(buoy)라고 부르는데, 정박지 면적을 유효하게 이용하고 선박을 안전하게 묶어 두기 위해 해저에 고정시킨 닻과 체인으로 연결된 부표를 말한다. 이 정박지에서는 본선과 거룻배 사이에 하역이 행해지며, 이것을 바다하역(沖荷役)이라고 한다.

(b) 돌핀(dolphin)

말뚝을 수십개 겹쳐 해저에 빽빽이 세워 물속에 기둥 형태로 설치하고, 이것에 선박을 배를 묶어 두는 것을 말한다.

(c) 시 배스(sea Bath)

안벽에서 떨어진 소요 수심의 해상 정박지로, 돌핀을 2~3기 설치해 선박을 묶어서 고정시키고, 육상과는 간단한 도교(渡橋)를 설치해 연락한다. 석유 탱커의 경우에는 도교(渡橋) 대신 해저에 석유 파이프 라인을 부설하는 것도 있다. 이것을 시 배스라고 하며, 대형선박에 사용되는 경우가 많다.

(4) 육상 시설

(a) 하역 기계

하역에는 선박에 설치되어 있는 마스트·크레인이 사용되기도 하는데, 부두에 설치되어 있는 고정식 또는 이동식의 각종 크레인을 사용하는 편이 능률이 높다.

(b) 상옥(上屋)(지붕만 있는 가건물)

항구에서 육지로 올리거나 배후지에서 수송되는 화물을 분리해 포장을 교체하거나 임시로 두기 위해 부두에 접근해 세워지는 것으로, 가건물안의 화물은 수일 이내로 이동되는 것이 원칙이다.

(c) 창 고

지붕만 있는 가건물 대신에 장기간 화물을 보관하는 곳이다. 분체물이나 입체물을 포장하지 않고 넣는 것을 사일로라 하고, 또 품목에 따라 저목장, 저탄장, 저유(貯油)탱크 등이 설치된다.

(5) 기타의 시설

(a) 항로 표지

선박의 항로나 항구의 위치를 지시하거나, 얕은 여울이나 암초 등 항행상의 장애물 위치를 표시하는 것으로서, 선박의 항행을 보조하는 설비로 항로 표시가 있다. 항로 표시에는 ① 광파 표시, ② 음파 표시, ③ 전파 표시의 3종류가 있다.

① 광파 표시 : 육안으로 직접 식별할 수 있는 것으로, 낮에만 보이는 주간표지와 밤에는 등대불로 보이게 하는 등대 등의 야간표지가 있다.

② 음파 표시 : 시계가 극히 나쁠 때는 기적이나 수중 신호 등이 들리게 하는 것을 말한다.

③ 전파 표시 : 전파를 사용하는 것으로, radio compass(무선 방향 탐지국), radio beacon(무선 표시국), 회전 beacon, low run 등이 있다.

그림 11.7 항로 표시의 종류

(b) 선박 수선 설비

선박을 검사하거나 보수하거나 수선하거나 하기 위해서 항구내 또는 가깝게 선박 수선 설비가 있는 것이 바람직하다. 그 설비로서 드라이 독(dry dock)이나 부양식 독(floating dock) 등이 있다.

(c) 급유 급수 설비

선박 연료인 중유를 공급하고, 식수를 보급한다.

11.5 해 안

해안이란 육지와 바다와의 경계를 말하며, 해안은 파랑이나 해일이나 고조위 등 자연 및 기후가 혹독한 경우가 많은데, 국토가 좁기 때문에 해안 주변은 옛날부터 생활의 중요한 터전으로서 널리 사용되고 있었다.

(1) 해안 사방

해안에 사구(砂丘) 등이 생겨서 국토가 황폐해 지는 것을 방지하는 것을 해안 사방이라고 한다. 해안의 모래는 보통 파도 또는 흐름에 의하여 수송되는 것으로, 이것을 표사(漂砂)라고 한다. 이 표사의 공급원은 하천에서 유출되는 모래 또는 해안이 침식되는 곳에서 얻어지는 모래이며, 표사 때문에 하구에 섬이 생기지 않았다 해도 하구가 막히는 경우도 있으며, 때에 따라서는 항만의 정박지가 매몰되는 외에 해안에 가까운 논밭을 모래로 덮여 사구화 되는 경우도 있다.

그 이유는 파도의 작용에 의해 물가로 떠밀려온 모래가 바람에 의해 내륙 방면 또는 해안을 따라서 공기 속으로 수송되어 조금씩 퇴적되기 때문이며, 이것을 비사현상(飛砂現象)이라고 한다. 이것을 방지하는 공법으로서 해안에 섶나무울타리 등을 잇대어 모래가 날아오는 것을 저지하고, 또한 흑송 등을 심는다. 이것을 비사방지공(飛砂防止工)이라고 한다.

(2) 해안 제방

해안 제방은 고조(高潮)위나 파랑이나 해일 등 자연 현상으로부터 해안을 방호하여 내륙부를 보전하기 위해 설치되는 제방을 말한다. 제방의 높이는 조위가 높을 때 큰 파도가 올 것을 고려하여 이것이 제방을 넘지 않도록 정해진다.

해안에 밀려오는 파도의 힘은 대단히 큰 것이므로, 이것이 정면으로 해안 제방을 덮칠 때는 물보라가 높이 흩날릴 뿐만 아니라, 제방의 파손으로 이어지는 경우도 있다. 그래서 해안 제방의 앞면에 테트라 포트 등의 소파 블록을 늘어놓아 파도의 힘을 약하게 해 파도의 솟구침을 경감시키는 것이다. 그래도 파도의 힘에 의해 파도가 덮치면 해안 제방의 천단이나 내륙쪽의 비탈뒤로 비산하기 때문에 해안 제방의 바다쪽 비탈표면은 물론이고 천단이나 비탈 뒤에도 콘크리트 등으로 피복한다.

(3) 해안 침식 대책

파랑에 의해 해안의 낭떠러지가 무너지거나, 바람이나 파도가 해수의 흐름에 의해 해안의 사력(砂礫)이 이동되어 해안이 침식된다. 해안의 낭떠러지가 무너지지 않도록 하기 위해서는 파도가 밀려올 때 파도의 힘을 약하게 하고, 또한 낭떠러지 밑을 보호하기 위해서 테트라 포트 등을 앞면에 배치한다. 또 하천에서의 유출 토사를 감소시키거나, 인접하는 해안이 자연 또는 인공적으로 변하는 경우에 해안의 사력 이동량이 공급보다 유실되는 쪽이 크게 되면 변화가 생겨서 해안 침식이 진행되는 경우가 있다. 해안이 침식되면 좁고 귀중한 국토가 더욱 좁아지게 되는 것이므로 해안 보전 대책은 중요한 사업이 되고 있다.
　이 해안침식대책 공법으로서 다음과 같은 것이 있다.

　(a) 방사제(防砂堤)
　　표사 방지를 목적으로 거의 해안에 직각으로 설치되는 제방의 형태로서 항만 등에서의 표사 유입을 방지하기 위해서 설치된다.

　(b) 해안 방사제(海岸 防砂堤)
　　물가에 표사를 저류시켜 해안을 보전하는 것으로, 위의 방사 제방과 같이 해안에 거의 직각으로 제방의 형태로서 설치된다. 종제방이라고도 하며 해안수제라고도 한다.

　(c) 도류제(導流堤)
　　표사 현상이 활발한 해안에 하구가 있는 경우에는 하구의 위치가 변하기 쉽다. 이와 같은 경우에 하구를 안정시켜 홍수일 때 신속히 유출시키기 위해 하구에서 바다를 향해 거의 직각으로 제방의 형태로 설치된다. 이것을 도류 제방이라고 하며, 방사 제방과 해안 방사 제방을 합쳐서 돌출 제방이라고 한다.

　(d) 이안제(離岸堤)
　　해안으로부터 조금 앞바다에 해안과 평행으로 설치되는 구조물인데, 방파제와 다른 것은 방파제 만큼 천단이 높지 않고, 따라서 파도는 자유롭게 넘나들지만 파도를 약하게 할 수 있다. 이안 제방에 의해 밀려오는 파도가 작아진다.

　(e) 잠수제(潛水堤)
　　이안제 중에 천단이 정수면(靜水面) 부근 또는 그 이하에 있는 경우를 잠수 제방이라고 하며, 이안제방으로서의 효과는 낮아진다.

　(f) 모래사장 보호공(養浜工)
　　해안 제방을 비롯해 위의 해안 침식 대책 공법은 모두 인공 조형물이며, 해안 보전에 대한 기능에는 자연이 한도가 있다. 역시 자연의 해변은 파도의 에너지를 흡수하는데 가장 이상적이기 때문에 해변에 모래를 인공적으로 공급해 해안의 보전을 꾀하는 것으로, 이것을 모래사장 보호공이라 한다.

11.6 운 하

운하란 항만과 항만을 바다로 연결하든지 하천과 하천이나 호소를 연결하든지 또는 바다와 바다를 연결하기 위해 인공적으로 설치된 수로를 말한다.

(1) 항만 부속 운하(港灣付屬運河)
항만에 부속 또는 근접해 설치되는 것.

(2) 하천 연락 운하(내륙 운하)
내륙 수로의 항행은 까다로운 항해 기술을 필요로 하지 않으므로 가장 저렴하게 대량 수송이 가능한 교통로이었기 때문에 하천을 내륙 수로로서 활용함과 동시에, 하천을 연결한 인공 수로로서 운하가 건설되어 철도나 자동차가 출현하기 이전에는 사람의 수송은 물론, 물자 수송 대동맥이었다.

역사상에 남아 있는 운하의 역사로서 가장 오래된 것은 중국의 대운하이며, 최초는 황하와 회수(淮水)를 연결한 通濟渠와 회수와 양자강을 연결한 邗溝가 건설되었으며, 당시의 수

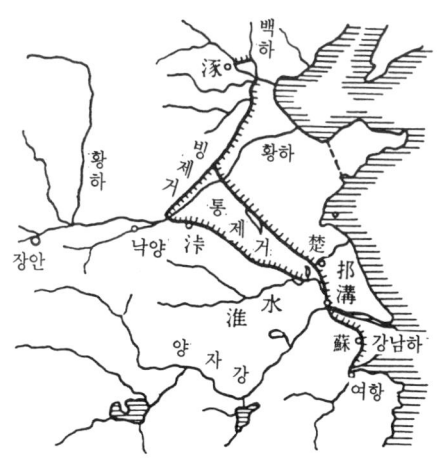

그림 11.8 중국의 대운하

사진 11.1 중국의 대운하

도인 長安에서 강남지방을 연결하고 있었다. 그 후 대운하는 연장되어 북쪽으로는 白河와 黃河를 연결하는 永濟渠와 남쪽으로는 양자강과 余杭을 연결하여 江南河가 건설되었으며, 북쪽은 天津에서 남쪽은 杭州까지 통하고 있다.

유럽 대륙은 하천이 내륙 해상운송으로서 이용되고 있기 때문에 9세기에는 이미 볼호후강과 도니에푸르강이 운하로 연결되었으며, 운하망은 그물눈처럼 정비되었으며, 현재에는 도나우강과 라인강이 상류부에 운하강으로 이어져 있다. 또 소련에도 볼가강과 돈강을 연결하는 운하를 중심으로 운하망이 정비되었으며, 발트해와 흑해나 카스피해가 이어져 있다.

사진 11.2 배의 왕래가 많은 라인강(독일)

(3) 해양 연락 운하(지협 운하(地峽運河))

바다와 바다를 연락하는 것으로, 내륙 해상 운송은 아니고, 외양선(外洋船)이 항행하는 것이다. 유명한 운하로는 수에즈 운하와 파나마 운하가 있는데, 수에즈 운하는 지중해와 홍해를 연락하는 것이고, 파나마 운하는 태평양과 대서양을 연락하는 것이다. 또한, 파나마 운하는 지형 관계에서 개문식으로 되어 있어서 바다에서 수로쪽으로는 갑문으로 오르내린다.

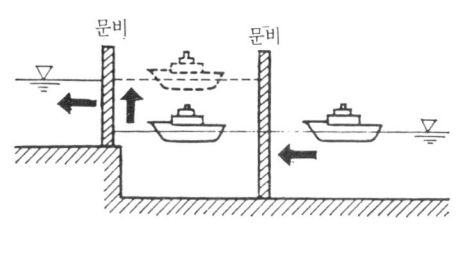

그림 11.9 갑 문

위의 대양 사이를 연락하는 것이 아니라 반도를 횡단해 해상 교통에 사용하는 운하가 있다. 좁은 지협을 개착하여 통과하게 됨으로 지협운하라고도 한다.

사진 11.3 일본 万關 해협(長崎縣 美津 섬마을 제공)

(4) 호수와 바다와의 연락 운하

미국과 캐나다에서 건설된 세인트로렌스 수로는 강의 일부 급류 구간에 평행하게 운하와 갑문을 설치한 것으로, 이것에 의해 2만톤급까지의 항양선박이라면, 하구항에서 그대로 세인트로렌스 수로로 들어가 운하와 하천을 이용해 5대 호수에 도달한다. 또한 5대 호수도 서로 운하로 연결되어 있어서 선박은 5대 호수의 어떤 항구라도 갈 수 있다. 여기서 사용되고 있는 갑문은 파나마 운하와 마찬가지로 수면 수위차 때문에 선박이 항행할 수 없는 경우에 사용되는 것이며, 하천을 내륙 해상운송의 편리를 위해서 사용하는 경우로도 급류 구간에서 사용된다.

사진 11.4 해상 운송을 위해 하천에 설치된 갑문(캐나다)

연구 과제

11.1 자신이 거주하는 근처의 항만의 종류를 조사하시오.
11.2 연안항 중에 매립 항만과 굴입 항만에 대해서 장점·단점을 비교 검토하시오.
11.3 굴착과 준설의 차이, 성토와 매립의 차이에 대해서 조사하시오.
11.4 방파제의 배치 양식이 여러 가지 있는데, 장점·단점에 대해서 비교 검토하시오.
11.5 해안이 침식된다면 어떤 피해가 생기는지 생각해 보시오.

제 12 장

상수도와 하수도

12.1 우리 나라 상수도의 연혁

상수도의 기원은 고대 그리이스와 로마에서 볼 수 있는데, 기원전 4~3세기의 로마에서 많은 수도(水道)가 건설되었다. 로마의 수도(水道)는 수원(水源)에서 수로를 통해 저수지까지 물을 보내고, 또 급수관으로 공공 시설이나 가정으로 급수하여 요금 징수나 수질검사가 실시되었던 것으로 알려져 있다. 13~15세기의 파리나 17세기의 런던에서도 수도가 건설되었는데, 모래여과에 의한 정화가 개시된 것은 19세기에 이르러서였다. 그리고 근대적인 상수도는 콜레라나 장티프스 등의 유행을 방지하는 데 효과가 있다는 것을 알게 되어 그 보급이 급속하게 진행되었다.

우리 나라의 지세는 북부나 동부의 급한 산악지대에 비해 상대적으로 큰 하천이 많은 서부 및 남부에 비옥(把決)한 평야가 많은 이유로 산업발전과 함께 인구가 집중되고 나아가서는 도시를 형성하여 생활에 불가결한 음용수 등 생활용수(生活用水)를 하천수와 우물물에 의존하여 왔으며, 한편 삼면이 바다로 둘러싸인 반도국으로 해양성 기후와 대륙성 기후의 교차점으로 장마철과 가뭄철이 있어서 물 자원(資源)의 계절적 편재가 심하고, 하계, 추계, 갈수기(渴水期)가 있어서 특히 5~6월경의 갈수기에는 우물까지 고갈되어 심한 음용수 부족으로 생활에 위협(威齊)을 받을 때가 많으며 특히 최근에 인구가 급격히 증대한 광역시 등 대도시는 때때로 물소동을 일으킬 때가 있다.

우리 나라에서 처음 상수도시설에 의한 급수가 시작된 곳은 1895년 부산이며, 서울에는

1908년에 상수도시설이 외국 시설기준으로 준공된 것이 한국 상수도의 시초이다. 이와 같이 조선말기인 1910년까지 서울, 인천, 대구, 부산 및 평양의 5대 도시에 건설되었다.

한일합병 이후 조선총독부는 상수도 건설을 위한 도시 선정과 급수구역을 엄격히 제한하면서 주로 일본인 기술자들에 의하여 건설되었는데 1945년 8.15 해방까지의 전국 총 83개 도시에 계획급수인구 200만명, 1일 최대 급수량이 272톤에 이르렀다. 8.15 해방과 함께 해외동포의 귀환 및 남북분단에 의한 월남 동포 등에 의하여 인구의 도시집중 현상이 두드러져 상대적으로 부족한 기존 수도설비로 인해 각 도시의 급수가 어려워져 거의 대다수 시민이 우물물과 천수(天水)에 의존하였다.

1947년 남북의 총인구 1,780만명에 급수인구 328만명으로 상수도 시설용량은 24만 t/day로서 1인 1일당 66ℓ의 급수량의 공급상태였으나, 1950년 6.25 동란은 40개 도시의 급수시설의 기능을 상실케 하였다. 1954년부터 FOA나 ICA의 원조로 상수도 설비의 확장 및 신규공사가 시행되었으나 점차 도시의 발달과 시민의 생활수준의 향상으로 수요의 증대는 급증하였다. 1960년대에 공업화와 함께 도시화 현상의 급증으로 상수도의 확장은 필연적 현실로서 제1차 경제개발계획(1962~1966)에서는 시설용량을 배증하고 급수보급률을 22%로 확대시켰다.

제2차 경제개발계획에 있어서도 계속적인 투자로 급수보급률을 364%로 향상시킴과 아울러 공익사업으로 독립채산제(獨立採算制)로 하여 경영의 합리화를 도모하였으며, 서울특별시의 상수도는 창설 당시 전체 시설용량 12,500 t/day와 해방 당시의 최대 출산량 150,000 t/day에 비추어 볼 때 매우 증가하였으며, 앞으로도 장기계획에 의거하여 개량 및 증설될 것이다.

현재 제6단계 상수도 사업이 1999년부터 추진 중에 있다.

1998년 12월 말 현재 우리 나라에서는 795개 급수구역(80市, 193읍, 522面)내에 전체 인구의 85.2%인 약 4,019만명이 상수도를 공급받고 있고, 상수도 시설용량은 1일 2,569 만톤이다.

1일 1인당 급수량은 395ℓ로서 92년 이후 가장 낮은 수준을 보이고 있는데, 이는 물 아껴쓰기운동 전개와 경기 침체로 영업을 중단한 사업장이 많이 증가하였기 때문인 것으로 분석된다.

급수량은 도시의 규모, 성질 및 제반조건에 따라 변화되므로 이에 대한 분석이 필요하며, 도시의 규모가 커질수록 대체로 급수량은 증가된다. 상수도시설기준(上水道施設基準)에서 가정용수는 수세식 화장실이 없을 때 1인 1일당 60~100ℓ, 수세식 화장실이 있을 때는 100~250ℓ로서 일반적으로 도시 규모에 비례하며, 1인 1일 평균 급수량은 농어촌의 100ℓ로부터 대도시의 450ℓ까지 범위가 크고, 생활정도의 향상에 따라 외국의 일부 대도시와 같이 500~800ℓ까지 계획할 수도 있다.

급수량은 유수수량(有收水量)에 유효무수수량(有效無收水量), 즉 수도사업용 수량. 수도계량기, 불명수량(不明水量) 등은 급수량에서 제외되어야 한다. 이와 같이 불확실하고 정량이 불가능한 수량이 내포되고 있으므로 이 기준에서는 급수량을 생산량과 같은 것으로 정의하여 누수량까지 합계한 수량을 급수량으로 정의하는 것이 타당하다. 앞으로 연차별로 꾸준히 확충할 계획이며, 이러한 추세로 계속 시설용량을 확충하게 되면 2000년에는 서울시 1인 1일 평균 급수량이 1993년 461ℓ에서 494ℓ로 증가하게 되고, 저수능력 또한 2배정도 증가하여 물 공급이 원활하게 될 것이다.

1998년 12월말 현재 우리 나라에서는 795개소 급수지역(80시, 193읍, 522면)내에 전체인구의 85.2%인 약 4,019만명이 상수도를 공급받고 있고, 상수도 시설용량은 1일 2,569만톤이며, 지역규모별로 상수도 보급 수준을 비교해 보면 7대 특광역시의 상수도 보급률이 97.6%, 시 지역이 92.6%, 읍 지역이 71.2%, 면 단위 농어촌지역이 20.8% 정도이다.

12.2 상수도의 수량 수질

(1) 상수도의 수요량

한국의 상수도는 1인 1일당 연간 평균 사용 수량이 494ℓ이고, 여름의 피크시에는 640ℓ에 달한다. 이것은 세계적으로 봐도 다량 소비형에 속하는 편인데, 미국이나 캐나다와 같이 1,000ℓ 이상에 달하는 예에는 못 미치지만, 후진국은 물론 영국이나 네덜란드 등의 유럽 제국에 비해 봐도 많은 편이다.

(2) 상수도의 수원(水源)

상수도의 수원은 크게 나누면 ① 하천의 표류수, ② 댐의 저류수, ③ 우물물의 3가지이다.

①의 하천 표류수는 자유수라고도 부르며, 하천법에 의거하여 수리권을 얻어 하천에서 취

수하는 것인데, 옛날부터 농업용수를 위한 관행 수리권이 있어서 그것의 조정이 이루지고 있었다. 관행 수리권만으로 그 하천의 갈수량을 초과하는 경우가 많기 때문에 신규로 상수도의 취수량을 구하는 것이 곤란하다.

②의 댐 저류수는 장마 시기나 태풍 시기 등의 흘러내린 물을 쓸데없이 하천을 지나 바다로 흘러가는 것을 댐에서 저류시켜 상수도의 수원으로서 사용하는 것이다. 최근에는 상수도뿐만 아니라 홍수 조절의 치수나 발전 외에 농업 수리까지 포함된 다목적 댐을 수원으로 하는 경우가 많다.

③의 우물물은 빗물이나 유수가 땅에 스며들어 지하에 모인 물을 우물을 사용해 취수하는 것이다. 지하에 스며든 물은 그림 12.1에 나타낸 것처럼 점토와 같은 물이 통과하지 못하는 불침투성의 층 위에 저수지와 같이 저류한다. 우물에는 크게 3가지의 종류가 있는데, 얕은 우물, 깊은 우물, 땅을 깊이 판 굴착우물로 구분된다. 얕은 우물과 깊은 우물은 보통 30m의 깊이를 경계로 구분하며, 땅을 깊이 판 굴착우물은 상부의 불침투층을 통과하여 깊이 판 우물을 말한다.

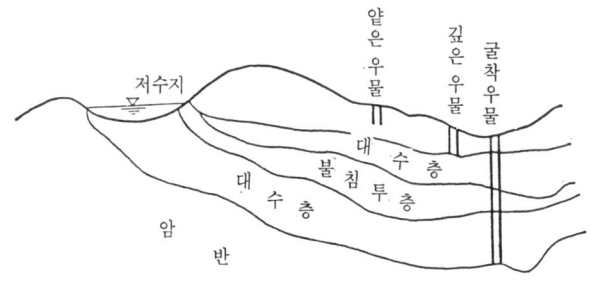

그림 12.1 지하수와 우물

이 외에 호수와 늪에서 직접 취수하는 경우도 있으며, 하천의 표류수와 댐의 저류수를 모두 지표수라고 한다. 우물물 외에 하천 등의 복류수(伏流水)를 구멍을 뚫어 집수매설관을 사용해 취수하는 경우도 있는데, 모두 지하수라고 한다. 수량으로서는 적지만 용수 등을 취수하는 경우도 있다.

취수량의 수원별(水源別) 구성비는 지표수 약 2/3, 지하수 약 1/3, 기타 용수 등은 2~3%로 되어 있으며, 그 중에 지표수 속에는 하천의 표류수가 대부분을 차지하고, 지하수 속에는 우물물이 2/3를 초과하고 있다. 이 외에 인공적으로 물을 지하로 침입시켜 지하수를 함양하는 인공 지하수, 증발법 등이 있다.

(3) 상수도의 수질

수원의 수질이 양호한 경우에는 정수 처리도 용이하지만, 원수의 수질이 악화되면 수질상의 부하가 증대되어 요구되는 수질로 정화하기가 곤란하게 된다. 이 때문에 취수 지점보다 상류에 오염원이 있는 경우에는 공공용 수역의 수질 보전은 특히 중요하며, 수도 시설의 기능이 저해되지 않도록 항상 주의할 필요가 있다. 공공용 수역의 수질에 관한 환경기준이 정해져 있다.

12.3 상수도 시설

(1) 상수도의 기능과 구성

상수도의 기능은 원수(原水)를 사람의 음료수에 적합한 물로 공급하는 것이고, 이를 위해 필요한 시설을 설치하여 수량이나 수질 양면에서 적절한 관리 및 운영하는 것이 수도 사업자에게 요구된다.

상수도 시설을 구성하는 취수(取水)·저수(貯水)·도수(導水)·정수(淨水)·송수(送水)·배수(配水)·급수(給水)의 각 시설은 전체로서 균형이 잡힌 일체적 시스템을 형성하여 효율적으로 물의 공급이 이루어지도록 장기적인 장래를 예측하여 계획하는 것이 중요하다. 그리고 근래에는 도시용수의 수요 증대에 대응해 수자원 개발을 진행시키는 것이 점차 곤란하게 되어 종래의 수요 확대에 따른 시설의 확장 이외에 장기적인 물의 수요 밸런스를 확보하기 위하여 물의 적절한 순환 재이용 시스템을 확립하기 위한 다면적 종합적인 대책이 필요하게 되었다.

(2) 취수 시설

취수 시설은 갈수기에도 양호한 수질로 안정된 취수가 가능한 시설이라야 한다. 계획 취수량은 계획 1일 최대 취수량으로 10% 정도의 여유를 예상하기로 한다. 하천의 표류수를 수원(水源)으로 하는 경우는, 원수(原水)의 수질이나 수량이 장래에도 확보 가능해야 하며, 하상 변동이나 오수의 유입이나 수리권의 조정 등을 특히 배려한다. 또, 지하수를 수원(水源)으로 하는 경우에도 얕은 우물의 경우는 주변 환경의 조건이 변화하거나 강우 상황에 따라 수질이나 수량이 변화하는 경우가 있기 때문에 주의를 요한다. 한국에서는 하천의 표류수나 호소를 수원으로 하는 경우가 많은데, 유럽에서는 지하수나 용수 등을 수원으로 하는 경우가 많다.

(3) 도수 및 송수 시설

취수된 원수를 정수장까지 보내는 시설을 도수시설이라고 하며, 정화된 물을 배수지까지 보내는 시설을 송수 시설이라고 하여 구분하고 있다. 도수시설은 자연 유하 방식과 펌프 압송 방식이 있으며, 자연 유하 방식으로는 개수로와 관로가 사용된다. 송수 시설은 정수가 오염 되지 않도록 관로식을 채용한다.

(4) 정수 시설

정수 시설은 원수의 수질에 따라 식수용에 적합한 정도까지 불순물을 제거하기 위한 시설이다. 정수 방식의 선정은 원수의 수질이나 목표로 하는 수질이나 수량이나 용지 면적등에 따라 결정된다. 원수의 수질은 변동하는 경우가 많아 상황에 따라 탄력적 대응이 가능한 시설로 해야 할 필요가 있다.

자연의 물을 가공하여 개선하는 것은 수천년 전부터 고대의 중국이나 인도나 이집트 등에서 행해졌으며, 물에 명반(明礬, 황산과 알루미늄의 결정물)을 넣어 정수하였다고 한다. 인공적인 정수 시설로서 처음에는 옛날부터 침전지가 사용되고 있었지만, 19세기에 들어와 런던에서 모래를 사용한 여과법이 처음 사용되었다. 이것이 완속여과법의 시초이었다.

완속여과법은 대자연의 대지 정화 작용을 이용한 것으로, 대부분의 세균은 여과에 의해 제거된다. 이 완속여과법은 약품을 사용하지 않고 자연의 힘을 이용한 좋은 방법이었지만, 여과지에 넓은 면적이 필요하므로 모래의 제거에 힘이 드는 결점이 있다.

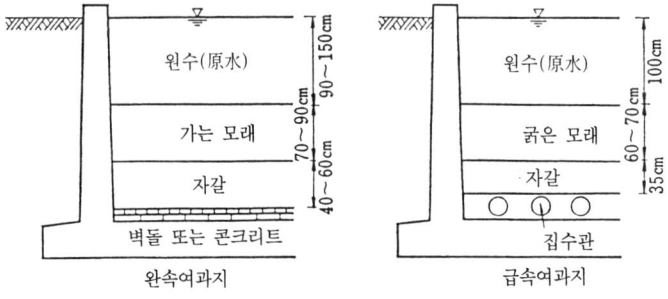

그림 12.2 여과지

급속 여과법은 전처리로서 약품에 의한 응집침전을 필요로 한다. 이 침전지는 원수(原水) 속의 부유분(浮遊分)을 가능한 한 침전시켜 제거하고, 여과지의 부담을 가능한 한 경감한다. 약품은 그것을 사용하므로서 침전을 촉진시키게 된다.

침전지를 통과한 원수(原水)는 급속 여과지로 들어 가는데, 그림 12.2와 같이 여과에 사용하는 모래는 완속여과에 비교하면 약간 굵은모래로 단단한 것을 사용한다. 자갈층 밑의 하부집 수장치는 여과된 물을 모이게 할 뿐만 아니라, 모래의 표면에 생긴 여과막을 잡기 때문에 역세(逆洗)되는 물을 역류시키는 기능도 가진다. 또한 표면 세정 장치에 의해 모래 표면에 물을 뿜어 여과막을 없앤다. 여과막을 포함한 세정수(洗淨水)는 배수된다. 면적은 작고 효율성은 좋지만, 유지 관리에 고도의 숙련을 요한다.

완속여과법으로도 급속 여과법으로도 여과지를 통과한 물은 염소를 주입하여 소독한다. 이 염소 소독에 의해 병원균은 사멸되어 안전한 것이 된다. 또한, 원수(原水)의 수질이 그대로 수질 기준에 적합한 경우에도 여과는 하지 않아도 염소 소독만은 실시한다. 이 염소 소독은 미국의 영향을 받은 것이며, 유럽에서는 실시하지 않는다. 또 철·망간·색도·냄새 등 용존 물질 등의 제거를 위해서 부유 물질의 제거와는 별도로 이온 교환이나 활성탄 흡착 등의 특수 처리가 실시되는 경우도 있다.

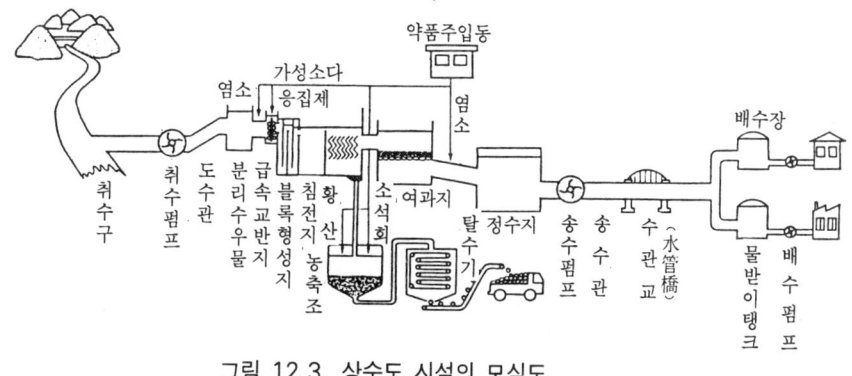

그림 12.3 상수도 시설의 모식도

(5) 배수 시설

배수 시설은 정수를 일시 저류시켜 변동하는 급수량에 따라 배수하는 배수지와 배수관로로 구성되며, 배수관에서 분기되는 각 가정의 급수관과는 구별되어 있다. 배수 시설은 시간 최대 급수량을 공급할 수 있게 되어 있다. 배수지의 유효 저류량은 보통 1일 최대 저수량의 8~12시간분을 표준으로 최소 6시간분으로 되어 있다. 또 배수관로는 급수 구역 전체에 대해 수압이 가능한 한 균등해 끝부분에서도 필요한 동수압(보통의 경우 1.5kg/cm^2)을 확보한다.

(6) 방재용 긴급 저수조(일본의 경우)

阪神 대지진에서 지진에 의해 건물 하부가 쓰러져 인력으로는 빠져나갈 수 없었던 사람들이 많았다. 그곳에 화재가 발생했다. 소방차가 도착했지만, 지진에 의해 상수도의 배수 시설이 파손되었기 때문에 물이 나오지 않았다.

얼마 안 있어 불이 번지자 "뜨거워요", "뜨거워요" 하는 비명이 들렸지만 소방사나 구조해 줄 가족이나 근처의 사람들은 어떻게도 할 수가 없었다.

이 비극을 교훈으로 긴급의 수원으로서 지하에 부분적으로 직경이 큰 배수관을 매설한다든지, 지하 또는 지상에 큰 저수조를 설치하고, 여기에는 항상 상수도가 순환되고 있어 신선한 상황이 유지되도록 되어 있다. 재해시에는 직경이 큰 배수관이나 큰 저수조가 방재용 긴급 저수조로서 기능한다. 이들이 소화 용수로서 사용되는 외에 재해시의 급수 거점이 되어 손으로 누르는 펌프, 또는 자가발전장치에 의한 시설로 퍼올리게 되어 있다. 사진 12.1과 같이 지하에 세로형의 저수조가 가장 바람직하다.

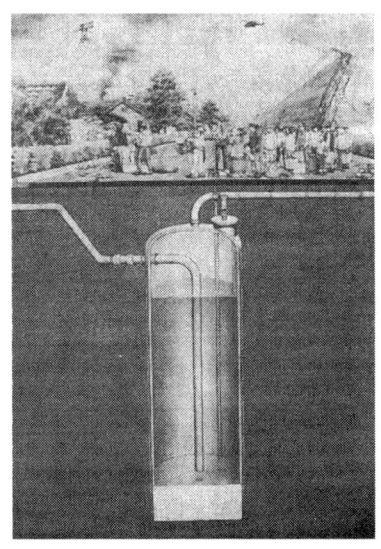

사진 12.1 방재용 긴급 저수조

(7) 급수 장치

배수 시설까지는 지방 공영기업이 설치하는 것이지만, 배수관에서 분기되어 각 가정마다의 급수관 및 부속되는 기구 재료(급수 장치라고 한다)는 수요자가 설치하는 시설이지만, 수도법의 적용을 받아 구조나 재질이 정해져 있다. 또한 서지 탱크(surge-tank) 등에 수도물을 일단 받아두는 장치인 경우에는 그 이후의 시설이 급수 장치 속에 포함되지 않아 수도법도 적용되지 않는다.

12.4 공업용 수도(工業用 水道)

공장에서 사용하는 공업용수는 상수도 수준의 수질을 필요로 하지 않는 대신에 저렴한 것을 요구한다. 그래서 공업용수로서 상수도를 이용하는 것 보다도 공장 안에서 스스로 지하수를 취수해 이용하게 되었는데, 그 결과, 지하수를 퍼올림으로서 지반침하를 일으켜 지역 전체에 공해가 미치게 되었다.

이러한 이유로 상수와는 별도로 공업용수도가 설치되어 지하수의 이용이 금지되었다. 이 공업용수도는 저렴한 것이 필요하기 때문에 하천 등에서 취수해도 비용이 드는 정수 시설을 설치하지 않는다.

12.5 중수도(中水道)

수자원은 한정된 것이므로 더운물과 같이 사용할 수는 없다. 후술하는 하수도의 정비에 2차 처리·3차 처리된 물이 상수도로서는 사용할 수 없어도 수세식 화장실이라든지 살수 등의 잡용수로서 충분히 사용할 수 있기 때문에 물의 순환 이용으로 설치되는 것이 중수도이다. 중수도는 국부적으로 설치되어 있는 예는 있지만, 아직 대규모의 공공 시설로 설치되지는 않았다.

12.6 우리 나라 하수도의 연혁

하수도의 기원은 도시 문명의 발달과 함께 시작되어 기원전 7세기의 로마에서도 수세식 화장실의 사용예가 보인다. 그러나 근대적인 하수도는 18세기에 이르러 산업혁명에 의한 인구나 산업의 도시 집중과 콜레라의 대유행에 따라 런던이나 파리 등에서 정비되었다. 영국에서는 하천 오탁 방지를 목적으로 18세기에 벌써 약품 침전이 시작되었으며, 1913년에는 활성오니법(活性汚泥法)이 개발되었다. 파리에서는 19세기 초까지는 하수도가 도로의 중앙을 개거로 흐르고 있던 것을 크게 개량했으며, 빗물 배수는 도로 양쪽의 측구로 유도하는 동시에 도로의 지하에 거대한 하수 암거를 설치했다.

하수도는 당초, 도시의 생활환경을 쾌적하게 하는 것을 목적으로 건설되었으며, 하수도의 건설이 하천이나 호소 등 공공용 수역의 수질 오탁 방지를 목적으로 하게 된 것은 비교적 근년의 일이다.

우리 나라의 본격적인 하수도 사업은 1960년 후반부터이며, 그 이전의 하수도는 빗물배제를 주목적으로 단지 도시 가로정비의 일환으로 설치되었으며, 1970년대에 한강의 수질오염에 대처하기 위하여 서울특별시에서 하수처리장 건설과 함께 신시가지 건설시에 분류식 하수도를 도입하기 시작하였으며, 1976년에는 우리 나라 최초로 시설용량 하루 15만톤의 청계천 하수처리장이 완공되었고, 1978년에는 시설용량 하루 21만톤의 중량천 하수처리장이 완공됨으로써 하수처리 시대로 접어들게 되었다.

하수도 행정도 그 역할과 중요성이 높아져 1978년 6월에는 중앙정부가 전담기구로서 건설교통부 도시국에 상하수도과로부터 분리 설치되었고, 이어서 1979년 6월 18일에는 상하수도국이 신설되면서 중앙정부의 행정조직으로서 그 체제를 갖추게 되었으며, 1980년대에 들어와서는 본격적인 하수도 사업이 추진되고, 하수처리장 건설에 필요한 재원과 가동중인 하수처리장의 유지운영비 조달을 위하여 1982년 하수도법을 개정하여 하수도 사용료 징수의 근거를 마련하였다. 이에 따라 1983년 10월부터 서울, 인천, 울산, 경주 등 4개시에서 하수도 사용료를 징수하기 시작하였다. 1987년 4월에는 보조금의 예산 및 관리에 관한 법률 시행령을 개정하여 직할시, 도청소재지 도시, 기타도시로 구분하여 보조율을 달리하는 하수처리장에 대한 국고지원의 법적 근거를 마련하였다.

1994년 5월에는 건설교통부 소관 하수관거 업무와 공업하수처리장 설치 업무가 환경처로 이관되고 환경처에 상하수도국이 신설되었고, 1994년 12월에는 환경처가 집행기능을 갖는 환경부로 승격되면서 하수도 행정은 새로운 발전을 가져올 것으로 기대된다. '98년 현재 공공하수도 처리구역 내에 거주하는 인구 및 폐수처리시설을 통해 하수처리가 이루어지는 지역의 인구를 기준으로 한 하수도 보급률은 약 65.9%이며, 전국에 가동중인 114개 하수종말처리장의 시설용량은 16,616천톤/일이다. 또 하수관거의 연장은 62,330 km이다.

시·도별 하수도 보급률은 서울특별시(98.6%), 대구광역시(90.6%), 광주광역시

(94.1%)가 높은 반면, 울산광역시(19.4%) 충청남도(22.8%), 전라남도(10.9%), 경상남도(25.0%) 등이 30%를 밑도는 낮은 수준이다.

'98년말 현재 하수처리시설의 슬러지 처리량은 총 1,413천톤으로서 이 중 매립 처분된 양이 793천톤으로 전체의 56.1%를 차지하며 해양투기 552천톤(39.1%), 농업이용 34천톤(2.4%), 그 외 소각 등의 방법으로 처분하고 있다.

또한 우수 유출시에 유량을 조절하는 유수지는 238개소이며, 유입오수를 다음 펌프장 또는 처리장으로 송수하기 위해 설치된 중계펌프장은 97개소이다.

12.7 하수도의 기능과 구분

(1) 하수도의 기능

하수도의 역할을 요약하면 다음과 같이 된다.
1) 빗물의 배제에 의한 침수 방지
2) 오수 배제에 의한 생활환경의 개선
3) 화장실의 수세화에 따른 환경 위생의 향상
4) 배수 처리에 의한 공공용 수역의 수질 보전

이중 4)의 공공용 수역에서 수질의 보전은 수자원의 적절한 순환 이용 사이클을 확립하는데 있어서 하수도에 부과된 새로운 역할로 중요한 것이다. 이 물 이용의 고도화에 대한 하수도의 위상을 그림 12.4에 나타낸다.

이상으로부터 예전에는 주로 시가지를 대상으로 하였던 하수도 정비 대상 구역은 농촌·어촌·산촌으로 확대되어 처리 기능에 대해서도 한층 더 향상시키는 것이 필요하게 되었다.

(2) 하수도의 구분

① 공공 하수도 : 주로 시가지에서 하수를 배제하거나 또는 처리하기 위해서 지방 공공 단체가 관리하는 하수도이며, 종말 처리장을 가지는 것, 또는 유역 하수도에 접하는 것이며 또한 오수를 배제해야 할 배수 시설의 상당 부분이 암거 구조를 가진 것.

② 특정 공공 하수도 : 하수도법상에는 일반적인 공공 하수도와 동일하게 취급되지만 주로 공장이나 사업장에서 사업 활동에 따라 배출되는 오수의 배제와 처리를 목적으로 하는 하수도로서 기업자가 사업비의 일부를 부담하는 것.

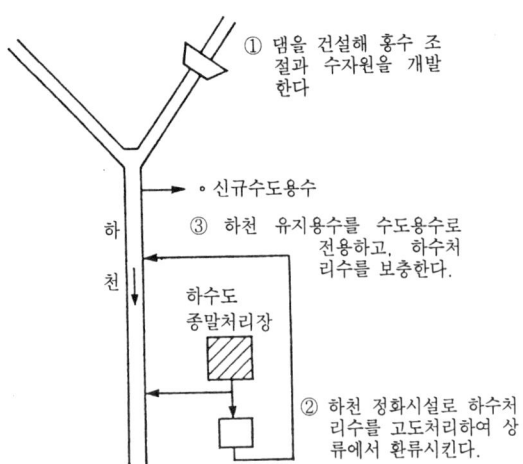

그림 12.4 물 이용 고도화에 대한 수도의 위상

③ 특정 환경 보전 공공 하수도 : 도시계획 구역외의 자연 공원이나 농촌이나 산촌 등에서 정비되는 하수도이며, 자연 환경 보전을 목적으로 하는 자연 보호 하수도와 농촌 등에서의 생활환경의 향상 및 수질 오탁 방지를 목적으로 하는 농촌 하수도가 있다. 일반적으로 규모는 작다.

④ 유역 하수도 : 하천이나 호수와 늪의 수질 오탁 방지의 효율화를 목적으로 하며, 유역 안에 있는 2개 마을 이상의 하수를 모아 처리하기 위한 간선 관거와 종말 처리장으로 구성되는 하수도이다. 특히 유역 하수도에 공공 하수도(유역 관련 하수도라고 한다)를 접속시키므로서 유역 전체의 일체적인 하수도 정비가 가능하게 되어 효과적으로 수질 오탁 방지를 수행할 수 있다. 이 유역 하수도의 건설과 관리는 시·도에서 하게 되어 있다. 그림 12.5에 유역 하수도의 모식도면을 나타낸다.

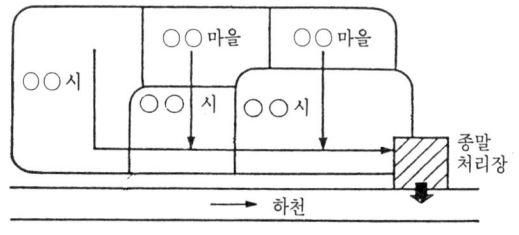

그림 12.5 유역 하수도

⑤ 도시 하수로 : 주로 시가지의 빗물 배제를 목적으로 하는 개수로 구조를 갖는 하수도로서, 유역 면적이 대개 $2km^2$ 이하의 것을 하천과 구분해 도시 하수로로 정비하는 것이다. 그러나, 종말 처리장은 없기 때문에 도시 하수로로의 배수는 공공용 수역으로의 배수와 같이 취급된다.

12.8 하수도 시설

(1) 시설의 배치

하수도 시설은 관거(간선 및 지선), 펌프장, 종말 처리장, 방류 시설 등으로 구성되는데, 처리 구역의 지형이나 자연적 조건 및 방류에 우선하여 상황에 적합하도록 계획하여야 한다. 그리고 종말 처리장의 위치 선정에 있어서는

① 자연 유하에 의한 집수가 가능할 것
② 수량이나 수질면에서 지장이 없는 방류 수면이 있을 것
③ 장래의 확장도 포함한 필요 면적이 얻어질 것
④ 주변의 환경에 대해 영향이 적을 것

등의 조건을 충족시켜야 한다. 그리고 관거도 가능한 한 자연의 지형에 일치되어 자연 유하 방식을 채용하며, 펌프장은 부득이한 경우에만 설치한다.

(2) 처리장

처리장은 배수에 의한 배출 오탁 부하량을 공공용 수역에 배출이 허용되는 허용 오탁 부하량까지 삭감하는 역할을 하는 시설이다. 이 때문에 처리장의 계획은 유입 수질을 방류 전의 수역이 수질 환경기준에 적합한 수질에까지 개선될 수 있도록 효과적인 위치 및 처리 방식으로 해야만 한다.

오탁 부하량을 삭감하기 위한 하수 처리 방식으로서는,

① 물리적 처리
② 물리 화학적 처리
③ 생물 화학적 처리

의 3종을 조합하여 처리한다.

물리적 처리는 스크린이나 침사지 등에서 대형 고형물을 침전 또는 부상 분리하는 단계에

서 약품을 첨가해 응집처리를 하는 것으로, 물리 화학적 처리가 병용되고 있다. 이 응집·침전 및 모래여과에 의한 처리 방식은 일시 처리라고도 하며, 다음과 같은 것이 있다.

(a) 관개법(灌漑法)

하수를 도시 교외의 논밭으로 유도하여 하수 속의 유효 비료 성분의 이용을 꾀하는 방법이지만, 광대한 토지가 필요하기 때문에 현재는 사용되지 않는다.

(b) 간헐(間歇) 모래 여상법(濾床法)

관개법을 개량해 모래땅으로 유도할 뿐 유효 비료 성분의 이용은 고려하지 않는다. 이것에서도 넓은 토지가 필요하기 때문에 현재는 사용되지 않는다.

(c) 보통 침전법(普通 沈澱法)

하수의 유속을 극히 작게 하든지, 정지시켜 부유물을 자연 침전시키는 방법인데, 간이 처리 목적 이외에는 사용되지 않는다.

사진 12.2 파리의 침전지 처리장

(d) 약품 침전법(藥品 沈澱法)

하수 속에 석회 등의 약품을 첨가하면 응집작용에 의해 보통 침전법에서는 쉽게 침전되지 않는 극미립자까지 침전시킨다.

생물 화학적 처리는 무엇보다도 일반적으로 채용되고 있는 방식으로, 2차 처리라고도 하며, 이것에는 다음과 같은 것이 있다.

(a) 부패층(腐敗層)

침전지바닥의 오니를 혐기성균의 작용으로 자연히 부패시키는 방법이며, 배설물 정화조 등 소규모 경우에 사용된다.

(b) 2층조(二階槽)

위의 부패조를 상하 2층으로 분리해 개량하는 방법이며, 윗칸은 침전지가 되며, 아래칸은 오니 부패칸이 된다.

(c) 접촉 여상법(接觸 濾床法)

수밀성 탱크에 여과재를 넣어두고, 여과재 밑에서 하수의 주수(注水)·충만(充滿)·배수(排水)·휴지(休止)를 순환시키면 여과재의 표면에 부착된 호기성 세균이 유기물을 산화시킴으로서 정화하는 방법이다.

(d) 산수 여상법(散水 濾床法)

수밀성 탱크에 비교적 지름이 큰 여과재를 놓아두고 하수를 위에서 살포하여 여과재의 표면에 부착된 호기성 세균이 유기물을 산화시키는 동시에 하수는 항상 밑바닥에서 배수되어 정지되지 않는다. 여과재는 통기성이 좋은 것으로 항상 공기와 하수에 접촉되고 있다.

(e) 활성오니법(活性 汚泥法)

하수에 활성오니(미생물을 다량으로 포함한 오니)를 첨가하여 혼합함과 동시에 폭기하면 호기성 세균이 유기물을 산화시키는 동시에 응집작용에 의해 하수 속의 불순물이 응집되어 침전시키는 방법이다. 최근에는 처리 능력 등의 이유로 대부분 활성 오니법을 채용하고 있다. 처리의 효율화를 위해서 원리적으로는 동일하지만, 활성 오니법을 개량한 처리방법이 다수 제안되어 이용되고 있다. 그래서 활성 오니법이 처음에 개발된 방식은 표준 활성 오니법이라고 부르며, 그것의 개량 방식으로서 모디파이드 폭기법(modified·aeration), 콘택드 스태빌라이제이션법(contact stabilization process) 등이 있다. 또한, 활성 오니법에 의한 생물 화학적 산소 요구량(BOD)의 제거율은 85~95%, 부유 물질량(SS)의 제거율은 80~90%에 달하고 있다.

(f) 산소 활성오니법(酸素 活性汚泥法)

활성오니법의 공기 대신 산소를 사용하는 것으로, 순산소 폭기법이라고 한다.

이상과 같이 침사지까지의 과정을 1차 처리 또는 침전 처리라고 하며, 침전하기 쉬운 고형물을 제거해 2차 처리를 위한 수질 개선을 한다. 2차 처리하면 방류하게 되는데, 최근의 수질 오탁 문제는 통상의 2차 처리만으로는 해결할 수 없게 되었으므로 또 오존 처리나 활성탄·염소 등을 사용한 고도 처리가 필요하게 되었다. 이것을 3차 처리라고 하는데, 그 목적은,

① 2차 처리 속의 생물 화학적 산소 요구량(BOD)이나 부유 물질량(SS)의 유기물을 제거하고, 방류전의 수질을 보전함과 동시에 재이용도 가능하게 한다.

② 질소나 인 등의 영양 염류를 제거하여 방류전의 호수와 늪이나 폐쇄성 해역의 부영양화를 방지한다.

연구 과제

12.1 상수도를 위한 수질원 대책으로서, 어떻게 하면 좋은지 국민 전체의 입장으로서 생각해 보시오.

12.2 상수도의 수원을 우물로 하는 경우의 장점·단점을 검토하시오.

12.3 정수 시설의 중심인 여과지에 대해서 완속여과지와 급속 여과지의 장점·단점를 비교 검토하시오.

12.4 하수도의 도시 시설면에서 중요성을 검토하시오.

12.5 특정 공공 하수도란 무엇인가?

12.6 하수도가 완비되면 사람들의 생활에 어떠한 변화가 일어나는지 검토하시오.

12.7 도시 하수로와 하수도와의 차이를 기술하시오.

12.8 최근에는 각국 모두 하수 처리에 활성 오니법을 주로 사용하게 되었다. 그 이유는 무엇인가?

12.9 하수도 사업은 막대한 비용이 필요한데, 그 원인을 검토하시오.

제 13 장

도시계획

13.1 도시계획의 목적

 오늘날의 도시는 상업이나 공업이 매우 발달하여 1차 산업에서 2차 산업등으로 인구의 유입에 의해 인구가 격증되어 도시의 팽창 발전을 초래하였다. 그 결과, 교통뿐만 아니라 위생면에서도 경제면에서도 건전한 상태라고는 말할 수 없게 되었다. 그래서 도시는 많은 문제를 떠안게 되었으며, 이러한 것을 해결해 도시로서의 기능을 완전하게 하기 위해서는 도시의 모습을 어떻게 정비하는가가 중요 불가결의 문제로 되었다. 이것이 도시계획이다.
 도시계획을 책정함에 있어서 우선 가장 중요한 것은 도시의 이상적인 인구의 책정이다. 즉, 이 도시는 어느 만큼의 인구를 수용하는 도시로 하는가를 정한다. 2번째는 토지 이용을 고려해 공장 지대나 상업 지역을 어디로 할 것인지를 정한다. 재정상의 제약도 도시계획면을 배려해야 하는데 우선 순위는 낮다.
 유럽 제국은 도시 국가에서 출발했기 때문에 도시계획이나 도시 정책에 한 걸음 진척된 것이었다.
 한국은 경제성장의 결과, 대부분의 도시는 인구 증가를 초래하고 있다. 인구가 증가되는 경향이 있는 도시는 인구증가에 대해 계통학(systematics)으로 유도할 필요가 있는데, 그렇게 안하면 공해가 발생하거나, 사회 생활상 또는 사회 활동상에 문제가 발생하는 경우가 많아진다. 이러한 이유로 도시계획을 책정할 때 도시 시설을 충실히 할 뿐만 아니라 가능한 도시 공간을 확보하는 것이 중요하게 된다. 이 도시 공간을 구성하는 것은 하천이나 호수와 늪, 공원이나 녹지, 광장, 교통 시설 등인데, 이러한 공간은 종합적으로 확보하도록 계획함과 동시에 사람과 자연과의 조화도 충분히 고려할 필요가 있다.

13.2 도시의 규모 분류

(a) 소도시

거주자가 서로를 잘 알아 왕래하며 생활하므로, 도시내 교통으로서 도보와 자전거가 필요할 뿐이다. 걸어서 왕복 30분이면 갈 수 있는 범위라고 하면, 반경 약 1km의 도시가 되고, 도시 면적은 약 3km^{2}가 된다. 인구밀도가 150명/ha로서, 인구는 약 5만명이 된다. 이것을 도보 거리 도시라고 부르며, 도시 구성상의 기본 단위로 되어 있다.

(b) 중도시

도시 교통기관으로서 가장 기본적인 도로 교통기관이 사용된다. 대량 공공 교통기관으로서 노면전차, 버스, 트롤리 버스가 있는데, 도로에서 혼합 교통으로 운행되므로 대개 시속 12~13km인 경우가 많다. 이 시속으로 왕복 45분(승차 30분, 기타 15분)이 걸리는 것으로서 편도는 약 3km가 되며, 도시 면적은 약 30km^{2}이고, 인구밀도로 보는 인구는 50만명 이하가 된다.

(c) 대도시

인구는 50만명을 초과하고 200만명 이하인 도시. 도시 교통기관으로서는 노면전차나 버스 만으로는 교통 정체를 초래하기 때문에, 이들은 보조 기관으로 밖에 사용되지 않는다. 모노레일이나 신교통 시스템의 궤도 수송 시스템이 가장 적당하다. 다만, 인구가 100만명을 초과하는 경우에는 간선으로서 지하철을 주로 하는 도시 고속철도를 사용하는 경우도 있다.

(d) 거대도시

인구는 200만명 이상인 도시를 말한다. 도시 교통기관으로서는 지하철을 주로 하는 도시 고속철도를 사용한다. 왕복 45분(승차 30분, 기타15분)이 걸리는 반경 10km의 도시이며, 도시 면적은 300km^2 정도, 인구는 약 500만명이 된다. 왕복 1시간으로 계산하면,

인구 1,000만명 이상이라도 하나의 도시로서 활동할 수 있다. 버스 등은 보조 기관으로서 사용된다.

13.3 도시계획 구역

도시계획은 선견성(先見性)을 가지고 미래를 내다보고 계획해야만 한다. 도시는 한 번 만들어지면 변경하기가 꽤 어렵다. 유럽과 같이 석조로 이루어진 도시는 몇 백년 이전에 건설된 것이 많다. 그래서 도시 만들기는 몇 백년의 대계로 계획될 필요가 있으며, 적어도 백년 대계가 아니면 안된다

이 때문에 도시 만들기의 철학으로서 도시는 장래의 변화에 대해 대응할 수 있는 도시라야 한다. 자동차는 약 100년 전에 출현한 것으로, 자동차의 출현이 도시의 기능을 변화시킨 것이지만, 자동차의 출현 정도로 도시를 다시 만들게는 되지 않는 것이다. 그리고 도시를 만드는 요점은 토지 이용 계획과 도시 교통체계 만들기가 결합되는 것이지만, 그것 이외에 도시 만들기에 문화적 예술적 분위기가 없으면, 그 도시는 참으로 획일적이 되어 보잘것 없는 도시가 되어 버린다. 도시에는 어느 정도 쓸데 없는 것도 필요하다.

도시계획을 정함에 있어서는 우선 그 구역을 정해야 한다. 이것을 도시계획 구역이라고 하며, 구역외는 도시계획법의 규제가 없다. 이 도시계획 구역은 도시계획 구역을 정하려고 하는 지방에서 그 마을의 전구역을 대상으로 해도 좋지만, 일부의 구역을 도시계획 구역으로 정해도 되며, 필요하다면 인접 마을과 협의하여 2곳 이상의 마을에 걸쳐서 하나의 도시계획 구역으로 정해도 된다. 그리고, 도시계획 구역을 정할 때는 원칙적으로 시·도지사는 관련된 지방 및 시·도의 도시계획 지방 심의회의 의견을 청취하여 정부(국토 교통 대신)의 인가를 받는다. 2곳 이상의 시·도에 걸칠 때는 정부(국토 교통 대신)가 지정한다.

13.4 시가화 구역(市街化區域)과 시가화 조정 구역(市街化 調整區域)

대도시 및 10만명 이상 도시의 도시계획 구역은 시가화 구역과 시가화 조정 구역으로 나눠야 한다. 시가화 구역이란 「이미 시가지가 형성되어 있는 구역 및 대개 10년 이내에 우선적 또한 계획적으로 시가화를 도모해야 할 구역」이며, 시가화 조정 구역이란 「시가화를

억제해야 할 구역」으로서, 도시계획 구역 중 시가화 구역을 제외한 구역이 자동적으로 시가화 조정 구역이 된다.

 왜 이와 같이 시가화 구역과 시가화 조정 구역으로 나누게 되었는가 하면, 인구나 산업이 급격하게 도시로의 집중이 도시의 교외가 무질서한 확산을 초래하고, 그 때문에 도로나 하수도 등 필요 최소한의 시설을 갖추지 못한 열악한 시가지가 생기게 되며, 그로 인해 지방 자치 단체로서는 공공 시설에 대한 투자가 비능률적으로 될 수 밖에 없었다. 그래서 도시계획 구역을 둘로 나누어 시가화 구역에 집중적으로 공공 투자를 하여 그 효율을 높이려는 것이다.

 한편, 하천이나 그밖의 시설 정비 상황에서 보면 당분간은 개발되면 유수지(遊水地)의 기능을 잃어 주변 지역으로 물이 넘치거나 홍수의 위험이 생길 우려가 있는 지역이나, 물의 공급이 현저하게 곤란한 지역이나, 이미 농업이나 임업에 상당한 투자가 행해져 농림 지역으로서 보존해야 할 지역 등은 시가화 조정 구역으로서 남겨진다.

 이와 같이 도시계획 구역을 시가화 구역과 시가화 조정 구역으로 나누는 것은, 시가화 구역은 주거나 공업이나 상업을 주로 하는 토지 이용을 위해 시가지의 형성을 도모하는 구역이고, 시가화 조정 구역은 농업을 주로 하는 토지 이용을 위해 개발을 억제하여 보전해야 할 구역으로 하는 것에 의의가 있다. 특히 시가화 조정 구역이라는 것은 도시의 측면에서 방치되어 있으면 무질서하게 시가화 할 가능성이 있는 구역이므로, 앞으로도 농업용지로서 보전하고 싶은 구역이다. 이러한 이유로 시가화 구역은 물론 시가화 조정 구역도 아울러 도시계획 구역에 포함되는 셈이다. 방치해도 시가화의 가능성이 없을 것 같은 구역은 도시계획 구역에 편입할 필요성도 없으며, 따라서 시가화 조정 구역으로도 되지 않는다.

 도시계획 구역을 시가화 구역과 시가화 조정 구역으로 나누는 것에 따라 다음과 같은 행정상의 효과가 나타난다.

① 시가화 구역에서는 원칙적으로 용도 지역이 지정되어 공공 투자가 집중적으로 되고, 도로나 공원이나 하수도 등의 도시 시설이 정비된다.

② 시가화 조정 구역에서는 농업상의 공공 투자가 행해지고, 또 농업 진흥을 위해 우대 시책도 행해지지만, 도시 시설의 공공 투자는 행해지지 않는다.

③ 시가화 구역에서는 일정 수준 이상의 도로나 배수 시설 등을 구비한 택지 조성 등의 개발 행위는 허가되고, 농지에서 택지로의 전용도 신고 만으로 된다.

④ 시가화 조정 구역에서는 개발 행위는 허가되지 않고, 또 농지에서 택지로의 전용도 허

가되지 않는 것이 원칙으로 되어 있다.

13.5 토지 이용 계획과 지역 지구제도

토지 이용 계획은 도시계획의 기본으로 되어 있어서 도시 생활을 쾌적하게 하고, 도시 활동의 안전과 편의를 꾀하는 동시에 주위의 자연 환경과의 조화를 꾀하고, 역사적 물건 등이 존재할 때는 그 보존을 도모하는 것이다.

토지 이용 계획을 책정할 때는 다음 사항에 유의할 필요가 있다.

① 도시의 중심, 즉 도심이 되는 위치와 도시권으로서 규모의 범위를 결정한다.
② 관공청이나 시민회관 등 도시로서의 행정 시설이나 문화 시설은 편리한 장소로서 거리의 발전에 기여하는 장소로 한다.
③ 상업지는 도심에 있는 동시에 주택지에서도 편리한 위치라야 하며, 적정한 규모의 장소에 설치한다.
④ 공업지는 수원 확보와 공해 방지가 가능한 위치로 한다.
⑤ 도시로서 필요한 주택지는 충분히 확보하는 동시에 주택지는 초등학교나 중학교의 의무교육 시설을 중심으로 생각해 적정한 인구밀도를 고려한다. 또한 주택지의 계획단위로서 초등학교를 중심으로 통학구간을 형성하여 거기에 알맞는 인구 규모를 수용하는 지구를 근린주구(近隣住區)라고 한다. 1929년에 미국의 클래런스·페리(Clarence Perry)가 발표한 개념이며, 이 기본적 개념은 오늘날 도시계획의 근본이 되고 있다. 세대수로서는 2,000~2,500세대, 인구로서는 약 1만명, 면적은 10~20만평이 적당한 것으로 되어 있다.
⑥ 주택지는 상업지와는 인접해도 그다지 지장은 생기지 않지만, 공업 단지는 일정한 거리를 두는 것이 바람직하다.
⑦ 유통 단지는 교통 연결점에 설치한다.
⑧ 도로나 철도나 하천 등 도시 시설로서 필요한 토지는 공공 용지로서 확보한다.
⑨ 공원이나 녹지나 스포츠 시설 등 시민의 휴식 장소도 확보한다.
⑩ 풍치 지구나 미관 지구 등을 설치해 자연 환경이나 경관의 보전에 의무, 정취가 있는 거리로 한다.
⑪ 도시 방재를 고려한다.

이상의 목적을 달성하기 위해 규정되어 있는 것이 13.6절에서 기술하는 도시계획에서의 지역 지구제도이다. 이것에 의해 도시의 기능이 가장 효율적으로 작용하도록 계획되는 것이다.

13.6 지역 지구

(1) 용도 지역

재래 도시에서는 주택지 속에 상업지가 혼재하며, 심지어는 공장까지 섞여있는 경우가 많았다. 이래서는 도시 생활은 쾌적하지 않고, 도시 활동으로서고 불편하게 된다. 그래서 토지 특히 특정의 토지 이용 목적을 정하는데, 예를 들면 주택지라면 주택지로서 양호한 환경을 유지하기 위해 다른 공장이나 유흥가 등을 배제하려는 것이다. 이러한 것이 도시계획에서 용도 지역의 지정이며, 시가화 구역에 대해서는 ① 제1종 저층 주거 전용지역, ② 제2종 저층 주거 전용 지역, ③ 제1종 중고층 주거 전용지역, ④ 제2종 중고층 주거 전용지역, ⑤ 제1종 주거지역, ⑥ 제2종 주거지역, ⑦ 준주거 지역, ⑧ 근린 상업 지역, ⑨ 상업 지역, ⑩ 준공업 지역, ⑪ 공업 지역, ⑫ 공업 전용 지역의 12종류로 정해진다.

(2) 그밖의 지구 지역

보통의 경우, 토지 이용의 규제는 기본적인 지역 지구에 있는 용도 지역에 따라 행하지만 도시의 특성이나 지역의 실상 등에 따르며, 또한 기타 지역의 지구제도에 의한 규제를 더하여 제한을 강하게 하는 경우가 있다. 필요에 따라 용도 지역에 의한 규제 위에 같은 토지에 더욱 더 기타 지역 지구의 규제를 2중 3중으로 강화하는 것이다. 기타의 지역 지구에는 다음과 같은 것이 있다.

① 특별용도지구(문교(文敎) 지구, 연구개발 지구, 특별 공업 지구, 소매상가 지구, 사무소 지구, 후생 지구, 유흥 지구, 관광 지구, 특별업무 지구, 중고층 주거 전용 지구, 상업 전용 지구 등), ② 고층 주거 유도 지구, ③ 고도 지구 또는 고도 이용 지구, ④ 특정 가구, ⑤ 방화 지역 또는 준방화 지역, ⑥ 미관 지구, ⑦ 풍치 지구, ⑧ 주차장 정비 지구, ⑨ 임해 지구, ⑩ 역사적 풍토 특별보존 지구, ⑪ 제1종 역사적 풍토 보존 지구 또는 제2종 역사적 풍토 보존 지구, ⑫ 녹지 보전 지구, ⑬ 유통 업무 지구, ⑭ 생산 녹지 지구, ⑮ 전통적 건조물군 보존 지구, ⑯ 항공기 소음 장해 방지 지구 또는 항공기 소음 장해 방지 특별지

구.

13.7 도시 시설

도시 시설이란 도로나 공원이나 하수도 등 도시에서 시민의 활동을 위해서 없어서는 안될 기본적인 시설이며, 그 도시의 구조의 골격을 이루는 것이다. 도시 시설에 관한 도시계획이란 이와 같은 도시 시설의 위치나 구조 등을 정하는 계획을 말하며, 가장 중요한 도시계획이다. 도시계획법에서는 도시계획으로서 결정되는 도시 시설에 대해서는 특별한 제한을 두지는 않지만, 개괄적으로 열거하면 그것에 대해서 도시계획 사업으로서의 토지 수용법에 따른 수용권을 인정하고 있다. 도시계획법에서 도시 시설로서 필요한 것을 도시계획으로 정해지는 시설은 다음과 같다.

1) 도로, 도시 고속철도, 주차장, 자동차 터미널, 기타의 교통 시설
2) 공원, 녹지, 광장, 묘원, 기타의 공공 공지
3) 수도, 전기 공급 시설, 가스 공급 시설, 하수도, 오물 처리장, 쓰레기 소각장, 기타의 공급 시설 또는 처리 시설
4) 하천, 운하, 그밖의 수로
5) 학교, 도서관, 연구 시설, 그밖의 교육 문화 시설
6) 병원, 탁아소, 그밖의 의료 시설 또는 사회복지 시설
7) 도매시장, 도살장 또는 화장터
8) 일단지(一団地)의 주택 시설
9) 일단지(一団地)의 관공청 시설
10) 유통 업무 단지
11) 그밖의 규정으로 정해지는 시설

이상의 시설은 모두가 꼭 필요한 것은 아니나 도시계획으로서 정해지면 설치해야 하는데, 쓰레기 소각장이나 도매시장 등 공해의 발생 우려가 있는 시설에 대해서는 그 위치를 도시계획으로서 정하도록 규정되어 있다.

13.8 도시 교통시설

도시의 교통 수요에 대응하여 이것을 처리하기 위한 도시 교통시설로서 기본적인 것은 도로이다. 도로는 기본적인 교통시설이지만, 귀중한 도시 공간을 확보해 도시 방재에 도움이 되는 동시에 노면 밑으로 수도나 가스 등의 공급 시설 및 하수도 등의 처리 시설을 설치하며, 공중뿐만 아니라 지하도 포함해 입체적으로 도시 시설을 설치하는 공간이기도 하며, 도시 형태의 기본이 되는 것이다. 또한, 도시부의 도로는 가로라고도 부른다(도시 고속도로는 제외).

(1) 도로망의 형상

자연적으로 발전된 도시이든지, 계획적으로 건설된 도시이든지 도시는 정보나 생산이나 소비나 유통을 중심으로 하기 때문에 지세나 지형이나 지반 등의 자연적 조건이 약간 좌우되는 것은 있어도 도로나 철도나 항만이나 공항 등 다른 도시와 이어지는 교통 시설에 따라 도시의 시가지가 형성되는 것이다. 일본에서도 유럽에서도 마찬가지로 좋은 항구를 끼고 있는 도시가 자연히 발전되어 항만과 도로가 도시의 기본형을 정하게 되며, 내륙부의 도시에서도 성을 중심으로 발달한 도시나 도시의 입구가 주요 도로를 도시의 골격으로서 발전시켰다.

근대에 이르러 철도가 출현하여 철도역을 중심으로서 시가지가 구성된 것을 볼 수 있었는데, 철도역은 어디까지나 교통의 연결점이었으며, 이것이 도시의 중심이 되는 경우는 있어도 도시의 형상까지 변하는 것은 적다. 공항이 개설되어 도시의 형상까지 변한 예는 아직 없다.

이와 같이 자연 조건을 제외하고 도시의 형상에 결정적인 영향을 주는 것은 도로가 가진 교통 조건이라고 할 수 있다. 도시의 중심부에 대한 주요 도로망의 형상에 따라 도시의 패턴이 정해진다고 말해도 좋다.

도시부의 도로는 대소 여러 가지 노선이 조합되어 가로망을 형성한다. 가로망의 형식에는 방사 환상형, 방사형, 격자형, 사다리형, 사선형, 선형 등이 있으며, 이것을 그림 13.1에 나타내고, 표 13.1에 형식마다의 특색을 나타낸다. 이 중에서 현재의 도시에 잘 적응되어 가장 많은 형식은 방사 환상형이다.

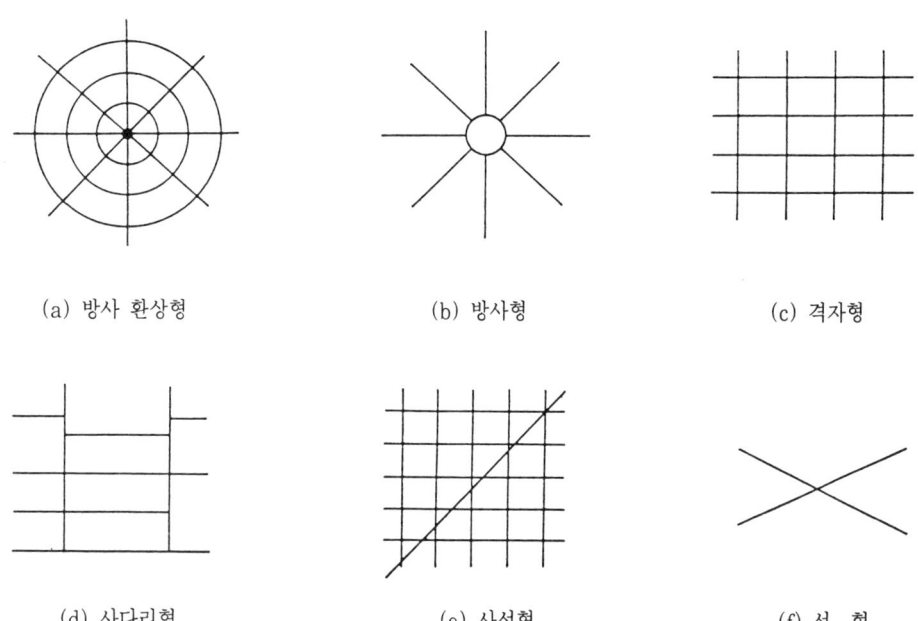

그림 13.1 가로망의 기본형식

표 13.1 도로의 패턴과 특색

도로망의 형식		실제의 도시	특 색
유(有) 중심형	방사 환상형	서울, 大阪, 파리, 런던, 베를린, 로마, 동경	대도시에 보이는 동심원적으로 발전되었기 때문에 중심부의 재개발을 반복한다. 중심부는 교통정체라든가, 도심에서 지방으로의 교통에 편리하게 되어 있다.
	격자형 (그리드형)	그리스나 로마 도시, 平安京, 平城京, 長安, 필라델피아, 뉴욕, 일본의 성을 중심으로 하는 도시	고대 및 중세 봉건도시에서 많이 보인다. 그리고 또 현대 대도시의 일부(중심부)에 많이 보인다. 격자형과 사다리형을 합쳐서 수선형(종횡형)이라고도 한다. 토지 이용에 편리하다.
	사선형	데트로이트, 워싱톤, 멕시코·시티	격자형에 경사형의 도로를 붙인 것으로 교통 동선의 단축을 목표로 한 것이다. 교차점이 변형되며, 교통이 정체되며, 도로교통이 적은 상태에 적합하지만, 오늘날 여러 도시의 실상에는 적합하지 않다.
무(無) 중심형	사다리형 (래더형)	한국 및 일본 대도시 주변의 중소도시	띠상 또는 선상으로 도시기능을 배치하여 연장시켜 발전의 여지를 구한다. 도시기능 동작 중 일상적인 것은 횡단적으로, 광역 동선만을 종단적으로 처리한다. 중소규모, 공업 주택 등 단순기능적인 도시에 적합하다.

(2) 도시 도로(가로)의 분류

도로에는 공공도로와 개인도로가 있으며, 공공도로는 도로법상 고속 자동차 국도, 일반 국도, 시·도 도로, 지방도로로 분류되고 있다. 이 분류방법은 어디까지나 도로 관리자의 입장에서 분류한 것이며, 기능상의 분류는 아니다. 도시 도로에서는 기능상의 분류가 가장 실정에 적합하므로 보행자, 자전거, 자동차 등, 도로를 이용하는 사람의 교통 기능에 대응해 분류하는 것이 도시교통에 있어서 가장 실제적이며, 자동차 전용 도로(도시 고속도로), 주요 간선 도로, 간선 도로, 보조 간선 도로, 구획 도로, 특수 도로(자동차 이외의 교통에 제공되는 것을 목적으로 하는 도로)로 분류된다.

(3) 도시 고속철도

도시 고속철도에 있어서 필요한 것은 도시의 어떤 곳에서라도 도심부로 원활하고도 신속하게 도달할 수 있도록 철도망이 도시내에 골고루 퍼져 있는 것이다. 도시 고속철도망의 일반적 기준을 나타내면 다음과 같다. 또한, 이 기준은 노면전차망 또는 버스망(트롤리 버스를 포함)의 경우도 마찬가지이다.

(a) 도심부의 관통

도심부는 어느 정도 넓게 되어 있어서 이 도심부를 통과해 반대 방향으로 관통하도록 한다.

(b) 많은 노선과의 접속

도시내의 각 지점을 편리하게 연결하기 위해서는 가능한 한 많은 환승 지점을 설치하고, 각 노선이 서로 1번 갈아타면 해결되도록 한다.

(c) 도심부로부터 방사상으로 건설

도시의 가장 능률적인 형태가 원형이므로 철도망은 방사선상의 적당한 간격으로 건설되는 것이 바람직하다.

(d) 부도심의 통과

도중에 부도심을 통과하는 것으로, 도심부와 주변부와의 교통뿐만 아니라 도심부와 부도심 사이의 교통 편의도 도모한다.

(e) 간선 도로밑의 통과

지하철로서 간선 도로의 지하를 통과하는 것은 그만큼 교통 수요가 많다는 것이며, 또 간선 도로의 교통 정체 완화에도 도움이 된다.

(f) 기종점의 교통 터미널

기종점의 양끝이 JR 또는 교외의 철도역이거나 또는 공항과 같이 교통 터미널이 아니면 교통 수요는 충분하지 못하다.

13.9 광장과 공원 녹지

(1) 광 장

광장은 도시 시설로서 중요한 곳이므로 사람 및 교통의 집약점으로 존재한다. 광장은 정치적·경제적·문화적 교류 장소일 뿐만 아니라 여러 종류의 교통기관 접속점도 되며, 공원으로서의 기능도 있어 도시 방재 공간으로서 큰 역할을 한다.

광장에는 역전 광장, 교차점 광장, 시민 광장(실용 광장이라고도 한다), 미관 광장(장식 광장이라고도 한다)의 4종류가 있다. 교통 광장이라고 하는 명칭이 사용되는 것이 있는데, 이것은 이름에 나타나듯이 교통을 위한 광장이라는 의미이고, 넓은 의미에서는 역전 광장과 교차점 광장을 총칭하는 것이고, 좁은 의미로서는 교차점 광장을 말한다.

광장으로서 구비해야 할 조건으로서는

1) 도시 공간으로서의 충분한 넓이가 있을 것.
2) 녹지로서의 넓이가 있을 것.
3) 시민의 집회를 위한 광장으로서의 넓이가 있을 것.
4) 광장은 도시미의 중심이므로 그 도시를 상징하는데 어울리는 분위기가 있을 것.
5) 필요한 교통 처리가 이루어 질 것.
6) 사람이나 차량의 체류에 대해 공중전화·파출소·화장실·우체통 등의 공공시설이 있을 것.
7) 보행자가 안전하고도 편리하게 이용할 수 있어야 하며, 또 반대로 차도를 달리는 자동차가 주행자에게 방해되지 않도록 평면적으로 분리하고, 때로는 입체적으로 분리할 것.

8) 자동차의 주차장이 가까이 있을 것.
9) 자전거 보관소가 자동차 보다 가까이 있을 것.
10) 택시의 승강에 편리하도록 할 것.
11) 역전 광장은 철도 교통과 도로 교통과의 연결점이기 때문에 노면전차나 버스 등의 대중 공공 교통기관의 승강객이 갈아타기 편리하도록 최대의 주의를 기울일 것.
12) 역전 광장은 버스 터미널의 기능이 있는 것이 편리한 것도 있다.

(2) 공원 녹지

도시의 생활환경은 도시를 형성하는 여러 가지 요소로 구성되고 있는데, 공원 녹지는 도시에서 일조·통풍·재해·대기오염 등에 관한 유효한 오픈 공간으로서 도시 환경에 대해 큰 역할을 하고 있다.

공원 면적의 현황을 외국과 비교해 보면 한국의 정비수준은 여러 외국에 비해 낮다. 특히 최근에 도시화의 진전에 따라 대도시에서의 녹지와 오픈 스페이스의 감소가 두드러지게 되었다. 그래서, 도시 환경의 향상, 방재 기능 확보, 공해 방지, 레크리에이션 수요의 증대에 대응하여 공원이나 녹지를 정비하고, 또 녹지 보전 지구제도 등을 잘 이용하여 녹지를 보전하는 필요성이 강해졌다. 공원 녹지의 종류를 표 13.2에 나타낸다.

13.10 토지 구획 정리

시가지의 예정지가 무질서하게 계획없이 개발되면 토지가 산림이나 논밭일 때의 상황과 다르지 않아 구부러졌든지 좁은 도로 그대로이고, 공원 등도 없는 형편없는 시가지로 되어 버린다. 그래서 산림이나 논밭을 훌륭한 시가지로 하기 위해서는 도로나 공원이나 수로 등의 공공 시설을 신설하거나 변경하며, 또 택지 등의 토지 구획 분할이나 형태의 질을 정리할 필요가 있다. 이것을 토지 구획 정리(土地區劃整理)라고 한다.

토지 구획 정리에 있어서는 토지의 교환이나 분합이나 정돈에 따라 종전의 토지 대신 새로운 토지가 얻어진다. 이것을 환지(換地)라고 한다. 환지의 경우는 반드시 종전의 토지 보다 면적이 줄어든다. 이것을 감보(減步)라고 한다. 면적이 줄어드는 이유는 도로나 광장이나 수로나 공원 등의 공공 용지를 종전 보다 넓게 하거나 신설하기 때문에 토지가 필요해서이며, 또 사업 실시를 위한 비용도 함께 토지의 소유자가 공평하게 부담하기 때문이다.

표 13.2 공원 녹지의 종류와 인구 1인당의 정비목표

종 류		종 별	인구 1인당의 면적
기간공원	주거구역기간공원	가 로 구 역 공 원	1m²
		근 린 공 원	2m²
		지 구 공 원	1m²
	도 시 기 간 공 원	종 합 공 원	2m²
		운 동 공 원	2.5m²
특 수 공 원		풍 치 공 원	1m² 이상
		동 식 물 공 원	1m² 이상
		역 사 공 원	적당하게
		묘 원	적당하게
대 규 모 공 원		광 역 공 원	2m²
		레 크 리 에 이 션 도 시	1m²
		국 영 공 원	1m²
특 정 지 구 공 원			8m²
완 충 녹 지			2.5m²
도 시 녹 지			3.0m²
녹 도			1.5m²

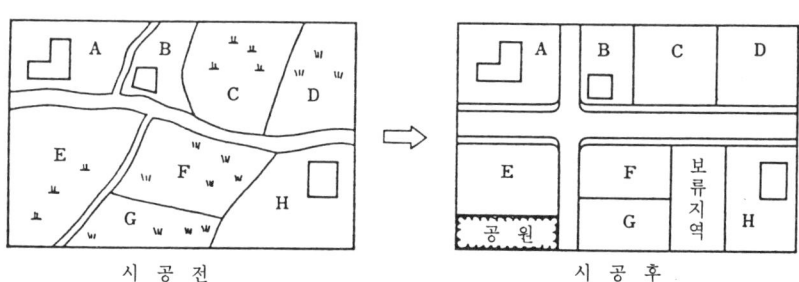

그림 13.2 토지 구획 정리 개념도

연구 과제

13.1 도시계획을 필요로 하는 이유를 말하시오.
13.2 도시 규모의 분류가 왜 필요한가?
13.3 도시계획 구역은 왜 도시의 구역과는 별도로 설정해야 하는가?
13.4 왜 시가화 구역과 시가화 조정 구역으로 분류하는가?
13.5 용도 지역은 왜 설치되었는가?
13.6 용도 지역에 또한 지역 지구제도를 설정하는 이유를 말하시오.
13.7 도시 시설이란 어떤 것을 말하는가?
13.8 도시 교통시설 중에서 가장 중요한 것은 도로인데, 그 이유를 말하시오.
13.9 토지 구획정리 사업 특징을 기술하시오.

제 14 장

환경과 방재

14.1 환경 문제

인간의 생명 유지나 사회 활동에 있어서, 여러 환경 수준 정도의 차이가 있어 낮은 수준일 때 어떤 나쁜 영향을 미치는 요인이 되는 환경 악화 현상은 그 많은 사람의 생산 활동 또는 생활 그 자체 때문에 기인된다고 사람들은 생각한다. 그것을 현실에 따라 분류하면, ① 산업 활동에 수반되는 매연이나 배출 가스에 의한 대기오염, 폐액으로 인한 수질 오탁, 기계에 따른 소음이나 진동, 또한 천연 가스나 지하수를 퍼올림에 따른 지반침하 등 옛날부터 존재하고, 산업 활동으로 인한 발생원이나 특정되어 있는 환경 오염, ② 에너지 공급 및 사람 또는 물자의 수송 등 산업 활동이나 사회 생활을 간접적으로 지지하는 행동에 수반되는 환경 오염, ③ 생활 배수에 의한 수질 오염, ④ 피아노나 음악에 의한 근린 소음 등 인간의 생활 자체로 인한 환경 오염(파계)이 있다.

그러나, 이러한 현상은 2가지 이상의 원인이 복잡하게 얽혀 있는 경우가 적지 않다. 환경 오염은 오래되면 새로운 문제가 생기는데, 일본의 예이지만 옛날에 渡良瀨川 광물독 사건이 잘알려져 있어 熊本縣 미나마타만 주변, 新潟縣 阿賀野川 유역의 미나마타병, 富山縣 神通川 유역의 이타이이타이병, 東京의 6가 크롬에 의한 토양 오염, 자동차나 신간선이나 항공기에 관한 소음 등 사회의 큰 문제로서 취급된 것도 많다. 특히 한국도 1975년도부터 고도 경제 성장에 따라 대기오염, 수질 오탁, 소음 등 여러 가지의 환경 문제가 다수 발생하여 심각화되었다.

이 때문에 정부도 공해 환경 행정의 일원적 강화를 꾀할 목적으로 공해 대책 기본법의 개정, 대기오염 방지법의 개정, 수질 오탁 방지법의 제정, 하수도법의 개정 등의 공해 및 환경 관계법안이 제정되었다.

공해의 종류와 그 범위가 논의되고 있는데, 엄밀하게는 반드시 명확하다고 할 수 없지만, 환경 기본법에서는 공해란 「사업 활동 기타 사람의 활동에 수반하여 상당 범위에 걸쳐 생기는 ① 대기의 오염, ② 수질의 오탁(수질 이외에 물의 상태 또는 물밑바닥의 바닥질이 악화하는 것을 포함), ③ 토양의 오염, ④ 소음, ⑤ 진동, ⑥ 지반의 침하(광물의 채굴을 위한 토지의 굴착에 의한 것을 제외) 및 ⑦ 악취로 인해 사람의 건강 또는 생활환경에 관계되는 피해가 생기는 것을 말한다」(제2조)로 정의되어 있다. 즉, 전형 7공해라고 하는 것이다. 그 불평건수 구성률을 표 14.1에 나타낸다.

표 14.1 공해 불평건수 구성률

전 형 공 해	구 성 률
대 기 오 염	16.9%
수 질 오 탁	14.9
토 양 오 염	0.4
소 음	38.8
진 동	5.0
지 반 침 하	0.1
악 취	23.9

이상의 공해 방지 대책의 한 가지 중요한 목표로서 환경기준이 있다. 이 환경기준이란 환경 기본법에 의거하여 대기 오염이나 수질 오탁이나 토양 오염이나 소음에 대해서 사람의 건강을 보호하고 생활환경을 보전하기 위한 바람직한 기준이 설정되어 있는 것이다.

14.2 대기 오염

한국 경제의 고도 성장기에 공장이 다수 증설되는 동시에 석유를 다량으로 소비하는 시기가 있었다. 이 시기에 공장 지대에서는 급속하게 대기오염이 진행되었다. 공장 등에서 배출되는 가스로 인해 대기가 오염되는 물질 중 주로 이산화유황(SO_2), 이산화질소(NO_2), 일산화탄소(CO) 및 부유 입자상 물질과 산성비(pH 5.6 이하)가 있다.

자동차가 주행할 때 배출하는 가스는 가솔린 엔진과 디젤 엔진에 의해 차이는 있지만, 그 가스로 인해 대기가 오염되는 물질 중 주로 일산화탄소(CO), 탄화수소(HC), 질소산화물(NO_x) 및 부유 입자상 물질이 있다.

이 중에서 부유입자상물질(浮遊粒子狀物質)이라는 것은 부유분진(浮游粉塵) 중에 입경이 10미크론(μm) 이하의 것을 말한다. 그리고 부유 입자상 물질은 바람에 의해 토양 물질 위로 흩날리는 자연 현상 등에 의한 경우도 있다. 강한 산성비는 수질 오염으로 이어진다. 또, 질소산화물(NO_x)와 탄화수소(HC)가 강한 햇빛을 받을 경우 대기중에 광화학(光化學) 옥시던트 등의 2차 오염 물질이 생기는 경우가 있다. 이것을 광화학(光學的) 대기오염이라고 하는데, 여름철에 이 오염에 의해 광범위하게 걸쳐 눈의 자극이나 목구멍의 통증이나 가슴의 고통 등을 호소하는 건강 피해가 발생하는 경우가 있다. 광화학 대기오염은 기상 조건에 따라 크게 좌우되며, 광화학 옥시던트 농도로 나타내는데, 1시간값이 0.12ppm 이상으로 되고, 그 상태가 계속되는 것으로 추정되는 경우에 광화학 옥시던트 주의경보가 발령된다.

대기오염 물질은 사람의 건강에 영향을 미치는 것으로, 환경 기본법에 의거하여 환경기준이 정해지며, 대기오염 방지법 및 도로 운송 차량법에 의해 발생원 대책으로서 공장에서의 배출 규제로 ① 연료의 저유황화, ② 중유의 탈유황, ③ 배연 탈유황 등의 대책이 강구되는 동시에 자동차에서 배출되는 일산화탄소(CO), 탄화수소(HC), 질소산화물(NO_x) 및 디젤 흑연량을 감소시키는 규제가 강화되었다.

또한, 자동차 교통에 의한 연도 지역의 대기오염도를 평가하는 방법으로서, 연도 지역을 대표하는 지점의 지표 부근에서 대기의 안정도, 풍향, 풍속 등의 기상 조건 및 교통 조건때문에 특히 이상이 있는 날은 제외하고, 연간 중 대기에 포함되는 자동차의 배출 가스 농도가 높아지기 쉬워 1일에 대해서 오염 물질마다 시간대를 정해 농도를 측정하고, 그 평균값으로 평가하기로 되어 있다.

14.3 수질 오탁(水質汚濁)

공장이나 사업소 등에서의 산업 배수나 일반 가정 등에서의 생활 배수로 인해 하천이나 호수와 늪이나 내해역 등의 공공용 수역의 수질이 오탁되기 쉽다. 그리고 그 결과로서 수도 원수나 공업용수나 농업용수 또는 어장에 악영향을 미치게 되는 경우가 있다.

수질 오탁을 방지하기 위해 환경청 고시에 의해 환경기준이 설정되어 있다. 크게 나누어 건강 항목과 생활환경 항목이 있다. 건강 항목이란 사람의 건강 보호에 관한 것이며, 사람의 건강에 피해를 일으킬 우려가 있는 물질이란 ① 카드뮴, ② 시안, ③ 납, ④ 6가크롬, ⑤ 비소, ⑥ 총수은, ⑦ 알킬수은, ⑧ 폴리염화 비페닐(polychlorinated biphenyl; PCB), 이외에 23항목을 말한다. 생활환경 항목이란 생활환경 보전에 관한 것이며, 생활환경에 피해를 일으킬 우려가 있는 물질이란, ① 수소 이온(PH), ② 생물 화학적 산소 요구량(BOD) 및 화학적 산소 요구량(COD), ③ 용존 산소량(DO), ④ 대장균군수, ⑤ 부유 물질량(SS)(하천·호수와 늪), ⑥ 전질소(호수와 늪), ⑦ 전린산(全燐酸)(호수와 늪), ⑧ 노말 헥산 추출 물질(해역)의 8항목을 말한다.

수질 오탁의 방지 대책 결과, 최근에는 유해 물질 중 건강 항목에 대해서는 ④ 6가(価)크롬, ⑦ 알킬 수은, ⑧ PCB는 검출되지 않고, 또 ⑥ 총수은도 환경기준을 초월하지 않게 되었으며, 이밖에 대해서도 해마다 부적합 비율이 떨어지고 있다. 생활환경 항목에 대해서도 대표적인 유기 오탁 수질 지표로서, 하천에는 생물 화학적 산소 요구량(BOD), 호수와 늪 및 해역에서는 화학적 산소 요구량(COD)이 관리되어 해마다 좋아지고 있다.

14.4 소 음

소음은 이른바 감각 공해라고 불리우며, 광범위하게 일상생활과 밀착되어 발생하는 경우가 많기 때문에 지방 공공단체로부터의 불평 호소 건수도 전형 7공해 중에서 가장 많은 비율을 보이고 있다. 그러나, 소음에 대한 불평의 원인, 즉 소음의 발생원은 다종다양하고, 게다가 복합하다는 특징도 있어서 발생원을 특정할 수 없기 때문에 대책도 어렵게 된다.

(1) 지역 소음

공장이나 사업장 등(특정 공장등이라고 한다)을 발생원으로 하는 소음을 중심으로 건설 작업에 의한 소음도 많다. 이외에 심야 영업에 의한 소음이나 피아노·쿨러의 소리, 확성기의 선전 방송 소리 등 이른바 근린 소음도 있다.

특정 공장 등의 소음에 관하여는 소음 규제법에 따라 시·도지사는 관계지방장의 의견을 청취하여 주택이 집합되어 있는 지역이나 병원 학교의 주변 지역 중 특히 규제가 필요한 지역에 대해서 지정을 하여 환경기준의 범위내에서 규제 기준과 시간을 정한다. 그 지역내에서 특정 시설을 설치하고 있는 특정 공장 등에서는 신고 의무와 함께 규제된 기준과 시간을 엄수할 의무가 있다.

특정 건설작업에 수반하여 발생하는 소음에 대해서도 마찬가지로 시·도지사는 지역을 지정하고, 특정 건설작업 종류 및 시간에 따라서 작업소의 부지 경계선에서 30m 지점에서의 소음 크기가 85~75데시벨(DB) 이하로 규제한다.

(2) 도로 교통 소음

도로 교통 소음은 엔진, 흡배기계, 구동계, 타이어계 등으로부터 발생하는 자동차 소음과 교통량, 통행 차종, 주행 속도, 도로 구조 등에서 발생하는 도로 소음이 복잡하게 얽혀 함께 주위로 전달되는 것이다.

이 도로교통 소음에 대해서 환경 기본법에 환경기준이 정해져 있으며, 소음 규제법에 요청기준이 정해져 있다. 또한, 요청기준이란 시·도지사가 지정된 구역에 대해서, 도로교통 소음이 그 요청기준을 초과해 도로 주변의 생활환경이 현저하게 손상되는 경우에는 시·도지사는 도로 교통법의 규정에 따라 교통을 규제할 것을 요청하며, 도로 관리자에 대해서 도로 구조 기타에 대해서 의견을 제시하게 되어 있다.

환경기준으로 정해진 도로교통 소음의 허용값 이하로 하기 위한 대책으로서 발생원인 자동차에 관한 항목에 대해서 말하면 다음과 같다.

1) 자동차 소음 중 엔진 소음에 대해서는 차량 검사의 철저와 정기점검정비의 철저 외에 근본적 대책으로서는 저소음의 전기 자동차 개발등으로 자동차 구조를 개선한다.
2) 교통 관제 시스템이나 교통신호의 계통화에 의해 발진 정지 횟수를 줄이거나, 속도 규제나 대형차의 통행 제한을 실시하거나, 대형차를 중앙쪽으로 주행시키는 등 자동차의 주행 상태를 개선한다.
3) 대량 공공 교통기관으로의 전환, 자전거 이용의 촉진, 통과 교통의 배제 등 교통을 규제하여 교통량의 억제를 실시한다.
4) 자동차 소음 중 타이어 소음에 대해서는 타이어 소음을 적게 하면 노면이 미끄러지기 쉬워 교통안전상의 문제가 생긴다.

다음에 도로를 주행하는 자동차에서 발생되는 소음은 그것이 1대인 경우에는 점음원이 되어 거리의 2승에 반비례해 약해지며, 교통량이 많은 경우에는 선음원에 가까워 거리의 1승에 반비례해 약해져 간다. 즉 거리 감쇠 때문에 차도끝에서 연도의 주택들에 대해 충분한 거리를 두면 해결할 수 있지만, 한국같이 국토가 좁은 나라에서는 충분한 거리를 둘 수 없다. 그래서 도로쪽의 대책으로서 다음과 같은 항목이 있다.

1) 도시부의 간선 도로 등에서는 환경 시설대나 식수대 등 완충 공간을 확보하든지 방음벽 등을 설치한다.
2) 간선 도로에 면한 부근은 연도 지향형의 주유소나 창고 등 소음과는 무관한 시설을 유치하는 도시계획상의 토지 이용 계획이라든가, 완충 건물이나 완충 녹지를 고려한다.
3) 도시 환상 도로, 바이패스, 생활 도로 등을 정비하여 도시내의 도로 기능 분화와 시스템화를 계획한다.

(3) 철도 소음

고속철도는 고속으로 주행하기 때문에 바퀴와 레일의 접촉 부분이 많은 개소에서 주로 소음이 생긴다. 이 고속철도 소음에 대해서 환경기준이 정해져 있으며, 시·도지사가 지역을 지정하고 있다.

이 환경기준에 정해진 고속철도 소음의 허용값 이하로 하기 위한 대책으로서 발생원에 대해서는 팬터그래프(pantagraph) 애자나 차체의 공기 저항을 줄이기 위해 형상을 개량, 그리고 레일의 연마나 레일을 중량화 하고, 한층 더 소음을 경감시키기 위해서 방음벽 등을 설치한다. 재래선 철도도 이것에 준한다.

(4) 항공기 소음

항공기 소음, 특히 제트기의 소음은 소음 레벨이 높고, 또 영향이 미치는 범위도 넓기 때문에 비행장 주변의 생활환경을 지키는 데 있어서 큰 문제가 되고 있다. 이 항공기 소음에 대해서 환경기준이 정해져 시·도지사가 지역을 지정하고 있다. 이 환경기준에 정해지는 항공기 소음의 허용값 이하로 하기 위한 대책으로서 발생원인 항공기의 개량으로 저소음을 기대하는 동시에 발착편수의 제한이나 발착 시간대의 규제 외에 각종의 소음 경감 운항 방식을 사용한다. 또한, 항공기 소음의 방지를 위한 시책을 종합적으로 강구해도 환경기준을 달성하기가 곤란한 지역에서는 이 지역에 계속 거주를 희망하는 사람에 대해 주택의 방음 공사 등을 시공해 환경기준이 달성된 경우와 똑같은 실내 환경을 유지할 수 있도록 하는 동시에 조속히 환경기준이 달성될 수 있도록 노력한다. 또, 군인들이 사용하는 비행장 주변에서는 평균적인 이착륙 횟수나 기종이나 주변 인가의 밀집도를 감안해 실시한다.

14.5 진동 공해

공장이나 도로나 철도 등의 진동 공해는 그 주변에 심리적 영향과 물리적 영향을 준다. 작은 진동 레벨에서도 심리적 영향 쪽이 물리적 영향보다도 크기 때문에, 이러한 진동 공해의 평가는 인체의 진동 감각으로 이루어진다. 인체의 진동 감각은 진동 방향, 진폭, 진동수, 진동 계속시간, 주파수 등에 따라 다르지만, 사람에게 주는 영향으로서는 수면 방해 외에 문의 여닫이가 이상해지는 등의 피해가 생긴다.

(1) 지역 진동 공해

공장이나 사업장 등의 특정 공장 등에서 진동 공해가 발생할 우려가 있는 특정시설을 발생원으로 하는 진동 공해 외에 건설 작업에 의한 진동 공해도 있다. 이들에 대해서는 진동 규제법에 규제 기준이 정해져 있다.

(2) 도로교통 진동

도로교통 진동이란 자동차의 주행으로 인해 지반 또는 건조물이 진동하는 것을 말한다. 도로교통 진동으로는 다음과 같은 것이 있다.

(a) 자동차가 주원인인 진동

자동차의 정비 불량으로 타이어 밸런스의 불균형 및 거터(gutter) 등의 원인으로 노면에 충격 및 진동 하중이 주어져 지반에 진동이 발생한다. 이 외에 자동차의 주행으로 발생하는 공기 진동(풍압)에 의해 건조물의 창호 등이 진동하는 경우가 있지만, 이것은 감각적으로 귀에 거슬릴 정도이며, 건조물에 진동을 주는 경우는 거의 없어서 교통 진동에 포함하지 않는 경우가 많다.

(b) 도로 구조가 주원인인 진동

자동차가 주행할 때 노면이 울퉁불퉁하든가 또는 단차(段差)가 있으면 자동차 하중에 의해 충격 하중이 발생되고, 그것이 지반 진동으로 되는 경우와 연약 지반상의 성토 또는 처짐성이 큰 교량에서는 강성이 불충분하기 때문에 자동차의 진동이 지반 진동으로 전달되는 경우가 있다.

이상의 발생 원인으로 일어난 진동은 주로 포장이나 교량 등의 구조물 및 지반을 통해 전달되어 도중에 증폭되기도 하고 감쇠되기도 하며, 그 특성은 구조물 및 지반에 따라 종류나 성상은 다르지만 대체로 거리 감쇠한다.

이 도로교통 진동에 대해서는 진동 규제법에 요청 기준이 정해져 있다. 그리고 시·도지사가 지정한 구역에 대해서 자동차 교통에 의한 진동이 그 요청 기준값을 초과해 도로 주변의 생활환경이 현저하게 손상되는 경우에 시·도지사는 도로 교통법의 규정에 따라 교통 규제를 요청하고, 도로 관리자에 대해서도 도로교통 진동 방지를 위한 포장이나 유지 수선을 요청하는 것으로 되어 있다.

도로교통 진동 대책으로서 다음과 같은 것이 있다.
① 노면의 평탄성을 좋게 해 충격 하중을 적게 한다.
② 노상이나 노반이나 포장 등의 강성 및 중량을 적게 한다.
③ 환경 시설대나 식수대를 설치해 거리 감쇠를 도모한다.
④ 교통 규제에 따라 교통량을 줄인다.

(3) 철도 진동

철도 진동은 열차의 주행이 원인으로, 도로교통 진동과 유사한 것이다. 이 중에서 고속철도 진동은 70데시벨로 정해져 진동원 대책과 장해 방지 대책이 강구되었다.

14.6 초저주파 소음(저주파 공기 진동)

소음 중에도 주파수가 20Hz(Hertz) 이하의 낮은 경우에는 사람의 귀에는 소리가 들리지 않는다. 이것을 초저주파 소음이라고 하며, 음파는 보통 소음과 다르지 않지만, 들리지 않는 공기 진동이기 때문에 진동 공해에 가깝다. 사람에게 미치는 영향도 수면 방해 외에 문의 여닫이가 이상해지는 피해가 생기는 것도 같다.

(1) 지역 초저주파 소음(地域超低周波騷音)

자연계에서도 초저주파 소음이 발생되는데, 폭포수의 흩어짐이 원인으로 발생하는 경우가 있다. 마찬가지로 댐에 물을 방류할 때도 발생하는 경우가 있다. 공장 등에서 발생하는 지역 초저주파 소음으로서는 송풍기, 왕복식 공기 압축기, 디젤기관, 보일러, 진동체 등에서 발생하는 경우가 있다.

(2) 도로교통 초저주파 소음

도로교통에 의한 초저주파 소음은 도로교량에 원인이 있는 경우가 많다. 하나는 교량에 반드시 설치되는 신축 죠인트가 원인이 되며, 이음매가 있는 틈이나 단차를 때문에 통행하는 자동차가 충격을 바닥판에 주고, 바닥판이 진동되어 음파가 발생된다. 다른 하나는 교량면에 불규칙적인 요철 등이 있는 경우에 자동차의 진동으로 바닥판이 진동되어 음파가 발생된다. 실제 예에 따르면 경간이 40~80m인 교량에서 초저주파 소음이 발생되는 경우가 많다.

(3) 철도 초저주파 소음

열차가 터널에 돌입하면 폭발이나 발파 등과 마찬가지로 터널내의 공기가 압축되어 공기속에 직접 압력 변화가 일어난다. 이 압축파는 터널내를 전방의 출구 방향으로 음속이 전달되어 나가는데, 터널의 출구에서 충격적인 음파로 되어 방사된다. 이 음파가 초저주파 소음으로 되는 것은 터널의 길이나 단면적, 궤도의 조건, 열차의 속도나 단면적 등이 일정한 조건일 때에 한한다.

(4) 항공기 초저주파 소음

제트 항공기의 제트 엔진에서 고온 고속의 제트 배기가 팬 공기를 통해 외부의 정지 공기와 혼합할 때 소용돌이가 발생한다. 이 소용돌이에 의해 음파가 발생되는데, 배기구에서 멀리 떨어진 곳에서 초저주파 소음이 발생한다.

14.7 일조 저해(日照沮害)

사람이 태양으로부터 혜택을 받는 효과로서는 빛 효과, 열 효과, 보건 효과 그리고 심리 효과까지 있는데, 빛 효과, 열 효과, 보건 효과는 조명·난방·의료 설비 등 인공적으로 대체할 수 있다 해도 태양보다 좋은 것은 없다. 특히 심리 효과는 대체할 수 없다. 태양의 혜택이 없으면 건강하지 못하다는 것은 명백한 일이다.

일조는 낮의 모든 시간동안 확보할 필요가 없으며, 각 지방의 겨울에는 8시부터 16시까지의 8시간이 일조의 효과를 유효하게 하는 시간대로서, 이 시간대 안에서 확보해야 할 일조시간을 설정한다. 일조시간은 4시간을 잡는 경우가 많다. 그 지방에서 태양이 정남쪽에 온 때를 12시로 하는 정태양시간으로 한다. 즉 그 지방과 표준시간의 시차를 계산한 시각으로 한다.

14.8 전파 장해(電波障害)

텔레비젼 전파의 전달은 빛의 전달과 유사하지만 도중에 금속이나 콘크리트 등의 장해물이 있으면, 그늘진 부분에서 급격하게 전파가 약해지는 동시에 장해물의 앞으로 빛과 같이 반사되어 반사파가 발생한다. 따라서 텔레비젼 방송국의 송신 안테나에서 발생되는 전파는 직접 수신 안테나에 닿는 직접파와 대지나 장해물에 의해 반사된 반사파가 간접파로 되어 함께 닿는다. 다만, 이 반사파는 직접파에 비해 대단히 약하기 때문에 보통의 경우는 문제가 되지 않지만, 가까이에 건조물이 있어서 그 벽면에서의 반사파가 강하게 들어가게 되면 이중으로 되어 컬러의 색상이 변하는 등의 장해가 발생한다. 또 건조물의 그늘에서는 전파가 약해져 거친 입자의 화면 등으로 차폐 장해가 생긴다.

텔레비젼 수신 장해는 복잡하여 단순한 원인이 아닌 경우가 많은데, 장해가 있을 때에는 수신 공중선의 지상 높이를 높게 하거나 지향성을 개선하며, 또 공동 수신 시설을 설치하는 등의 대책을 강구할 필요가 있다.

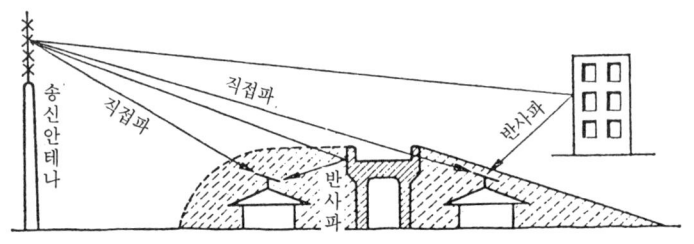

그림 14.1 건축물에 의한 반사 차폐 장해

14.9 지반 침하

공장 지대에서 공업용수로서 지하수를 퍼올리는 경우나, 도시에서 빌딩용수를 지하수에서 구하는 지역이나 상수도용수를 지하수에서 구하는 대도시 근교의 위성도시나 눈녹이는 파이프의 수원(水源)을 지하수에서 구하는 눈이 많이 내리는 도시 등, 그 외에 천연 가스의 채취를 위해서 수용성 천연 가스의 양수가 행해지는 지역이나, 공사 때문에 일시적으로 지하수를 배수하는 경우 지하수의 퍼올림으로 인해 지반침하가 생긴다.

지하의 투수층에서 지하수가 퍼올려지면 대수층인 투수층의 수위가 저하되어 대수층의 수분이 부족해 공극이 생긴다. 이 공극을 메우기 위해서 상하의 불투수층인 점토층의 간극수가 눌려나오게 되며, 그 결과, 점토층의 간극수압이 저하되어 점토층의 체적이 감소한다. 이 점토층의 체적 감소가 압밀침하로 되어 전체가 침하되어 지표면까지 침하한다. 이것이 지반침하이다. 이 대책으로서는 공업용수도의 정비라든지 중수도를 활용한다.

14.10 환경 영향 사전 평가

사업을 계획할 때 환경에 주는 영향을 미리 조사하여 예측해 평가하는 것을 환경 assessment(환경 영향 사전 평가)라고 한다. 환경 어세스먼트의 결과를 기초로 환경 보전을 위한 대책을 충분히 강구해야만 한다.

환경 어세스먼트의 대상으로 하는 환경 항목으로서는 사람의 건강에 관계되는 환경 항목으로서 대기오염·일조 저해·수질 오탁 등이 있으며, 사람의 생활에 관계되는 환경 항목으로서 소음·진동·전파 장해 등이 있으며, 자연에 관계되는 환경 항목으로서 지반 침하·지형 지질·동물·식물·자연 경관 등이 있다.

이상의 환경 항목에 대해서 계획할 때 현상 조사를 실시하고, 현상 조사 결과로부터 해당 항목에 대한 영향을 중시할 필요의 유무에 대해서 검토하여 영향이 있다고 판정된 항목에 대해서 계획 목표 연차를 원칙으로 해 대상 기간을 예측한다.

예측 결과를 기초로 환경 보전 목표와 대조해 평가한다. 환경 보전 목표에 대해서는 대기 오염·수질 오탁·소음·진동에 대해서 환경기준이 설정되어 있다. 또 지반 침하에 대해서는 유해한 영향의 유무 평가를 한다. 자연에 관계되는 환경 항목에 대해서는 객관적으로 평가가 어렵지만, 객관적인 평가가 명백한 항목에 대해서는 기준적인 보전 목표를 설정하고,

이것을 토대로 평가한다. 또한, 객관적인 보전 목표를 설정할 수 없는 항목에 대해서는 유사한 사례 등을 토대로 사실을 명백하게 평가한다.

이상의 예측 및 평가를 토대로 주변의 토지 이용 등을 배려해 건설에 수반되는 환경 보전 대책(자연 환경의 복원, 수경 녹화 등의 대책을 포함)에 대해서 검토를 하고, 계획할 때 전체를 편성해야 한다. 평가의 결과 필요가 있는 경우에는 환경 상황에 대한 추적 조사도 할 필요가 있다.

14.11 지 진

지진은 지구 표피의 암판(암석권, 플레이트와 지각으로 이루어진다)이 파괴되어 발생하는 것이며, 발생 원인에 따라 다음과 같이 구분된다.

Ⅰ) 구조성(構造性) 지진 : 지구의 구조와 플레이트의 생성에서 암판(岩板)에 스트레스(변형)가 쌓여 그 응력의 변화로 인해 발생한다.

Ⅱ) 화산성(火山性) 지진 : 지하의 마그마가 원인으로 발생한다.

Ⅲ) 열수형(熱水型) 지진 : 온천 지대인 경우에 상승하는 마그마나 화산 가스로 인해 300~500℃의 뜨거운 물이 지하의 암판(岩板) 틈새로 공급되어 가수반응이 생겨 암판의 체적이 증가한다. 이로 인해 주위에 압력이 걸리게 되어 스트레스(변형)력이 지하에 있는 활단층을 비롯한 균열 등에 집중되어 파괴가 일어난다. 이것이 지진의 원인으로서 3~10km 깊이에서 지하수가 풍부한 경우에 군발(群發)지진이 발생한다. 따라서 진원(震源)은 얕다.

Ⅳ) 유발성(誘發性) 지진 : 지각의 스트레스(변형)가 어떤 자극에 의해 해방될 때 발생한다.

지진의 에너지 크기는 진원의 강도로 표현된다. 이 진원의 강도는 진원으로부터 100 km 떨어진 곳에서 고유주기 0.8초, 배율 2,800배의 지진계에 기록된 지진동의 최대 진폭을 미크론 μ의 단위로 나타내며, 그 값이 10을 기본으로 하는 대수값으로 표시하고, 매그니튜드(기호는 M을 사용한다)라고 부른다. 또한, 진도는 "火造度 지수"로 지면의 흔들림 세기를 표시하는 것이다. 이웃 일본에는 10단계의 진도 계급이 사용되고 있다.

유럽 역사상 최대의 지진은 1755년 11월 1일에 발생했던 M 8.5의 리스본 지진으로, 화재와 해일로 사망자 5~6만명이라는 피해를 입었다. 또 1988년 12월 아르메니아 공화국의 북부 지방에서 대지진이 발생하여 사망자 약 2.5만명, 집이 무너져 가정을 잃은 사람은 50만명에 달했다고 한다.

지진에 관한 자료는 크게 분류해서 둘로 나눌 수 있다. 하나는 역사적 문헌에서 찾아볼 수 있는 역사지진(歷史地震 : historical earthquake)이고, 또 하나는 현대 지진계에 의해서 탐지되어 지진기록지(seismogram)에 기록되는 계기지진(計器地震 : instrumental earthquake)이다.

역사지진은 우리 나라 고대 문학이나 중앙 행정의 문헌에서 발견된 것으로 일본인 지질학자 와다 쓰시나로(和田維四郞)와 긴끼찌(茂者金吉)가 각기 1912년과 1949년에 처음으로 이 작업을 하였다. 이들 두 학자는 모두 우리 나라의 고대 문헌에서 실제로 지진 발생 사항을 찾아 그 내용을 발표하였다. 그들이 이용한 지진 기록문헌은 표 14.2와 같다.

옛날에는 통신의 주된 매개체가 진앙지역에 살고 있는 일반 대중의 소문이었기 때문에, 인구 밀도의 분포 상태는 정확한 진앙을 결정하는 데 매우 큰 영향을 주므로 인구가 더 조밀하게 집중된 중앙(수도) 지역에서 더 많은 지진의 기록이 탐지됨을 염두에 두지 않을 수 없다(표 14-3 참조).

참고적으로 지진이 많은 이웃 일본의 지진에 대하여 설명한다.

일본 열도는 면적비가 불과 전지구의 0.2%를 차지하는데 지나지 않지만, 환태평양 변동대에 속해 있기 때문에 일본과 그 주변에서는 전세계 지진의 약 10%의 에너지가 소비되고 있어 일본은 옛날부터 여러 번 지진을 겪었다.

일본 역사에 등장하는 가장 오래된 지진의 기록은 일본서기에 의하면, 416년에 현재의 大阪府 남동부 또는 奈良縣 북부에서 발생했던 지진이다. 그 후, 1855년 10월 2일의 安政 江戶 지진, 1891년 10월 16일의 濃尾 지진, 1923년 9월 1일의 關東 대지진 재해를 비롯하여 1964년 6월 16일의 新潟 지진, 1993년 7월 12일의 北海道 南西沖 지진 등 끊임없이 지진이 일어나 사회 기반(infrastructure)이나 건물 등의 구조물이나 생활 관련 시설(life line)이 파괴되었으며, 동시 다발 화재도 발생했다.

1995년 1월 17일 오전 5시 46분, 암판에 스트레스(변형)가 쌓여 兵庫縣 北淡 마을의 野島 단층을 경계로 암판이 어긋나 M 7.2인 진도 7의 내륙 직하형의 구조성 지진에 의해 阪神 대지진(兵庫縣 남부 지진)이 발생했다. 총길이 40 km인 활단층의 진원깊이 약 20 km의 얕은 장소에서 廣島형 원폭 100개 이상의 에너지가 10초 동안 활단층을 파괴하였다. 유사이래 1,400년 동안 큰 지진의 기록이 없었던 지역이었기 때문에 사람들은 방심하고 있던

표 14.2 한반도의 주요 역사지진 자료($M \geq 5.0$)

연 월 일	지역	진도	규모	진앙 북위	진앙 동경	역 사 기 록	분류
27	경기도(광주)	8	6.3	37.4	127.2	집들이 무너졌다.	E
34	경주	8~9	6.7	35.9	129.3	땅이 벌어져 찢어지고 금이가고, 샘이 솟아올랐다(surface-fault)	E
89	경기도(광주)	8	6.3	37.4	127.2	땅이 흔들려 갈라지고, 집들이 빠짐으로써 죽은 사람이 많았다.	E
100	경도(광주)	8	6.3	35.9	129.3	집이 무너지고 백성 중에 죽은 사람이 있다.	E
128	(장기)	8	6.3	35.9	129.5	경주 동쪽에 백성들이 집이 빠져서 그곳에 물이 고이고 연못이 생겨났다.	E
304	경도(경주)	8	6.3	35.9	129.3	샘이 솟아올라왔다.	E
304	경도(경주)	8	6.3	35.9	129.3	가옥이 파괴되고 백성들 가운데 죽는 자가 있었다.	E
372	북한산 (서울부근)	8~9	6.7	37.6	127.0	땅이 벌어지고 찢어지고 갈라졌는데 깊이가 5척, 옆넓이가 3장이었으며 3일 만에 다시 제자리로 아물었다.	E
458	금성(경주)	7	5.7	35.9	129.3	경주 남문이 부서졌다.	E
471	경도(경주)	8~9	6.7	35.9	129.3	땅이 갈라졌는데 그 넓이가 20장이 되고 흙탕물이 솟아올랐다.	E
501	(평양)	8	6.3	39.0	125.8	백성들이 집이 무너져 깔려 죽은 자가 있다	E
510	(경주)	8	6.3	35.9	129.3	백성들이 집이 무너져 깔려 죽은 자가 있다	E
664-9-12	(경주-울산)	8	6.3	35.6	129.3	백성들이 집이 파손되었는데 남쪽이 더욱 심했다.	E
768	경주	7	5.7	35.9	129.3	경주 황룡사 남쪽에 지진이 있었는데 소리가 우레가 같았고 샘과 우물이 모두 말랐다.	E
779	경주	8	6.3	35.9	129.3	백성들 집이 파괴되고 죽은 자가 백여 명 있었다. 주거지 구조물이 빈약하다고 본다. 당시 신라 혜공왕(15년)은 실권이 없었고, 다음해(16년)에 살해되었다(삼국사기).	E

연월일	지역	진도	규모	진양 북위	진양 동경	역 사 기 록	분류
1036-7-23	경주지방	7	5.7	35.9	129.3	관내의 고을에서 큰집과 술집들이 많이 파괴되었는데 동경에서는 3일만에 그쳤다. 두 번의 지진이 있었다.	NK
1226-11-5	개성	8	6.3	38.0	126.5	.집의 기왓장이 다 떨어진다	E
1260-7-30	개성	8	6.3	35.9	129.3	땅이 크게 진동하여 담과 집들이 산이 무너지듯 무너졌는데 경도(현재 강화)에서 더욱 심했다.	E
1298-3-6	개성	8~9	6.7	38.0	126.5	땅이 터지고 열리면서 수녕궁 문밖에서 샘이 솟구쳐 그 높이가 수척이나 되고 샘물이 오전 11시부터 오후 1시 사이에 솟기 시작하여 오후 5~7시경에 멈췄다.	E
1308-3-4	(개성 부근)	6	5.0	37.9	126.4	낡은 수녕궁이 헐리고 임금님이 앉으셨던 땅이 터져 그 길이가 수척이나 되었다.	E
1338-6-28	황해도 백천	6	5.0	38.0	126.31	황해도 백천의 등압사에서 큰 지진이 있었다.	E
1285-9-1	개성	8	6.3	38.0	126.5	마차가 빨리 달리는 소리 같았고 담과 가옥이 허물어지고 무너져 사람들이 모두 피했고 송악산 서쪽 영의 돌이 무너졌다.	E
1408-5-19	서울부근	8	6.3	37.6	127.0	한강변에서 말을 먹이는 땅에 금이 가고, 벌어져서 길이가 24척, 너비가 5척이 이었다.	E
1416-5-23	경상도 안동	7	6.1	36.6	128.7	안동이 더욱 심하여 집의 기왓장이 하나도 남김없이 떨어졌다.	E
1425-3-9	경상도 성주	4	5.4	35.9	128.3		C
1427-10-14	경상도 영일	4	5.4	36.0	129.3	두 개의 지진이 일어났다.	C
1455-1-24	제주도 대정	8	6.3	33.2	126.3	담과 집이 무너지고 헐려 많은 사람들이 익사했다.	E
1518-7-2	서울	8~9	6.7	37.6	126.9	대지가 대략 3번 진동했는데 그 소리가 분노한 우뢰와 같이 크고 요란하였다. 사람과 말들이 놀라서 물러나고, 담과 가옥이 엎어져서 무너지고 성과 성벽이 떨어져 도읍에 사는 사람들이 모두 놀아서 당황하고 얼굴빛이 변해 몸 둘 곳을 모랐다.	E

연월일	지역	진도	규모	진앙 북위	진앙 동경	역사 기록	분류
1518-7-4	백천 부근	6	5.4	38.0	126.3	황해도 백천에서 땅이 찢어져 터지고 물이 솟구쳐 나왔다.	E
1522-9-12	연기-문의	6	5.0	36.6	127.4	연기와 문의에서 소리가 우레와 같았고, 집들이 전부 흔들려 움직였다.	E
1527-7-21	횡성-평창	6	5.0	37.5	128.3	소리가 우레와 같았고, 집들이 다 움직였다	E
1531-10-17	양구-춘천	6	5.0	38.0	127.9	서울에서 지진이 일어나 집들이 빠짐없이 움직였고, 소리가 우레와 같았다. (강원도 : 삼척, 간성 춘천, 양구, 인제, 평창, 고성, 회양,철원, 원주, 횡성, 홍천, 황해도 : 연안, 곡산, 괴산, 신계, 백천, 우봉, 충청도 : 진천, 음성, 평택)	C
1542-2-8	경기도 광주 부근	6	5.0	38.0	127.9	강원도 춘천에서는 집들이 모두 움직였고, 소리가 우뢰가 같았다.	C
1546-5-23	서울	7	5.7	37.6	126.9	서울의 동쪽에서부터 서쪽으로 꽤 오래 진동하다가 이내 그쳤는데 그 처음 소리가 미미한 우뢰 같았으며, 이제 그 진동으로 집들이 모두 움직이고, 담과 벽이 모두 흔들려 떨어졌으며 오후 5~7시에 또 한차례 진동이 있었다.	E
1546-6-30	강동	7	7.3	39.1	126.0	평안도 지역(묘향산맥), 경기도, 강원도 지역(추가령 산맥, 광주산맥), 평안도, 박천, 강성, 용강, 철산 등에서는 재차 지진이 일어나 백성들의 집들이 움직였고, 소와 말이 뛰었다. 평안도 성산, 맹산, 운산, 구성, 안주, 영변, 순천, 숙천, 상원, 상원지진에 의해 빠진 곳이 4곳이나 되었다. 평안도(묘향산맥)지역과 경기, 강원도(추가령, 광주산맥)지역에서 일어난 두 개의 지진이라도 본다.	E
1553-3-2	상주	8	6.3	35.9	1280	집들이 벽이 떨어지고 산성이 붕괴했다.	E
1565-5-28	평안도 상원	9	7.0	38.8	126.1	집들이 전부 움직였다.	NK
1594-7-20	충청도 홍성 부근		7.0	36.5	126.6	충청도의 서에서 동으로 우레 같은 소리가 나면서 땅위의 만물이 움지이지 않는 것이 없었다(충청도 홍성) 집들이 번쩍위로 솟으며 움직이고 창과 문이 저절로 열리고 동문이 성간이 무너졌다	NK

14.11 지 진

연월일	지역	진도	규모	진앙 북위	진앙 동경	역 사 기 록	분류
1596-2-20	강원도 정선	7	5.7	37.3	128.7	남에서 북으로 진동하고 그 소리가 요란한 벼락소리 같았고 집들이 모두 움직였다 (전라도 전주)	E
						우레 소리가 함께 집들이 움직이고 오래 가서 그쳤다(평창).	E
						서에서 동으로 통소같은 소리가 하늘을 진동하고 집들의 기와가 들썩이며 흔들어 엎어지고 얼마는 기울어 떨어지거나 약간 기울고 멈추었다. 사람들이 놀라 당황하였는데 유난히 모두 이런 모습이었다(정선).	E
1597-10-8	함경도 삼수	7	5.7	41.3	128.1	성이 기울어 무너졌고, 고을의 와암 조각이 기울어 무너졌다.	E
						여전히 잇달았다.	E
1601-3-7	가야산	6	5.0	35.9	128.0	땅이 움직이고 울리는 소리가 났다.	E
1604-3-19	(만포부근)	6	5.0	41.1	126.3	남에서부터 땅이 크게 진동하여 닭들이 놀라 소리를 높이 자르고 집들이 크게 움직였다(위원)	E
1613-7-16	서울부근	8	6.3	37.6	127.0	새벽에 지진이 있어 그 소리가 큰 우레 같았고 담과 집이 많이 무너졌다. 서북에서 동남으로 우레 같은 소리가 있었고, 집과 기와가 다 움직였다.	E
1643-4-23	경상도 진주, 합천	8~9	6.7			합천에서 바위가 무너져 두 사람이 깔려 죽었고 오랫동안 말랐던 샘에서 탁한 물이 용솟음쳐 나왔다. 관아의 문 앞길이 10여길이나 갈라졌다(합천) 나무가 막 넘어졌다(진주)	B
1673-7-24	울산	8	6.7	35.5	129.3	경상도 대구, 안동, 김해, 영덕 등의 읍내에서 지진이 일어나 연대(봉화대)의 신첩(성담)이 무너진 곳이 많았다. 울산에서 땅이 갈라지고 물이 용솟음쳤다.	E
1662-4-21	호서지방대흥	7	5.7	36.6	126.9	집들이 동요하고 벽의 흙이 벗겨져 떨어졌다.	E
1668-7-25	조선 서해 서부	12	8.5	35.3	118.6	평양과 철산에서는 집의 기와가 흔들려 기울어졌고 사람들이 놀아 엎드렸으며, 큰 해일이 일어났다. 같은 날에 경상도, 전라도 지방에서도 지진이 일어났다.	C
1669-10-8	평양	6	5.4	39.1	125.7	소리가 요란하고 굉장한 뇌성 같았고 집들이 흔들흔들 움직였고 거의 기울어 무너지는 것 같았다.	D

연월일	지역	진도	규모	진양 북위	진양 동경	역시기록	분류
1670-10-4	화순-광주	8	6.3	35.1	127.0	집들이 흔들려 거의 기울여 쓰러지고 담장과 벽기 기울어 무너지고 집의 기와가 땅에 떨어지고 소와 말이 고정해 설 수가 없고, 길가는 사람의 다리를 고정할 수 없으며, 당황하고 놀라서 엎드리고 뒤집혀 넘어졌다.	E
1681-6-26	삼척	8	6.3	37.4	129.2	소리가 우뢰가 같았고 담벽이 무너지고, 기울어졌고 집의 기와가 나부껴 떨어졌다. 10여 차례나 여진이 있었다.	E
1693-3-22	함흥(서북방)	6	5.6	40.0	127.4	관북지방의 집들이 들썩 들썩 움직이고 굉장한 소리가 났는데,정평, 함흥지방에서 더욱 심했다.	E
1700-4-15	지리산	6	6.0	35.2	127.7	진주와 사천 사이의 성담이 기울어지고 행인들이 엎드렸다.	E
1711-4-20	(삼등 부근)	6	5.0	39.0	126.1	진동하는 소리가 우레 같아 굉음이 들리고 집들이 뻔쩍뻔쩍 움직이다 잠시 후 멈추었다.	E
1713-3-8	장수산 부근	8	6.3	38.3	125.7	오전 4시경에 해주에서 땅이 많이 터지고 벌어졌다. 서울, 평안도 황해도 지방에서 각각 두 개의 지진이 일어났다고 본다	E
1713-3-27	평안도 평양	6	5.0	39.0	125.7	집들이 번쩍 들려서 움직이고 우레와 같이 북치는 요란한 소리가 났다.	E
1727-6-20	한반도 동해	7	7.2	39.0	128.7	집들과 성담이 기울어지고 무너졌다.	NK
1734-4-19	충청도 온양	6	5.0	36.8	127.0	집들이 들썩 들썩 움직이며 우레 같은 소리가 있었는데 때가 지나자 이내 멈추었다.	E

NK : 북한 지진연구소 결정
A : magnitude determined by seismogram
B : $M = -3.0 + 3.8 \log R$
   R = radius of felt area(km)
C : $M = 2.65 + 0.98 f + 0.054 f^2$, $f = \log(\pi R^2)$
D : $M = 0.5 I_J(\Delta) + 2.30 \log \Delta + 0.00083 \Delta + 0.16$, $I(MM) = 1.5 I_J + 0.5$
   Δ = epicentral distance
E : $M = 1 + \frac{2}{3} I_0$ (MM)
   I_0 = epicentral distance
UTO : Universal Time Coordinates

표 14.3 한반도의 계측지진(計測地震) 자료 ($M \geq 5.0$)

연월일	시분초 (UTO)	위도 (N)	경도 (E)	진도 (MM)	규모 (M)	진원깊이 (km)	지역	분류*
1905-8-25	9-46-45	43.0	129.0	1	6.75	470	한반도 동해	A
1917-7-13	3-23-10.0	42.5	131.0	1	7.5	460	한반도 동해	A
1918-2-9	20-46-26.0	43.0	130.0		6.50	450	은 성	A
1923-7-26	23-27-60	43.0	130.0		5.75	430	은성동부	A
1932-3-14	13-53-?	35.0	125.0		5.4	10	한반도서해	A
1933-7-24	16-03-33	43.0	131.0		5.5	530	한반도 동해	A
1933-7-24	8-37-57	42.5	131.0		5.75	550	한반도 동해	A
1935-3-28	23-47-51	43.0	131.0		6.25	550	한반도 동해	A
1936-7-3	21-2-58.8	35.2	127.9		5.3	10	지리산 부근	A
1938-7-22	00-47-6.2	35.7	127.9		5.2	<30	거 창	A
1944-12-19	14-08-56	39.0	124.0		6.75		한반도 서해	A
1949-5-5	9-27-6	41.0	131.0		6.70	580	한반도 동해	A
1950-5-17	11-46-45	39.4	130.3		6.70	600	한반도 동해	A
1959-10-29	14-30-24	43.0	131.0		6.25	550	한반도 동해	A
1960-10-8	5-53-1.1	40.0	129.7		6.63	608	한반도 동해	A
1936-9-6	6-3-52.1	36.5	130.4		5.4	60	한반도 동해	A
1964-12-11	16-4-58.2	39.0	130.0		5.6(mb)	550	한반도 동해	A
1968-4-11	6-46-27.4	42.5	131.0		5.0(mb)	511	한반도 동해	A
1973-9-29	00-44-0.8	41.9	130.9		6.5(mb)	575	한반도 동해	A
1976-4-11	13-01-35.7	42.8	131.0		5.0(mb)		한반도 동해	A
1976-10-6	01-01-11.6	35.3	124.3		5.2(mb)	33	한반도 서해	A
1978-9-15	17-07-5.7	36.5	127.9		5.2(mb)	34	보 은	A
1978-10-7	9-19-52.1	36.6	126.7		5.0	5.4	홍 성	A
1980-1-7	23-44-26	40.2	125.0		5.0	10	대 관	A
1981-4-15	2-47-0.2	35.7	120.1		5.3(mb)	33	한반도 동해	A
1982-2-14	14-37-33.94	38.3	125.7		5.1	53	안 악	A
1982-2-28	15-27-59.5	37.0	129.6		5.0	50	한반도 동해	A

A : magnitude determined by seismogram
B : $M=-3.0+3.8 \log R$
　　$R=$ radius of felt area(km)
C : $M=2.65+0.98f+0.054f^2$, $f=\log(\pi R^2)$
D : $M=0.5 I_J(\Delta)+2.30\log\Delta+0.00083\Delta+0.16$, $I(MM)=1.5I_J+0.5$
　　$\Delta=$ epicentral distance
E : $M=1+\frac{2}{3}I_0$ (MM)

　　$I_0=$ epicentral distance
UTO : Universal Time Coordinates

차에 수직과 수평의 어긋남 비율이 2 : 1이어서 흔들림에 차이가 생겨 피해가 커졌다. 완전 붕괴 약 10만채, 소실 약 7,500채를 포함해 가옥의 피해는 약 436,000채에 달했으며, 사망자 6,310명(87%는 압사), 부상자 43,177명이나 되는 대재해가 되었다.

사진 14.1 阪神 대지진 재해(건설성 제공)

14.12 해일(津波)

구조성 지진인 플레이트 간(間)형 지진에서는 해저에서 플레이트 선단의 변형이 한계에 달하면 반발되어 튀어오르게 되기 때문에 지진과 함께 해면을 상승시켜 해일을 일으킨다.

일본에서는 1771년 3월 10일 8시경 流球 열도의 石垣島 남동쪽 바다에서 대지진이 발생하여 그로 인해 해일이 일어나 流球 열도의 각 섬을 엄습했다. 八重山의 섬주민 1/3이 사망했다고 한다. 해일의 높이는 石垣島가 75.4m에 이르러 유사 이래 세계에서 가장 높은 기록이 되었다. 이것은 해저에서 커다란 사태가 일어난 것도 해일이 커진 원인이 되고 있다.

1993년 7월 12일에 발생했던 北海道 남서쪽 앞바다 지진에 의해 최대 31m인 해일이 北海道 奧尻島에 밀려들어 奧尻島를 중심으로 北海道와 동북 지방의 북부가 큰 피해를 받았다. 奧尻島 靑苗지구에서는 사람들이 겨우 목숨만 구할 수 있었다.

14.13 화산 분화

지구의 표피 암판에 균열이 생기면 그 구멍을 통하여 지구 내부의 마그마가 상승한다. 지상으로 분출될 화산 분화가 된다. 서기 79년 8월 24일에 이탈리아의 베스비오스화산이 대분화를 일으켜 화산재가 산기슭에 있었던 봄베이 주변에 내려 26m의 두께로 퇴적했다. 일본에서는 1783년 淺間山의 분화가 있었으며, "귀신도 도망가는" 기괴한 모습이 현재에 남아 있다. 최근에는 1990년부터 약 5년간 계속되었던 雲仙普賢岳의 분화가 있다.

　화산은 평상시 그 분기구멍에서 여러 가지 가스가 다소 분출되며, 그 중에는 아황산 가스나 이산화탄소를 비롯한 유독가스가 있다. 작은 균열에서도 분기구멍이 되어 가스를 분출하고 있기 때문에 주의해야 한다.

연구 과제

14.1 대기오염 중에서 가장 문제가 있는 것은 무엇인가?

14.2 수질 오탁이 문제되는 것은 어느 곳인가?

14.3 소음으로 주민이 가장 피해를 받고 있다고 생각되는 것은 무엇인가?

14.4 소음 대책에 대해서 유효한 방법을 생각해 보시오.

14.5 자신의 거주지에서 과거의 지진 기록을 조사해 보시오.

[저자 소개]

공학박사 최항길(崔亢吉)

* 한양대학교 토목과 졸업
* 일본동북대학교 졸업(석사, 박사)
* 대불대학교 교수
* 서울시 지하철건설본부 자문위원
* 서울시 지하철 제2, 3, 4, 5, 8, 9호선의 계획・설계・시공 참여
* 목동택지개발사업 계획・설계・시공 참여
* 1997.12. 국내에서 최초로 JSCE 논문집 게재
　　제목 : 약액주입조건에 의한 모래지반의 고결현상의 변화
* 연약지반개량공법 국제세미나 주최주관 (매년개최)
　　- 세계최고의 기술자들과의 대화 -
* 현) 강원대학교 삼척캠퍼스 교수

토목공학 개론

2014년 1월 2일 인쇄
2014년 1월 6일 발행

편　저 : 최 항 길
발행인 : 김 대 원
발행처 : 도서출판 원기술
주　소 : 경기도 안양시 동안구 경수대로 507번길18
전　화 : 031-451-8730
팩　스 : 031-429-6781
등　록 : 제2-1063호

2014. 1. by DoserChulpan WONGISUL Co.
ISBN 979-89-7401-344-8 93530

정가 65,000원